"十三五"国家重点出版物出版规划项目

大气污染控制技术与策略丛书

清洁煤电近零排放技术与应用

Near-Zero Emission Technologies and Applications for Clean Coal-Fired Power

王树民 著

科学出版社

北 京

内 容 简 介

本书以清洁煤电近零排放为研究对象，系统阐述了其提出背景、排放标准、技术路线、监测监督、工程案例，以及新技术的试验研究、新排放标准探索等方面内容，并研究分析了燃煤电厂大气污染物实现近零排放的必要性、可行性以及环境效益、经济效益和社会效益。

本书可供从事煤电清洁化技术研究和推广实践的高校师生、生产技术人员、环境监测人员、生态环保工作者以及其他读者参考。

图书在版编目 (CIP) 数据

清洁煤电近零排放技术与应用／王树民著. —北京：科学出版社，2019. 11
（大气污染控制技术与策略丛书）

"十三五"国家重点出版物出版规划项目

ISBN 978-7-03-060104-9

Ⅰ.①清…　Ⅱ.①王…　Ⅲ.①燃煤发电厂-空气污染-无污染技术-研究
Ⅳ.①TM621

中国版本图书馆 CIP 数据核字（2018）第 292099 号

责任编辑：王　运／责任校对：张小霞
责任印制：吴兆东／封面设计：黄华斌

科 学 出 版 社 出版
北京东黄城根北街 16 号
邮政编码：100717
http://www.sciencep.com

北京虎彩文化传播有限公司 印刷
科学出版社发行　各地新华书店经销
*
2019 年 11 月第　一　版　开本：720×1000　1/16
2019 年 11 月第一次印刷　印张：17 1/2
字数：350 000
定价：118.00 元
（如有印装质量问题，我社负责调换）

丛书编委会

主　编：郝吉明

副主编（按姓氏汉语拼音排序）：

　　柴发合　　陈运法　　贺克斌　　李　锋
　　刘文清　　朱　彤

编　委（按姓氏汉语拼音排序）：

　　白志鹏　　鲍晓峰　　曹军骥　　冯银厂
　　高　翔　　葛茂发　　郝郑平　　贺　泓
　　李俊华　　宁　平　　王春霞　　王金南
　　王书肖　　王新明　　王自发　　吴忠标
　　谢绍东　　杨　新　　杨　震　　姚　强
　　叶代启　　张朝林　　张小曳　　张寅平
　　朱天乐

丛　书　序

当前，我国大气污染形势严峻，灰霾天气频繁发生。以可吸入颗粒物（PM_{10}）、细颗粒物（$PM_{2.5}$）为特征污染物的区域性大气环境问题日益突出，大气污染已呈现出多污染源多污染物叠加、城市与区域污染复合、污染与气候变化交叉等显著特征。

发达国家在近百年不同发展阶段出现的大气环境问题，我国却在近 20 年间集中爆发，使问题的严重性和复杂性不仅在于排污总量的增加和生态破坏范围的扩大，还表现为生态与环境问题的耦合交互影响，其威胁和风险也更加巨大。可以说，我国大气环境保护的复杂性和严峻性是历史上任何国家工业化过程中所不曾遇到过的。

为改善空气质量和保护公众健康，2013 年 9 月，国务院正式发布了《大气污染防治行动计划》，简称为"大气十条"。该计划由国务院牵头，环境保护部、国家发展改革委等多部委参与，被誉为我国有史以来力度最大的空气清洁行动。"大气十条"明确提出了 2017 年全国与重点区域空气质量改善目标，以及配套的十条 35 项具体措施。从国家层面上对城市与区域大气污染防治进行了全方位、分层次的战略布局。

中国大气污染控制技术与对策研究始于 20 世纪 80 年代。2000 年以后科技部首先启动"北京市大气污染控制对策研究"，之后在 863 计划和科技支撑计划中加大了投入，研究范围也从"两控区"（酸雨区和二氧化硫控制区）扩展至京津冀、珠江三角洲、长江三角洲等重点地区；各级政府不断加大大气污染控制的力度，从达标战略研究到区域污染联防联治研究；国家自然科学基金委员会近年来从面上项目、重点项目到重大项目、重大研究计划各个层次上给予立项支持。这些研究取得丰硕成果，使我国的大气污染成因与控制研究取得了长足进步，有力支撑了我国大气污染的综合防治。

在学科内容上，由硫氧化物、氮氧化物、挥发性有机物及氨等气态污染物的污染特征扩展到气溶胶科学，从酸沉降控制延伸至区域性复合大气污染的联防联控，由固定污染源治理技术推广到机动车污染物的控制技术研究，逐步深化和开拓了研究的领域，使大气污染控制技术与策略研究的层次不断攀升。

鉴于我国大气环境污染的复杂性和严峻性，我国大气污染控制技术与策略领域研究的成果无疑也应该是世界独特的，总结和凝聚我国大气污染控制方面已有的研究成果，形成共识，已成为当前最迫切的任务。

我们希望本丛书的出版，能够大大促进大气污染控制科学技术成果、科研理论体系、研究方法与手段、基础数据的系统化归纳和总结，通过系统化的知识促进我国大气污染控制科学技术的新发展、新突破，从而推动大气污染控制科学研究进程和技术产业化的进程，为我国大气污染控制相关基础学科和技术领域的科技工作者和广大师生等，提供一套重要的参考文献。

2015 年 1 月

序　　一

　　地球是人类的共同家园，伴随着工业化和城镇化进程的加快推进，全球环境问题尤其是大气污染问题日益突出。作为"地球村"的一员，全世界的每个国家、每个行业都应积极行动起来，牢固树立尊重自然、顺应自然、保护自然的生态文明建设理念，大力推进实现绿色低碳可持续发展。在中国，改善环境空气质量，推进大气污染防治工作的主战场在燃煤污染，多年以来，中国政府针对燃煤大气污染出台了多项控制措施，并于2013年9月出台了《大气污染防治行动计划》，中国的理论界、学术界以及电力企业，针对燃煤尤其是燃煤发电大气污染物控制技术也进行了大量的科学研究和应用实践。新时代面对"人民对美好生活的向往"，迫切需要发电企业以"敢为天下先"的创新精神，推动煤电大气污染物深度减排，致力于消除人民群众的"心肺之患"，打赢"蓝天保卫战"，助力建设美丽中国。

　　《清洁煤电近零排放技术与应用》一书作者在煤电节能减排上有着丰富的工作经历，他由三十多年前从事"省煤节电"工作的青年节能工程师，成长为国家科技支撑计划"大型燃煤电站近零排放控制关键技术及工程示范"等课题的负责人，成为一名推动煤电"主动减排"的环保工作者，为我国大气污染防治作出了积极贡献。尤其是近年来，他以清洁煤电助力生态文明建设为使命，对标中国燃气轮机组大气污染物排放浓度限值，提出煤电大气污染物近零排放的清洁煤电新标准，并率先开展了煤电近零排放的技术研究与工程实践，为中国政府全面推进燃煤发电机组大气污染物排放浓度基本达到或接近达到燃气轮机组排放浓度限值的政策要求，提供了技术可行、经济合理和减排成效显著的鲜活实践案例，为推动中国煤电减排、大气污染防治工作，树了标杆，带了好头。

马克思说过："全部社会生活在本质上是实践的。"我们增加认识问题的广度和深度靠境界、靠格局，而解决这些问题靠技术创新、靠工程实践、靠典型示范引领。在国家政策的大力支持推动下，在煤电近零排放的典型示范引领下，中国新建和现役燃煤机组清洁化的绿色行动，在华夏大地迅速地实施和推广。截至 2017 年年底，中国累计已有 7 亿 kW 燃煤机组达到或基本达到燃气轮机组排放浓度限值。以煤电近零排放成功实践之前的 2013 年电力装机容量和排放数据为基准，如果中国燃煤机组全部实现近零排放，测算出中国煤电烟尘、SO_2、NO_x 将分别减排 95% 、94% 和 92% ，这对改善中国环境空气质量具有重要的现实意义。煤电近零排放的创新实践成果，也获得了国内外的充分肯定。2014 年 12 月，《神华"近零排放"燃煤机组问世，中国迎来"煤电清洁化"时代》新闻，入选了新华社《经济参考报》评出的 2014 年 "中国能源十大新闻"。2017 年 9 月，世界煤炭协会也在其官方网站上专题报道了神华集团清洁煤电近零排放的创新实践成果。时逢 1978 年《光明日报》刊登《实践是检验真理的唯一标准》的特约评论员文章四十周年、中国改革开放四十周年，中国的经济社会发展取得了举世瞩目的历史性成就，中国的燃煤发电也通过技术创新和进步，不断向更清洁、更高效的方向迈进，煤电清洁化的创新实践，深刻印证了科技创新是引领发展的第一动力，实践是检验真理的唯一标准。

当前，尽管煤电大气污染物减排取得了阶段性成就，但我们也要深刻认识到，解决煤电乃至燃煤大气污染问题仍是一项长期的、艰巨的任务。一方面，要在煤电近零排放成功实践的基础上，通过再创新、再实践，引领煤电减排达到新标准、迈上新台阶，并促进煤炭消费向煤电这种清洁用煤方式转移，实现煤炭的清洁、高效、集中和可持续利用。另一方面，要积极调整能源结构，深入研究如何更加高效地开发、利用、配置、消费可再生能源，加快实现能源领域的清洁替代和电能替代，这是控制大气污染、应对气候变化的治本之策。相信通过中国乃至全世界的共同努力，一定能够让能源利用更加清洁高效便利，助力实现"让人民群众在绿水青山中共享自然之美、生命之美、生活之美"！

该书的出版，将为我国煤电行业的环保工作者及相关科研人员、工程人员、管理人员提供有益的帮助。

郭吉明

2018 年 12 月 24 日于清华园

序　二

　　能源是人类赖以生存和发展的重要物质基础，世界上的每个国家都会根据本国的能源资源禀赋、环境容量和能源消费能力等，选择适合本国国情的、科学合理的能源供给和消费结构。中国对煤炭的开发利用已有几千年的历史，无论是从经济社会发展、能源安全保障的战略高度考虑，还是从能源资源储量和对外依存度的现实情况来分析，煤炭都是当前及相当长时期内中国最丰富、最经济、最安全的一次能源。一个时期以来，作为世界上第一大能源生产国和消费国，中国对煤炭等化石能源的大规模开发利用，既为经济社会发展提供了能源保障，也带来了烟尘、二氧化硫和氮氧化物等大气污染物的高强度排放问题，成为中国大气污染的主要原因之一。在煤炭的各种利用方式中，燃煤发电是煤炭最主要的利用方式。截至2017年年底，中国煤电装机容量近10亿kW，占世界煤电装机容量的一半。因此，如何实现煤炭的清洁高效利用、实现煤电的转型与绿色发展，已成为加快推进能源生产革命的关键。

　　《清洁煤电近零排放技术与应用》一书作者多年来致力于推进煤电节能减排的研究与创新实践，依托"产学研"深度融合的科技创新模式，成功打通了清洁煤电近零排放的原则性技术路线，实现中国首台近零排放新建燃煤机组于2014年6月在神华国华浙江舟山电厂投产。作者提出了"燃煤发电机组达到燃气轮机组大气污染物排放浓度限值"的清洁煤电近零排放新标准，在技术创新的同时，积极推动煤电近零排放的科学普及，结合自己在煤电清洁化方面的亲身实践经历和研究成果，对清洁煤电近零排放的历史与现实、理论与实践、内涵与外延进行了全面、系统、深入的研究和阐述，最终形成了该书。总体来说，该书是一本侧重于煤电清洁化实践案例研究的应用技术著作，为煤电清洁化技术的理论教学和研究应用提供了实践案例，能够让读者们走近清洁煤电、了解清洁煤电，更加积极主动地建设清洁煤电。该书作者亦拥有丰富的国有能源企业经营管理工作经验。他曾作为神华集团国华电力公司初创领导团队成员和企业第一责任人，提出了"资产保值增值、管理品质提升、员工身心愉悦"的企业经营管理理念，并十几年如一日，夙夜在公，勤朴耕耘，带领神华集团国华电力公司由成立之初的小公司和亏损企业，逐渐发展成为科技创新和价值创造能力名列前茅的大型电力企业，走出了一条"环保领跑、效益领先"的创新发展之路。

在人类发展的历史进程中，每一次创新都意味着变革，意味着风险。然而，也正是依靠创新实践，推动了人类不断地认识世界、把握规律、追求真理、改造世界。要客观地衡量每一次创新的意义，必须要将其放到时代背景与社会历史条件下去考量。在清洁煤电近零排放标准提出之前，人们对燃煤发电机组排放标准能否达到燃气轮机组排放标准既存在疑虑，也缺乏信心，同时也缺少对清洁煤电近零排放的技术可行性和经济合理性的研究与应用实践。经过神华集团不断地探索创新和技术攻关，神华国华浙江舟山电厂、河北三河电厂、山东寿光电厂、江西九江电厂等近零排放新建和改造燃煤发电机组相继投产，并实现了在不同负荷、不同煤质和长周期运行条件下的安全稳定运行，由该书作者主持完成的国家科技支撑计划课题的研究成果之一"大型燃煤电站大气污染物近零排放技术研究及工程应用"项目，也获得了中国电机工程学会授予的 2016 年度"中国电力科学技术进步奖一等奖"和中国电力企业联合会授予的 2016 年度"中国电力创新奖一等奖"。

创新的道路总是充满着荆棘和挑战，目前距离中国首台近零排放新建燃煤机组投产已近五年，回顾清洁煤电近零排放提出的时代背景，以及技术攻关、工程实践的全过程，能够深刻体现出"惟其艰难，才更显勇毅；惟其笃行，才弥足珍贵"。当前，世界范围内正在掀起能源革命浪潮，其目标是使能源由"高碳"转化到"低碳",解决人们所面临的环境难题。大力发展新能源、实现传统能源的清洁高效利用、解决新能源与传统能源的协同利用,已成为当今能源转型发展的三个关键。希望通过广大能源工作者的共同努力,依靠技术进步和创新实践,逐步构建清洁低碳、安全高效、灵活智能的现代电力工业体系,推动形成绿色产能、绿色用能的能源生产和消费新格局。

刘吉臻

2018 年 12 月

前　言

　　中华民族向来尊重自然、热爱自然，党的十八大以来，以习近平同志为核心的党中央站在中华民族永续发展的全局高度，面对资源约束趋紧、环境污染严重、生态系统退化的严峻形势，将生态文明纳入中国特色社会主义"五位一体"的总体布局之中，努力建设生态文明的"美丽中国"。在党的十九大报告中，进一步将"坚持人与自然和谐共生"纳入新时代坚持和发展中国特色社会主义的基本方略，并提出"提高污染排放标准""还自然以宁静、和谐、美丽"的新要求。在 2014 年 6 月 13 日中央财经领导小组第六次会议上，习近平总书记提出"四个革命、一个合作"的能源安全新战略，并强调要走煤炭清洁高效利用之路，致力于建设"清洁低碳、安全高效"的能源体系。

　　进入社会主义生态文明新时代，我们深刻认识到建设生态文明是一场涉及生产方式、生活方式、思维方式和价值观念的革命。煤炭是我国的主体能源，发电用煤占全国煤炭消费总量的 50% 左右，煤电为经济社会发展提供了重要的能源支撑，同时也排放了大量的大气污染物，严重影响了环境空气质量和生态文明建设，如何实现燃煤发电"清洁化"已经成为推动能源生产革命的主要矛盾。我们坚持解放思想、创新引领，突破标准的束缚，提出了"燃煤发电机组达到燃气轮机组大气污染物排放浓度限值"的清洁煤电近零排放新标准，攻克了燃煤发电大气污染物近零排放的核心技术，最终于 2014 年 6 月成功实现了全国首台近零排放新建燃煤机组在神华国华浙江舟山电厂投产，截至 2018 年底，已有京津冀、长三角、珠三角等区域的百余台燃煤发电机组实现了近零排放。我们认为"近零排放"既是清洁煤电大气污染物的排放标准，也是坚持从实际出发，持续减少污染物排放，由"此岸"到"彼岸"的实践过程。考虑到清洁煤电近零排放的标准提出、技术路线确定、工程项目实践、实施效果监测、创新成果总结的全过程，都受到了国内外有关方面的广泛关注，也有许多政府部门、国际组织、电力企业、科研院所、新闻媒体和社会公众到神华集团近零排放煤电项目现场进行考察调研，为加强对清洁煤电近零排放技术与应用的工程案例研究和工程哲学思考，本书应运而生。

本书从清洁煤电近零排放的提出背景、排放标准、技术路线、数据监测、工程实践，以及新技术的试验研究、经济社会效益分析等方面进行了框架设计，书中介绍了清洁煤电大气污染物近零排放标准，即燃煤发电机组在基准含氧量6%条件下，烟尘、SO_2、NO_x 等大气污染物分别达到中国现行《火电厂大气污染物排放标准》（GB 13223-2011）中规定的燃气轮机组 5 mg/m³、35 mg/m³、50 mg/m³ 的排放浓度限值，汞及其化合物达到 GB 13223-2011 中规定的燃煤发电机组 0.03 mg/m³ 的排放浓度限值；介绍了燃煤电厂近零排放的原则性技术路线；介绍了燃煤电厂大气污染物排放的第三方监测和烟气排放连续监测系统（CEMS）在线监测技术规范、质量控制、仪器仪表、环境信息公开和排放监督；介绍了燃煤电厂近零排放技术路线在不同等级燃煤机组上的工程应用效果，尤其是典型燃煤机组在不同负荷、不同煤质和长周期运行条件下的大气污染物排放特征；介绍了近零排放技术新的试验研究，尤其是依托近零排放全流程控制新平台（50000 m³/h 烟气中试平台）的新技术试验研究，以及近零排放技术协同脱除 $PM_{2.5}$ 和 SO_3 的特性研究、近零排放机组重金属汞深度脱除技术试验研究；介绍了京津冀区域 22 台燃煤发电机组近零排放的平均投资和运行成本，以及近零排放煤电与天然气发电等发电方式在经济性上的比较优势；提出了未来燃煤电厂大气污染物"1123"生态环保排放的清洁煤电近零排放新标准。本书研究分析了燃煤电厂实现近零排放的必要性、可行性以及环境效益、经济效益和社会效益。

为了便于读者更加清晰、系统地熟知本书的逻辑框架和主要内容，特绘制了每一章的思维导图置于文前。希望本书能够为有志于从事煤电清洁化技术研究和推广实践的高校师生、生产技术人员、环境监测人员、生态环保工作者以及其他读者带来鲜活的研究案例；能够为中国等人口多且煤炭储量大、耗量大的"一带一路"沿线国家，提供"百姓用得起、利用清洁化、供给有保障"的清洁煤电解决方案；通过煤电清洁化、生活电气化，为消除"能源贫困"、增进人类健康福祉、实现美好生活作出贡献。

　　鉴于笔者水平有限，书中难免存在不足或错误之处，敬请广大读者批评指正。

王树民

2018 年 12 月

缩略词及符号说明

ABS   硫酸氢铵（Ammonium Bisulfate）

ACI   活性炭喷射（Activated carbon injection）

APCDs   大气污染物控制设备（Air Pollution Control Devices）

AQG   空气质量指导值（Air Quality Guideline）

ASTM   美国材料与试验协会（American Society for Testing and Materials）

BMCR   锅炉最大连续蒸发量（Boiler Maximum Continuous Rating）

BMMA   溴化机械改性飞灰（Bromide Coupled Mechanical Modified fly ash）

BSI   英国标准协会（British Standards Institution）

CAA   清洁空气法案（Clean Air Act）

CAAA   清洁空气法案修正案（Clean Air Act Amendments）

CAMR   清洁空气汞法规（Clean Air Mercury Rule）

CCUS   碳捕集、利用与封存（Carbon Capture Utilisation and Storage）

CEMS   烟气排放连续监测系统（Continuous Emission Monitoring System）

CFB   循环流化床（Circulating Fluidized Bed）

CMAQ   公共多尺度空气质量模式（Community Multiscale Air Quality）

COD   化学需氧量（Chemical Oxygen Demand）

DCS   分散控制系统（Distributed Control System）

ESP   静电除尘器（Electrostatic Precipitator）

FTIR   傅里叶变换红外线光谱分析仪（Fourier Transform Infrared Spectroscopy）

GDP   国内生产总值（Gross Domestic Product）

GEOS   戈达德地球观测系统（Goddard Earth Observing System）

GHG   温室气体（Greenhouse Gas）

Hg   汞（Mercury）

Hg^0 气相元素汞（Gaseous Elemental Mercury）

Hg^{2+} 气相氧化态汞（Gaseous Oxidized Mercury）

Hg^p 颗粒相汞（Particulate-Bound Mercury）

IEA   国际能源署（International Energy Agency）

IGCC   整体煤气化联合循环（Integrated Gasification Combined Cycle）

ISO   国际标准化组织（International Organization for Standardization）

IT   过渡时期目标值（Interim Target）

LNB   低氮燃烧（Low NO_x Burner）

LTE   低温省煤器（Low Temperature Economizer）

MATS   汞和有毒有害气体排放标准（Mercury and Air Toxics Standards）

MEIC   中国多尺度排放清单模型（Multi-resolution Emission Inventory for China）

MMA   （Mechanical Modified Fly Ash）

NSPS   新源排放标准（New Source Performance Standards）

OECD   经济合作与发展组织（Organisation for Economic Co-operation and Development）

OFA   燃尽风（Overfire Air）

OHM   安大略法（Ontario-Hydro Method）

OMAI   飞灰吸附剂一体化在线改性及喷射（On-line Modified Fly Ash Injection）

PC   煤粉（Pulverized Coal）

PLC   可编程逻辑控制器（Programmable Logic Controller）

PM   烟尘/颗粒物（Particulate Matter）

PM_{10} 可吸入颗粒物（Inhalable Particulate Matter）

$PM_{2.5}$ 细颗粒物（Fine Particulate Matter）

PPS   聚苯硫醚（Polyphenylene Sulfide）

PTFE   聚四氟乙烯（Poly Tetra Fluoroethylene）

SCR   选择性催化还原（Selective Catalytic Reduction）

SIS   厂级监控信息系统（Supervisory Information System）

SNCR   选择性非催化还原（Selective Non-catalytic Reduction）

SOFA   分离燃尽风（Separated Overfire Air）

tce   吨标准煤当量（ton of standard coal equivalent）

US EPA 美国环境保护署（United States Environmental Protection Agency）

WESP   湿式静电除尘器（Wet Electrostatic Precipitator）

WFGD   湿法烟气脱硫（Wet Flue Gas Desulfurization）

WHO   世界卫生组织（World Health Organization）

WRF   中尺度气象模式（the Weather Research and Forecasting）

目　　录

清洁煤电近零排放技术与应用

第一章　近零排放的源起

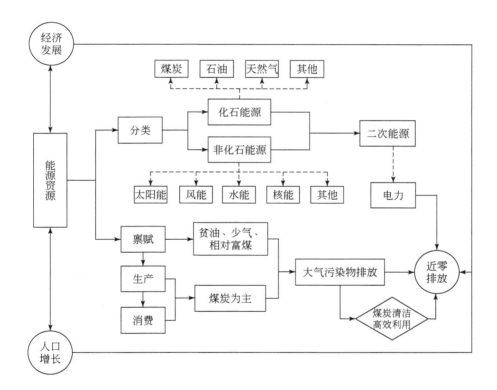

　　能源是人类赖以生存和发展的重要物质基础，从历史发展进程来看，能源的合理开发利用对人类的生活、生产和经济社会发展具有重大意义。一个时期以来，伴随着世界工业化进程的推进，煤炭的大量利用、煤电的快速发展为人类文明进步提供了重要的能源保障，但是工业文明常常在解决一个问题的同时又带来新的问题，比如在燃煤过程中，对环境有危害的物质会释放出来，给生态环境带来较为严重的影响。人类社会要依靠科技进步来推动煤炭的清洁高效利用，实现绿色、低碳、可持续发展。

第一节 能源及电力发展

一、能源对经济和社会发展的驱动与支撑

远古时代，火的发现及利用，实现了木材等天然生物质资源中能量的利用，使得人类能够主动控制光和热，是人类文明的重要标志之一。然而，相当长历史时期内没有发展出高效的能源转化技术及装置，生物质及少量的煤炭用于日常生活，社会发展水平较为缓慢。

18世纪60年代，伴随着以蒸汽机为标志的第一次工业革命爆发，煤炭以其热值高、储量丰富、分布广泛的优点逐渐在世界能源结构中占据主要地位。煤炭工业的发展随之也带动了钢铁、铁路、航海、军事等迅速发展，英国、德国的快速发展都与煤炭的广泛利用有直接关系，煤炭的利用促进了社会工业化、全球化进程。

19世纪70年代，电动机、发电机的发明引领世界由"蒸汽时代"进入"电气时代"，被称为第二次工业革命。伴随着一系列新技术，电力、汽车、化学、通信等领域飞速发展。石油工业也在这一时期迅速崛起，并以其更高热值、更易运输、实现能量转换更为方便的特点，在能源结构中逐渐占据重要位置。

20世纪30年代以来，世界天然气产业经历了大发展时期，二战后欧洲、美国、日本等地区和国家的经济恢复和发展对天然气等能源的需求十分巨大，同时中东、北非等地相继发现了许多大气田。1950年世界一次能源消费中，煤炭占50.9%，石油占32.9%，天然气占10.8%。而到1970年，煤炭占20.8%，石油占53.4%，天然气占18.8%（蒋健蓉，2015）。更重要的是，随着社会的发展，煤炭、石油等能源消费过程中产生了大量的污染物，英国、美国等发达国家发生了"伦敦烟雾""洛杉矶光化学烟雾"等严重的环境事件，环境问题成为影响人类社会文明进步和

发展的重要因素，人类社会对清洁能源的需求日益突出，因此天然气在世界能源消费结构中的比重逐渐提高。

从 20 世纪 50 年代中期开始，信息技术得到发展，人类向信息化时代迈进。IT 等新兴产业，尤其是"大数据"和"云计算"的迅猛发展和大规模应用带来了用电量的巨大需求。2011 年全球主要 IT 运营商云计算产业耗电量高达 6840 亿 kW·h，预计在 2020 年前将达到 1.9 万亿 kW·h。人类社会与日俱增的电力等能源消耗需要更加清洁高效的能源供给。

总的来看，人类文明发展一直在追求时间、空间上更大的自由度，生活上更舒适、更快捷、更健康，物质按需所取，信息交互通畅。从支撑人类文明发展的能源利用方式来看，主要经历了从低密度、低热值向高密度、高热值的进步和转变，经历了从未考虑环境容量到必须考虑生态环境保护的发展和转变。

能源的利用驱动了经济的发展，图 1-1、图 1-2 显示历史发展过程中，世界及中国的人口增长、经济发展和能源消耗呈正相关趋势。部分国家

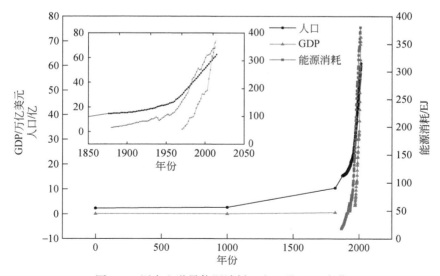

图 1-1　历史上世界能源消耗、人口及 GDP 变化

（麦迪逊，2003；US Census Bureau，2014；United Nations Statistics Division，2013）

2015 年数据同样显示了人口、GDP 和能源消费量紧密相关，详见表 1-1。目前，发达国家人均一次能源消费量较高，人均 GDP 也处于高位；发展中国家一次能源消费量较低，人均 GDP 也较低。

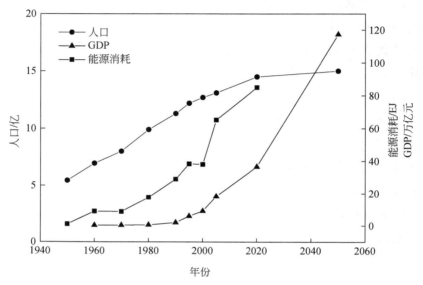

图 1-2　中国一次能源消耗、人口及 GDP 变化（严陆光，2008）

表 1-1　世界部分国家 2015 年人口、GDP 及能源发展情况（国网能源研究院，2016）

国家	人口 /万人	GDP /亿美元	一次能源消费量 /亿 tce	单位产值能耗 /（tce/千美元）	人均一次能源 消费量/tce
美国	32160	179470	32.58	0.22	10.04
中国	137562	109828	43.06	0.83	3.20
日本	12693	41233	6.41	0.14	5～6
德国	8190	33576	4.58	0.14	5～6
法国	6428	24216	3.41	0.15	5～6
印度	129271	20907	10.01	0.76	0.93
印度尼西亚	25360	8619	2.50	—	—

注：单位产值能耗、人均一次能源消费量为 2014 年数据。

中国目前处于社会主义初级阶段，提出了 21 世纪中叶建成富强民主文明和谐美丽的社会主义现代化强国的奋斗目标，这个目标的实现必须有相应的能源消费量来提供支撑和保障。考虑到中国庞大的人口规模及经济发展的不平衡不充分，在未来一个时期，中国对一次能源仍将有巨大的需求。

二、中国和世界一次能源储量及消费结构

从 2015 年世界主要一次能源的储量看，煤炭（以无烟煤、烟煤、次烟煤、褐煤计）探明储量为 8915.31 亿 t；石油探明储量 2394 亿 t；天然气探明储量 186.9 万亿 m^3。从世界主要一次能源储量及储产比情况来看，目前化石能源依然是能源生产和消费的主体，2015 年世界主要产煤国煤炭储量及储产比情况详见表 1-2、世界主要产油国石油储量及储产比情况详见表 1-3、世界主要产气国天然气储量及储产比情况详见表 1-4（BP，2016）。

中国的能源资源禀赋与世界大多数国家相比是"贫油、少气、相对富煤"，根据 BP 统计，中国的煤炭探明储量为 1145 亿 t，储产比为 31，储量占世界的 12.8%；石油探明储量 25 亿 t，储产比为 11.7，储量占世界的 1.1%；天然气探明储量 3.8 万亿 m^3，储产比为 27.8，储量占世界的 2.1%（BP，2016）。但根据 2015 年中国工程院"推动能源生产和消费革命战略研究重大项目"咨询报告（中国工程院，2015），中国 3000m 以浅远景预测煤炭资源总量 103340 亿 t，其中 1000m 以浅 14381 亿 t。按照目前煤炭开发规模，中国煤炭可以持续稳定地开发 200 年以上（谢和平，2014）。

表 1-2　2015 年世界主要产煤国煤炭储量及储产比情况（BP，2016）

序号	国家	储量/10^6t	占总量比例/%	储产比
1	美国	237295	26.6	292

序号	国家	储量/10^6t	占总量比例/%	储产比
2	俄罗斯	157010	17.6	422
3	中国	114500	12.8	31
4	澳大利亚	76400	8.6	158
5	印度	60600	6.8	89
6	德国	40548	4.5	220
7	哈萨克斯坦	33600	3.8	316
8	乌克兰	33873	3.8	—
9	南非	30156	3.4	120
10	印度尼西亚	28017	3.1	71
11	世界总计	891531	100.0	114

表 1-3　2015 年世界主要产油国石油储量及储产比情况（BP，2016）

序号	国家	储量/10^9t	占总量比例/%	储产比
1	委内瑞拉	47.0	17.7	313.9
2	沙特阿拉伯	36.6	15.7	60.8
3	加拿大	27.8	10.1	107.6
4	伊朗	21.7	9.3	110.3
5	伊拉克	19.3	8.4	97.2
6	俄罗斯	14.0	6.0	25.5
7	科威特	14.0	6.0	89.8
8	阿联酋	13.0	5.8	68.7
9	美国	6.6	3.2	11.9
10	中国	2.5	1.1	11.7
11	世界总计	239.4	100.0	50.7

注：计算各国石油储量在总量中所占比例及储产比时，使用以 10^9 桶为单位的数据。

表1-4 2015年世界主要产气国天然气储量及储产比情况（BP，2016）

序号	国家	储量/万亿 m³	占总量比例/%	储产比
1	伊朗	34.0	18.2	176.8
2	俄罗斯	32.3	17.3	56.3
3	卡塔尔	24.5	13.1	135.2
4	土库曼斯坦	17.5	9.4	241.4
5	美国	10.4	5.6	13.6
6	沙特阿拉伯	8.3	4.5	78.2
7	阿联酋	6.1	3.3	109.2
8	委内瑞拉	5.6	3.0	173.2
9	尼日利亚	5.1	2.7	102.1
10	中国	3.8	2.1	27.8
11	世界总计	186.9	100.0	52.8

表1-5显示了2015年中国和世界一次能源消费结构（国网能源研究院，2016）。由表1-5可见，2015年世界一次能源消费中，煤炭消费占比29.2%、石油消费占比32.9%、天然气消费占比23.8%、核电消费占比4.5%、水电消费占比6.8%、其他可再生能源消费占比2.8%。世界范围内以石油、煤炭、天然气为主，水电、核能为补充，太阳能、风能还未大规模利用。伴随着页岩气开采技术的进步，天然气的生产和消费比重逐渐增加，如美国目前页岩气产量占天然气总产量的40%以上。2015年中国一次能源消费中，煤炭消费占比63.7%、石油消费占比18.6%、天然气消费占比5.9%、核电消费占比1.3%、水电消费占比8.5%，其他可再生能源消费占比2.1%。由此可见，中国煤炭消费占比是石油消费占比的3倍多，天然气、核电、除水电外的其他可再生能源的装机容量及消费比重也在不断地增长。

表 1-5　2015 年中国和世界一次能源消费结构（国网能源研究院，2016）（单位：%）

	原煤	原油	天然气	核电	水电	其他可再生能源
世界	29.2	32.9	23.8	4.5	6.8	2.8
中国	63.6	18.6	5.9	1.3	8.5	2.1

尽管表 1-5 显示目前天然气、石油消费量在中国一次能源消费中占比较小，但表 1-6 中国主要一次能源消费量及进口依存度情况表明目前天然气对外依存度已达到 32%、石油对外依存度达到了 60%（中华人民共和国国土资源部，2015）。无论从国家发展和能源安全的战略高度考虑，还是从资源储量和对外依存度的现实情况来分析，煤炭都是中国最丰富、最经济、最安全的能源，也是未来中国经济社会发展的重要保障。

表 1-6　中国主要一次能源消费量及进口依存度（中华人民共和国国土资源部，2015）

原料种类	煤炭	天然气	石油
消费量	39.65 亿 t	1933 亿 m³	5.43 亿 t
进口量	2 亿 t	621 亿 m³	3.28 亿 t
对外依存度	5%	32%	60%

三、中国和世界发电装机容量及发电量

表 1-7 是 2015 年世界发电装机容量及发电量构成情况（国网能源研究院，2016），2015 年世界发电装机容量达 62.7 亿 kW，同比增长 4.1%。从电能的来源来看，仍以火电为主。其中，火电装机容量为 38.98 亿 kW，占 62.2%；水电装机容量为 12.1 亿 kW，占 19.3%；非水可再生能源装机容量为 7.8 亿 kW，占 12.4%；核电装机容量为 3.8 亿 kW，占 6.1%（国网能源研究院，2016）。从世界范围来看，无论是发电装机容量还是发电量，火电占比都超过 60%，是名副其实的装机容量主体和电量主体。从表 1-8 来看，中国电力装机容量逐年增加，尽管火电占比逐年降低，但仍

然占主体地位。2015 年中国发电装机容量 15.25 亿 kW，同比增长 10.62%。其中，火电装机容量为 10.05 亿 kW（煤电 9 亿 kW），占 65.93%（煤电 59%）；水电装机容量为 3.19 亿 kW，占 20.95%；核电装机容量为 0.27 亿 kW，占 1.78%；风电 1.31 亿 kW，占 8.57%；太阳能发电 0.42 亿 kW，占 2.77%（中国电力企业联合会，2016）。

表 1-7　2015 年世界发电装机容量及发电量构成情况（国网能源研究院，2016）

序号	类型	装机容量/亿 kW	装机容量占比/%	发电量/（万亿 kW·h）	发电量占比/%
1	火电	38.98	62.2	15.95	66.2
2	水电	12.1	19.3	3.95	16.4
3	非水可再生能源	7.8	12.4	1.61	6.7
4	核电	3.8	6.1	2.58	10.7
5	合计	62.7	100	24.1	100

表 1-8　2000~2015 年中国电力装机容量　　（单位：万 kW）

年份	发电装机总容量	火电	水电	核电	风电	太阳能发电
2000	31932	23754	7935	210	34	—
2001	33849	25301	8301	210	38	—
2002	35657	26555	8607	447	47	—
2003	39141	28977	9490	619	55	—
2004	44239	32948	10524	696	82	—
2005	51718	39138	11739	696	106	—
2006	62370	48382	13029	696	207	—
2007	71822	55607	14823	908	420	—
2008	79273	60286	17260	908	839	—

续表

年份	发电装机总容量	火电	水电	核电	风电	太阳能发电
2009	87410	65108	19629	908	1760	3
2010	96641	70967	21606	1082	2958	26
2011	106253	76834	23298	1257	4623	212
2012	114676	81968	24947	1257	6142	341
2013	125768	87009	28044	1466	7652	1589
2014	137018	92363	30486	2008	9657	2486
2015	152527	100554	31954	2717	13075	4218

　　从图1-3、图1-4可见，中国已成为世界上电力消费量和发电装机容量最大的国家。从图1-5可见，与2000年相比，中国2015年人均电力装机容量明显提高，但仍不及美国、德国、日本等发达国家，因而还存在很大的提高空间。

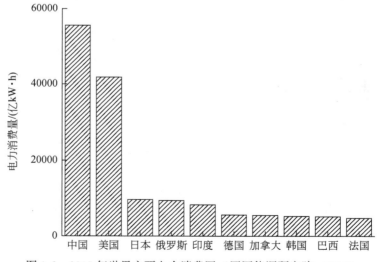

图1-3　2015年世界主要电力消费国（国网能源研究院，2016）

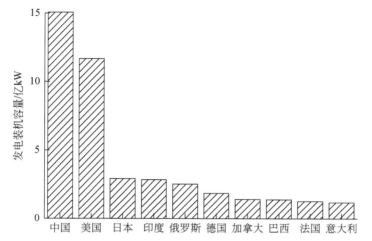

图 1-4　2015 年世界主要电力消费国发电装机容量（国网能源研究院，2016）

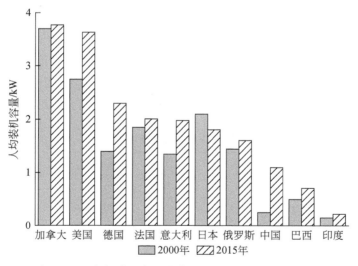

图 1-5　2000 年和 2015 年部分国家人均装机容量情况（国网能源研究院，2016）

　　人均用电量指标可以在一定程度上反映一个国家或地区经济发展水平和人民生活水平，由表 1-9（中国能源研究会，2016）可见，2014 年中国全社会用电量 5.52 万亿 kW·h，高于美国全社会用电量，而中国人均用电量为 4078kW·h、人均生活用电量为 508kW·h,仅为美国的 29%、11%,仅为日本的 46%、21%,仅为韩国的 40%、41%,与发达国家相比尚存在较大差距。

表1-9　2014年中国和其他国家用电量情况 (中国能源研究会,2016)

国家/地区	全社会用电量 /(万亿 kW·h)	人均用电量 /(kW·h)	人均生活用电量 /(kW·h)	中国相对其他国家	
				人均用电量比例	人均生活用电量比例
中国	5.52	4078	508	—	—
美国	4.40	14203	4667	28.7	10.9
日本	1.12	8786	2384	46.4	21.3
德国	0.61	7511	1733	54.3	29.3
韩国	0.50	10219	1240	39.9	41.0
英国	0.38	6171	1800	66.1	28.2
印度	0.90	812	132	502.2	384.8

在当前技术条件下,燃煤发电仍是煤炭清洁高效利用的最优选择。燃煤发电用煤(电煤)占煤炭消费比重也是衡量一个国家煤炭清洁高效利用水平的重要指标。表1-10是世界部分国家和组织2013年电煤占比情况

表1-10　世界部分国家和组织2013年电煤占比情况 (IEA,2016)　　　(单位:%)

国家/组织	电煤占比	国家/组织	电煤占比
美国	92.3	韩国	70.2
澳大利亚	90.2	印度	65.3
印度尼西亚	86.3	南非	59.5
西班牙	82.5	日本	59.2
德国	82.4	俄罗斯	51.8
英国	81.9	中国	46.0
意大利	80.9	OECD	80.2
加拿大	79.5	世界平均	58.3

（IEA，2016）。与世界发达国家相比，中国电煤占比还有一定差距，2013年的美国为92.3%、经济合作与发展组织（OECD）为80.2%，世界平均水平也达到58.3%，中国2013年电煤占比仅为46%，较世界平均水平还低12.3个百分点。

四、中国能源及电力发展展望

中国GDP总量已由2010年的40万亿元增加到2017年的82万亿元（中华人民共和国国家统计局，2018），"十三五"期间年均GDP增速底线为6.5%左右。中国石油集团经济技术研究院预测，中国2050年GDP将达到50.6万亿美元，位居全球第一。中国经济的发展离不开能源发展的支撑和保障。

从历史上看，中国农业社会人均能源消费处于较低水平，进入工业化阶段能源消费呈现近似线性的增长，并迅速达到峰值，步入后工业化阶段，经济增长的能耗水平将会越过顶点，趋于不再增长或缓慢下降趋势（李晓明等，2010）。根据多个机构预测，从世界一次能源需求预测来看，中国2020~2040年仍将保持10%左右的增幅，2050年一次能源消费量达到235.7亿tce，较2040年的256.2亿tce降低8%，而发电装机容量和发电量总体将实现持续增长，详见表1-11（中国能源研究会，2016；中国电力企业联合会，2015；中国石油集团经济技术研究院，2016）。从中国一次能源需求来看，预计2020年至2050年仍将有25%左右的增幅，而发电装机容量和发电量将增长一倍左右。

表1-11　2020~2050年能源需求及发电装机容量展望（中国能源研究会，2016；中国电力企业联合会，2015；中国石油集团经济技术研究院，2016）

分类	2020年		2030年		2040年		2050年	
	世界	中国	世界	中国	世界	中国	世界	中国
一次能源需求量/亿tce	210.6	41	233.6	43	256.2	57.4	235.7	50.29

续表

分类	2020 年		2030 年		2040 年		2050 年	
	世界	中国	世界	中国	世界	中国	世界	中国
电力装机容量/亿 kW	72.99	20	89.95	30.2	105.7	27.41	—	39.8
发电量/(万亿 kW·h)	27.22	6.8~7.2	33.21	10.3	39.44	10.63	40.7	12~13

从世界范围及历史发展来看，各国在能源开发利用中，都会根据本国国情选择相应合理的能源消费结构和能源利用方式。中国与发达国家面临的能源问题有本质区别，后者的消费总量已趋于稳定或下降，重点是向低碳过渡，而中国必须同时考虑安全、生态和低碳（谢克昌，2014）。中国的能源资源禀赋决定了在今后相当长时期内还需要维持以煤为主的能源结构（凌文，2015），其中，推进煤炭清洁高效利用既是煤炭工业可持续发展的必由之路，也是改善民生、建设生态文明的必然要求。中国相继出台了《中华人民共和国国民经济和社会发展第十三个五年规划》《能源发展"十三五"规划》《电力发展"十三五"规划》，提出努力构建"清洁低碳、安全高效"的能源体系。2014 年发布的《煤电节能减排升级与改造行动计划（2014—2020 年)》（发改能源〔2014〕2093 号）明确中国到2020 年力争使煤炭占一次能源消费比重下降到 62% 以内，电煤占煤炭消费比重提高到 60% 以上（国家发展改革委等，2014a）。预计中国 2020、2030、2050 年电力装机容量将分别达到 20 亿 kW、30.2 亿 kW、39.8 亿 kW，其中煤电装机容量将分别为 11 亿 kW、13.5 亿 kW、12 亿 kW，煤电占比在 2050 年仍将超过 30%，详见表 1-12（李晓明等，2010；水电站机电技术编辑部，2015；国家能源局，2016）。根据《中国煤电清洁发展报告》（中国电力企业联合会，2017），中国煤电在电力安全稳定供应、应急调峰、集中供热、平衡电价中发挥的基础性作用不容忽视，当前乃至 20~30年内是无法替代的，仍是提供电力、电量的主体。从目前来判断，2030年中国煤电装机容量占比极有可能超过预测值，保持在 50% 左右。

表1-12　中国发电装机容量构成预测（李晓明等，2010；水电站机电技术编辑部，2015；
国家能源局，2016）　　　　　　　（单位：亿kW）

年份	总装机容量	煤电	气电	水电	核电	风电	太阳能	其他	煤电占比/%
2020	20	11	1.1	3.8	0.58	2.1	1.1	0.32	55
2030	30.2	13.5	2	4.5	2	6.7		1.5	45
2050	39.8	12	3	5	4	13.3		2.5	30

第二节　燃煤电厂大气污染物排放及减排迫切性

大气污染物分为一次污染物和二次污染物。大气中的污染物或由它转化成的二次污染物的浓度达到有害程度的现象，称为大气污染。一次污染物通常直接从污染源排放，如颗粒物（烟尘）、SO_2、NO_x、CO 等。中国2015 年 8 月公布的新修订的《中华人民共和国大气污染防治法》第二条第二款规定（中华人民共和国全国人民代表大会，2015）：防治大气污染，应当加强对燃煤、工业、机动车船、扬尘、农业等大气污染的综合防治，推行区域大气污染联合防治，对颗粒物、二氧化硫、氮氧化物、挥发性有机物、氨等大气污染物和温室气体实施协同控制。

2016 年 1 月 1 日起实施的《环境空气质量标准》（GB 3095–2012）（环境保护部和国家质量监督检验检疫总局，2012）中规定的环境空气污染物基本项目包括二氧化硫、二氧化氮、一氧化碳、臭氧、细颗粒物（$PM_{2.5}$，即空气动力学当量直径小于等于 2.5 μm 的颗粒物）、可吸入颗粒物（PM_{10}，即空气动力学当量直径小于等于 10 μm 的颗粒物）。

根据1999～2015年的中国统计年鉴，中国 1998～2014 年全国废气（工业和生活）中烟尘、SO_2 和 NO_x 排放总量的变化情况如表 1-13 所示。由表可见，烟尘排放总量 1998 年后呈下降趋势，2011 年后又逐年上升；SO_2 排放量于 2006 年达到峰值，随后逐年降低；NO_x 排放总量统计起步较晚，从 2011 年后的排放总量来看，呈逐年下降趋势。

表 1-13　中国 1998～2014 年废气中烟尘、SO_2 和 NO_x 排放总量　　　（单位：万 t）

年份	烟尘	SO_2	NO_x
1998	1452.0	2090.0	—
1999	1159.0	1857.5	—
2000	1165.4	1995.1	—
2001	1069.8	1947.8	—
2002	1012.7	1926.6	—
2003	1048.7	2158.7	—
2004	1095.0	2254.9	—
2005	1182.5	2549.3	—
2006	1088.8	2588.8	—
2007	986.6	2468.1	—
2008	901.6	2321.2	—
2009	847.2	2214.4	—
2010	829.1	2185.1	—
2011	1278.8	2217.9	2404.3
2012	1234.3	2117.6	2337.8
2013	1278.1	2043.9	2227.4
2014	1740.8	1974.4	2078.0

表 1-14 对比了中国、美国和欧盟的国土面积、人口数量、GDP 和大气污染物排放水平（世界银行，2018；中华人民共和国环境保护部，2014）。中国与美国相比，国土面积相当，人口是美国的 4 倍多，GDP 是美国的 60%，SO_2 排放总量是美国的 4 倍，NO_x 排放总量是美国的 1.7 倍；中国与欧盟相比，国土面积是欧盟的 2 倍多，人口是欧盟的 2 倍多，GDP 是欧盟的 70%，SO_2 排放总量是欧盟的 6 倍，NO_x 排放总量是欧盟的 2.7 倍。

表 1-14　不同国家/组织国土面积、人口数量、经济总量及大气污染物排放量对比

（世界银行，2018；中华人民共和国环境保护部，2014）

国家/组织	国土面积 /万 km²	人口数量 /亿人	GDP/万亿美元	大气污染物排放量/万 t	
				SO₂	NOₓ
中国	960	13.86	12.14	2044	2227
美国	936	3.17	19.48	510	1307
欧盟	437	5.12	17.34	343	818

注：国土面积、人口、GDP 采用 2017 年数据；大气污染物排放量采用 2013 年数据。

　　表 1-15 对比了不同国家 PM$_{2.5}$排放情况（国网能源研究院，2016）。1990 年以来，美国、日本、德国、法国、巴西、英国、加拿大、俄罗斯、西班牙等国大气中 PM$_{2.5}$浓度基本保持在 20μg/m³ 以内，而中国和印度大气中 PM$_{2.5}$浓度明显高于其他各国，且一直在上升，到 2013 年分别提高了 38.5% 和 56.7%，这在一定程度上反映了中国、印度两国以煤为主的能源结构。

表 1-15　1990～2013 年世界部分国家大气中细颗粒物（PM$_{2.5}$）浓度（国网能源研究院，2016）

（单位：μg/m³）

国家	1990 年	2000 年	2005 年	2010 年	2011 年	2013 年
中国	39	44	51	54	54	54
美国	16	15	14	12	11	11
日本	19	18	18	17	16	16
德国	30	18	17	16	16	15
法国	23	18	17	15	15	14
巴西	10	9	11	14	15	16
英国	20	15	13	11	11	11
意大利	31	23	22	20	19	18
加拿大	11	11	12	12	12	12
俄罗斯	20	14	15	14	14	14

国家	1990 年	2000 年	2005 年	2010 年	2011 年	2013 年
印度	30	34	39	43	44	47
西班牙	18	17	15	13	12	12

燃煤电厂生产过程中产生的污染物主要指随废气、废水、固体废物、噪声等排入环境，使环境的正常组成和性质发生变化而对环境有害的物质。其中，随废气排放的大气污染物主要包括烟尘、二氧化硫、氮氧化物、汞及其化合物等；随循环冷却水、化学水处理工艺废水、脱硫废水等排放的污染物主要包括酸碱、悬浮物、有机物微量元素等；固体废物主要包括飞灰、炉渣、脱硫石膏等；噪声主要来源于磨煤机、锅炉、汽轮机、风机等（《中国电力百科全书》编辑委员会和《中国电力百科全书》编辑部，2014a）。燃煤电厂生产过程中也会排放大量二氧化碳，目前中国和世界大多数国家、地区和社会组织，将二氧化碳作为引起气候变化的温室气体（GHG）。尽管美国环境保护署将二氧化碳列为对公众产生威胁的污染物，但美国国内存在争议。

依据环境保护法律法规、环境质量标准、污染物排放标准的要求，通过技术和管理等手段对排放源排放的大气污染物采用强度控制、速率控制、浓度控制或总量控制等不同方法加以控制。中国针对燃煤电厂大气污染物制定了相应的排放控制标准并采取了相应治理技术（《中国电力百科全书》编辑委员会和《中国电力百科全书》编辑部，2014b）。中国 2012 年 1 月 1 日起实施的《火电厂大气污染物排放标准》（GB 13223−2011）中火力发电大气污染物项目包括烟尘、SO_2、NO_x 和汞及其化合物（环境保护部和国家质量监督检验检疫总局，2011）。

中国大气污染现状是多污染物共存、多污染源叠加，燃煤和工业排放是大气污染的主要来源。2015 年燃煤发电消耗了中国近 50% 的煤炭，电煤占比今后还将进一步增加，针对燃煤发电开展大气污染物减排是中国大气污染防治的关键。本书中燃煤电厂大气污染物主要包括烟尘、SO_2、

NO_x 和汞及其化合物。

中国电力企业联合会统计了 2001~2014 年电力行业烟尘、SO_2 和 NO_x 的排放总量，见表 1-16（中国电力企业联合会，2016）。从表中可看出，2001~2014 年中国电力行业年排放烟尘总量为 100 万~300 万 t、排放 SO_2 总量为 600 万~1300 万 t、排放 NO_x 总量在 600 万~1000 万 t。烟尘、SO_2 排放总量峰值在 2006 年，NO_x 排放总量峰值在 2011 年。通过中国装机容量变化情况可以看出，尽管 2000 年以来中国燃煤机组装机容量快速增加，但由于除尘、脱硫技术的进步及应用推广，相关大气污染物没有相应增加，反而有一定程度的下降。NO_x 方面存在同样的趋势，但 NO_x 峰值出现的时间较为靠后，主要原因是中国 NO_x 控制相对滞后，2011 年发布《火电厂大气污染物排放标准》（GB 13223-2011）后，NO_x 排放标准趋严，排放总量明显下降。

表 1-16　中国电力行业烟尘、SO_2、NO_x 的年排放总量（中国电力企业联合会，2016）

（单位：万 t）

年份	烟尘	SO_2	NO_x
2001	320.5	800.8	—
2002	321.7	806.0	—
2003	330.1	993.2	—
2004	345.8	1195.0	—
2005	359.0	1302.2	747.6
2006	369.9	1351.0	849.4
2007	330.1	1196.0	885.9
2008	289.2	1041.1	866.2
2009	233.7	944.4	874.7
2010	159.0	920.4	957.8
2011	155.4	911.1	1013.0
2012	150.6	872.5	956.0

续表

年份	烟尘	SO_2	NO_x
2013	142.2	768.5	852.2
2014	97.6	606.3	636.3

从中国电力行业（表1-16）和全国废气中（表1-13）大气污染物排放情况比较发现，NO_x 排放总量降低趋势基本一致，电力行业 SO_2 排放总量和全国 SO_2 排放总量都在 2006 年达到峰值。尽管全国烟尘排放总量2005 年下降后在 2010 年又有上升的趋势，但 2006 年以来电力行业烟尘排放总量却是逐年下降。从表 1-17 中国电力行业污染物排放占全国废气中污染物排放比例来看，2006 年以来，烟尘、SO_2 和 NO_x 排放比例均逐年下降。2014 年，电力行业烟尘排放总量占全国排放总量的5.6%，SO_2、NO_x 排放总量占全国排放总量的比例分别为30.7%、30.6%。

表 1-17　中国电力行业污染物排放占全国排放总量比例　　（单位:%）

年份	烟尘	SO_2	NO_x
2001	30.0	41.1	—
2002	31.8	41.8	—
2003	31.5	46.0	—
2004	31.6	53.0	—
2005	30.4	51.1	—
2006	34.0	52.2	—
2007	33.5	48.5	—
2008	32.1	44.9	—
2009	27.6	42.6	—
2010	19.2	42.1	—
2011	12.2	41.1	42.1
2012	12.2	41.2	40.9
2013	11.1	37.6	38.3
2014	5.6	30.7	30.6

从能源资源禀赋及生产消费结构来看，煤炭是中国乃至世界的一次能源主体，为人类社会的文明进步作出了重要的贡献。煤炭的大量利用和粗放使用，也带来了严峻的环境问题，尤其是大范围雾霾污染问题日益突出，给人类生活和健康带来较大影响。为严格控制燃煤过程中的大气污染物排放，迫切需要燃煤电厂大气污染物减排技术进步和提高排放标准，这对于中国乃至世界建设"清洁低碳、安全高效"的能源体系而言，都将是当前和今后一个时期的重要课题（王树民，2017a）。

第三节　燃煤电厂大气污染物减排的长期性和艰巨性

经济发展是中国全面建设社会主义现代化国家的重要基础，庞大的人口基数将促进中国有更大的经济总量，同时需要更多一次能源及电力驱动和支撑。基于我国以煤为主的基本国情，电源结构长期以煤电为主的格局不会改变，预计到 2030 年煤电装机占比仍将处于 50% 左右，燃煤发电带来大气污染问题的长期性客观存在，应得到持续关注和重视。如果没有先进的理念、技术及管理模式，煤电大气污染物排放总量会不断增加，将对人类健康、生态环保及中国可持续发展造成难以估量的负面影响。

21 世纪以来，中国环境空气质量整体上呈现前期恶化、后期向好的趋势，2013 年在全国中东部地区出现大范围的区域性重度雾霾天气，引起政府和社会的广泛关注。作为雾霾的核心污染物，大气环境中细颗粒物（$PM_{2.5}$）浓度与雾霾严重程度密切相关。世界卫生组织（WHO）在《空气质量准则——颗粒物、臭氧、二氧化氮和二氧化硫（2005 年全球更新版）》（WHO，2005）中提出 $PM_{2.5}$ 的空气质量指导值（AQG）10 $\mu g/m^3$ 和 3 个过渡时期目标值（IT），其中过渡时期目标-1（IT-1）为 35 $\mu g/m^3$、过渡时期目标-2（IT-2）为 25 $\mu g/m^3$、过渡时期目标-3（IT-3）为 15 $\mu g/m^3$。结合表 1-15,1990 ~ 2013 年时期内，中国大气中 $PM_{2.5}$ 浓度不断增加，到 2013 年达到 54 $\mu g/m^3$，增长 38.5%，而这期间，发达国家大多保持在

WHO 提出的过渡时期目标-3（IT-3）15 $\mu g/m^3$ 左右的较低水平，反映了我国环境空气质量控制上存在的不足。2013 年《大气污染防治行动计划》（简称"大气十条"）实施以来（国务院，2013），各排污行业尤其是电力减排措施落实到位，全国主要污染物（$PM_{2.5}$、SO_2 和 NO_x）减排成效显著，环境空气质量明显改善。2017 年，全国 $PM_{2.5}$ 浓度为 43 $\mu g/m^3$，比2013 年降低 22.7%；全国平均霾日数 27.5 天，比 2013 年减少 19.4 天（中华人民共和国生态环境部，2018；中国气象局，2018）。根据中国《环境空气质量标准》（GB 3095-2012）进行评价，全国 $PM_{2.5}$ 年平均浓度已接近国家标准二级浓度限值 35 $\mu g/m^3$，但仍远高于 WHO 提出 15 $\mu g/m^3$的过渡时期目标-3（IT-3）和 10 $\mu g/m^3$ 的空气质量指导值。因此，我国大气污染防治任务依然艰巨，持续改善环境空气质量具有长期性。

国家"大气十条"收官之后，为增强人民的蓝天幸福感，中国政府出台了《打赢蓝天保卫战三年行动计划》，部署了未来三年国家大气污染防治工作，要求大幅减少主要大气污染物排放总量，进一步明显改善环境空气质量。特别是对于京津冀及周边地区、长三角地区、汾渭平原等重点区域，由于大气污染物排放总量大、排放强度高等问题仍较为突出，将推进煤炭集中使用、清洁利用，重点提高电煤比例；同时，坚持发展可再生能源与清洁高效利用化石能源并举，制定并实施秋冬季大气污染综合治理攻坚行动方案，着力减少重污染天气（国务院，2018）。

进入新时代，煤电的发展要站在建设生态文明的高度谋划，应将环境保护摆在更加突出位置，积极推进煤炭绿色发电，持续实施煤电大气污染防治行动。总体来看，基于能源利用、电力发展、环境约束以及技术发展现状，燃煤电厂大气污染物减排具有长期性和艰巨性。具体而言，一方面，我国煤电大气污染治理工作需要长期的、系统的和全面的顶层设计，当前阶段更加需要面对社会主要矛盾新论断、面对经济高质量发展新任务、面对人与自然和谐共生的现代化新标准。另一方面，煤电大气污染治理工作同样也面临多重挑战，经济上，需要考虑增加多少投资和运营成本；技术上，应通过科技创新，持续推进具有自主知识产权的煤电大气污染物排放控制、排放监测关键技术及装备的研发与应用；观念上，需要坚持解放思想，更加需要具有革命精神，对于排污的认识应由"被动环保"转变为"主动环保"。

总之，推动人类文明进步和经济社会发展需要清洁能源，实现"人民对美好生活的向往"更加需要高品质能源。当前，能源领域正在进行供给侧结构性改革，既要大力推进可再生能源的规模化，发展风电、太阳能发电、水电及核电，也要持续推进化石能源的清洁化。因此，今后在能源的生产和消费中应努力做好两个方面工作：一是煤电清洁化。要深刻认识到煤电清洁化是一项紧迫的、长期的、艰巨的任务，通过环保技术的集成应用和持续创新，使燃煤发电更加清洁，逐步实现清洁煤电"近零排放"乃至更好更严的"生态环保排放"，同时还应通过降低散烧煤比重，让更多的煤炭用于发电，走出一条煤炭清洁高效利用之路。二是生活电气化。大力提供"百姓用得起、利用清洁化、供给有保障"的清洁煤电等高品质能源，促进提高百姓尤其是北方地区农村居民生活取暖电气化水平，促进改善环境空气质量，努力在 2050 年实现 WHO 提出的 $PM_{2.5}$ 年度平均浓度 10 $\mu g/m^3$ 的空气质量指导值，为增进人类健康福祉作贡献。

第二章　近零排放的标准

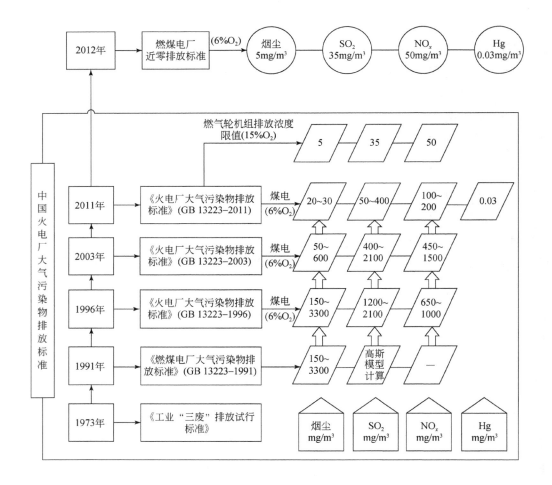

绵延5000多年的中华文明孕育着丰富的生态文化，提出了"天人合一""道法自然""人与自然和谐共生"等天地人有机统一、自然生态同人类文明密切联系的观念。20世纪70年代以来，中国政府根据燃煤电厂

大气污染物排放带来的生态环境问题，进一步出台并多次修订了具有强制效力的燃煤电厂大气污染物排放标准，推动了电力发展由"电力先行"到"环保优先"的进步。基于中国一次能源以煤为主的基本国情，不断提高大气污染物排放标准，对于促进大气污染防治、改善环境空气质量，建设生态文明的美丽中国都具有重要的现实意义。

第一节 中国燃煤电厂大气污染物排放标准

针对燃煤电厂大气污染物排放标准，中国政府进行了日趋严格的多次修订。表 2-1 列出中国环保法规及相关电力排放标准的历史沿革。

表 2-1 中国环保法规及相关电力排放标准的历史沿革

颁布时间	环保法规	电力大气污染物排放标准
1973 年		《工业"三废"排放试行标准》
1978 年	宪法第 11 条规定：国家保护环境和自然资源，防治污染和其他公害	
1979 年	《中华人民共和国环境保护法（试行)》	
1982 年	宪法第 26 条规定：国家保护和改善生活环境和生态环境，防治污染和其他公害	
1987 年	《中华人民共和国大气污染防治法》	
1989 年	《中华人民共和国环境保护法》	
1991 年		《燃煤电厂大气污染物排放标准》（GB 13223-1991）
1995 年	《中华人民共和国大气污染防治法》（修订版）	
1996 年		《火电厂大气污染物排放标准》（GB 13223-1996）
2000 年	《中华人民共和国大气污染防治法》（修订版）	
2003 年		《火电厂大气污染物排放标准》（GB 13223-2003）
2011 年		《火电厂大气污染物排放标准》（GB 13223-2011）

续表

颁布时间	环保法规	电力大气污染物排放标准
2014 年	《中华人民共和国环境保护法》（修订版）	
2015 年	《中华人民共和国大气污染防治法》（修订版）	

　　1973 年，中国颁布了《工业"三废"排放试行标准》（GBJ 4-73）（中华人民共和国计划委员会等，1973），首次以国家标准的方式对火电厂大气污染物排放提出限值要求。1991 年，中国环境保护部颁布了《燃煤电厂大气污染物排放标准》（GB 13223-1991）（国家环境保护局，1991）替代了 GBJ 4-73 中关于火电厂大气污染物排放标准部分。伴随着经济社会发展和火电技术的进步，中国于 1996 年、2003 年、2011 年相继对火电厂大气污染物排放标准进行了修订，目前正在执行的是环境保护部和国家质量监督检验检疫总局 2011 年修订的《火电厂大气污染物排放标准》（GB 13223-2011）（环境保护部和国家质量监督检验检疫总局，2011），详见表 2-2、表 2-3、表 2-4、表 2-5。GB 13223-1991、GB 13223-1996 重点关注烟尘，并对不同含灰量的煤规定了不同的排放限值，GB 13223-2003 及后续标准不再考虑含灰量的不同，要求不管采用什么煤种，都必须低于相应的排放限值。针对 SO_2，GB 13223-1991 通过高斯扩散模型计算燃煤电厂烟囱周围区域的大气 SO_2 浓度和对应排放限值对比，GB 13223-1996 考虑风速等条件规定了火电厂最高允许 SO_2 排放量，相对而言，这两种方法可操作性较差，不利于监测及执行。GB 13223-1996 按照时间顺序区分了不同时段，规定了三个时段火电厂 SO_2 与 NO_x 的最高允许排放浓度（本书中火电厂 NO_x 质量浓度均以 NO_2 计）。GB 13223-2011 针对汞及其化合物给出了排放限值。总的来说，污染物排放限值越来越低，要求越来越严格。

　　《火电厂大气污染物排放标准》（GB 13223-2011）中，根据不同条件设定燃煤锅炉烟尘、SO_2、NO_x 排放浓度限值分别为 30 mg/m³、100 ~ 400 mg/m³、100 ~ 200 mg/m³（本书中的浓度单位如未做特殊说明，均指

6% O_2，干基标准状态），其中一般地区新建燃煤锅炉执行烟尘、SO_2、NO_x 排放浓度限值30 mg/m³、100~200 mg/m³、100~200 mg/m³。位于广西壮族自治区、重庆市、四川省和贵州省的新建燃煤锅炉 SO_2 的排放浓度限值为200 mg/m³、现有锅炉 SO_2 的排放浓度限值为400 mg/m³；采用 W 型火焰炉膛的火力发电锅炉、现有循环流化床（CFB）燃煤锅炉以及2003年12月31日前建成投产或通过建设项目环境影响报告书审批的燃煤锅炉 NO_x 排放浓度限值为200 mg/m³；需要严格控制大气污染物排放的重点地区燃煤锅炉执行烟尘、SO_2、NO_x 特别排放限值，分别是20 mg/m³、50 mg/m³、100 mg/m³。

表 2-2　燃煤电厂大气污染物排放标准限值（GB 13223-1991）（国家环境保护局，1991）

（单位：mg/m³）

烟尘				SO_2	备注	
现有火电厂锅炉[(1)]		新扩改火电厂锅炉			分类	
电除尘器[(2)]	其他除尘器[(3)]	670 t/h 及以上的锅炉或在县及县以上城镇建成区内的锅炉	670 t/h 以下，且在县建成区以外地区的锅炉			
200	800	150	500		$A^r \leq 10$	燃料应用基灰分 A^r/%
300	1200	200	700		$10 < A^r \leq 20$	
500	1700	300	1000		$20 < A^r \leq 25$	
500	2100	350	1300	0.06[(4)] 0.09[(5)]	$25 < A^r \leq 30$	
700	2400	400	1500		$30 < A^r \leq 35$	
800	2800	450	1700		$35 < A^r \leq 40$	
1000	3300	600	2000		$A^r > 40$	

注：

（1）现有火电厂锅炉为本标准实施前已投产及虽未投产但初步设计已通过审查批准建造的燃煤电厂锅炉；

（2）也适用于袋式除尘器；

（3）其他除尘器包括文丘里、斜棒栅、泡沫、水膜、多管、大旋风等除尘器；

（4）火电厂多烟囱排放，用高斯模式计算全厂所有烟囱排放叠加造成的 SO_2 地面日平均浓度最大值，对于城市地区；

（5）火电厂多烟囱排放，用高斯模式计算全厂所有烟囱排放叠加造成的 SO_2 地面日平均浓度最大值，对于农村地区。

表 2-3　火电厂大气污染物排放标准限值（GB 13223–1996）（国家环境保护局，1996a）

（单位：mg/m³）

时段	烟尘		SO₂	NOₓ（以 NO₂ 计）	备注	
	电除尘器(4)	其他除尘器(5)			分类	
第一时段(1)	200	800	规定了火电厂最高允许 SO₂ 排放量(9)	—	$A_{ar}\leq10$	收到基灰分 $A_{ar}/\%$
	300	1200			$10<A_{ar}\leq20$	
	500	1700			$20<A_{ar}\leq25$	
	600	2100			$25<A_{ar}\leq30$	
	700	2400			$30<A_{ar}\leq35$	
	800	2800			$35<A_{ar}\leq40$	
	1000	3300			$A_{ar}>40$	
第二时段(2)	670 t/h 及以上，或在县及县以上城镇规划区内的火电厂锅炉	670 t/h 以下且在县规划区以外地区的火电厂锅炉	—	—	分类	收到基灰分 $A_{ar}/\%$
	150	500			$A_{ar}\leq10$	
	200	700			$10<A_{ar}\leq20$	
	300	1000			$20<A_{ar}\leq25$	
	350	1300			$25<A_{ar}\leq30$	
	400	1500			$30<A_{ar}\leq35$	
	450	1700			$35<A_{ar}\leq40$	
	600	2000			$A_{ar}>40$	
第三时段(3)	200(6) 500(7) 600(8)		2100(10) 1200(11)	650(12) 1000(13)		

注：
（1）第一时段——1992 年 8 月 1 日之前建成投产或初步设计已通过审查批准的新建、扩建、改建火电厂；
（2）第二时段——1992 年 8 月 1 日起至 1996 年 12 月 31 日期间环境影响报告书通过审查批准的新建、扩建、改建火电厂，包括 1992 年 8 月 1 日之前环境影响报告书通过审查批准、初步设计待审查批准的新建、扩建、改建火电厂；
（3）第三时段——1997 年 1 月 1 日起环境影响报告书待审查批准的新建、扩建、改建火电厂；
（4）也适用于袋式除尘器；
（5）其他除尘器包括文丘里、斜棒栅、泡沫、水膜、多管、大旋风等除尘器；
（6）在县及县以上城镇规划区内的火电厂锅炉；
（7）在县规划区以外地区的火电厂锅炉；
（8）包括在县及县以上城镇规划区以内的 1992 年 8 月 1 日起至 1996 年 12 月 31 日期间环境影响报告书通过审查批准的新建、扩建、改建火电厂，1992 年 8 月 1 日之前环境影响报告书通过审查批准、初步设计待审查批准的新建、扩建、改建火电厂，以及 1997 年 1 月 1 日后有 10 年及以上寿命的火电厂锅炉；
（9）考虑风速、烟囱高度、地区、时段等给出计算最高允许 SO₂ 排放量；
（10）燃料收到基硫分小于等于 1.0% 时；
（11）燃料收到基硫分大于 1.0% 时；
（12）锅炉额定蒸发量大于等于 1000 t/h 的固态排渣炉；
（13）锅炉额定蒸发量大于等于 1000 t/h 的液态排渣炉。

表 2-4　火电厂大气污染物排放标准限值（GB 13223-2003）（国家环境保护总局和
国家质量监督检验检疫总局，2003）　　（单位：mg/m³）

时段	实施时间	烟尘	SO₂	NOₓ（以 NO₂ 计）
第一时段(1)	2005.1.1	300(4) 600(5)	2100(8)	1500(11) 1100(12),(13)
	2010.1.1	200	1200(8)	
第二时段(2)	2005.1.1	200(4) 500(5)	2100 1200(6)	1300(11) 650(12),(13)
	2010.1.1	50 100(6) 200(7)	400 1200(10)	
第三时段(3)	2004.1.1	50 100(6) 200(7)	400 800(9) 1200(10)	1100(11) 650(12) 450(13)

注：

（1）1996 年 12 月 31 日前建成投产或通过建设项目环境影响报告书审批的新建、扩建、改建火电厂建设项目，执行第一时段排放控制要求；

（2）1997 年 1 月 1 日起至本标准实施前通过建设项目环境影响报告书审批的新建、扩建、改建火电厂建设项目，执行第二时段排放控制要求；

（3）自 2004 年 1 月 1 日起，通过建设项目环境影响报告书审批的新建、扩建、改建火电厂建设项目（含在第二时段中通过环境影响报告书审批的新建、扩建、改建火电厂建设项目，自批准之日起满 5 年，在本标准实施前尚未开工建设的火电厂建设项目），执行第三时段排放控制要求；

（4）县级及县级以上城市建成区及规划区内的火力发电锅炉执行该限值；

（5）县级及县级以上城市建成区及规划区以外的火力发电锅炉执行该限值；

（6）在本标准实施前，环境影响报告书已批复的脱硫机组，以及位于西部非两控区的燃用特低硫煤（入炉燃煤收到基硫分小于 0.5%）的坑口电厂锅炉执行该限值；

（7）以煤矸石等为主要燃料（入炉燃料收到基低位发热量小于等于 12550 kJ/kg）的资源综合利用火力发电锅炉执行该限值；

（8）该限值为全厂第一时段火力发电锅炉平均值；

（9）以煤矸石等为主要燃料（入炉燃料收到基低位发热量小于等于 12550 kJ/kg）的资源综合利用火力发电锅炉执行该限值；

（10）位于西部非两控地区内的燃用特低硫煤（入炉燃煤收到基硫分小于 0.5%）的坑口电厂锅炉执行该限值；

（11）干燥无灰基挥发分 $V_{daf} < 10\%$；

（12）$10\% \leqslant V_{daf} \leqslant 20\%$；

（13）$V_{daf} > 20\%$。

表 2-5　火电厂大气污染物排放标准限值（GB 13223–2011）（环境保护部和国家质量
监督检验检疫总局，2011）　　　　　　　　　（单位：mg/m³）

	实施时间	烟尘	SO₂	NOₓ（以 NO₂ 计）	汞及其化合物
新建锅炉	2012. 1. 1	30	100 200[1]	100	0.03[3]
现有锅炉	2014. 7. 1		200 400[1]	200[2]	

重点地区（4）大气污染物特别排放限值（5）（6）

	实施时间	烟尘	SO₂	NOₓ（以 NO₂ 计）	汞及其化合物
全部		20	50	100	0.03

注：

（1）位于广西壮族自治区、重庆市、四川省和贵州省的火力发电锅炉执行该标准限值；

（2）采用 W 型火焰炉膛的火力发电锅炉，现有循环流化床火力发电锅炉，以及 2003 年 12 月 31 日前建成投产或通过建设项目环境影响报告书审批的火力发电锅炉执行该标准限值；

（3）自 2015 年 1 月 1 日，燃煤锅炉执行本表规定的汞及其化合污染物排放限值；

（4）重点地区指在国土开发密度较高，环境承载能力开始减弱，或大气环境容量较小、生态环境脆弱，容易发生严重大气环境污染问题而需要严格控制大气污染物排放的地区；

（5）大气污染物特别排放限值指为防治区域性大气污染、改善环境质量、进一步降低大气污染源的排放强度、更加严格地控制排污行为而制定并实施的大气污染物排放值，该限值的排放控制水平达到国际先进或领先程度，适用于重点地区；

（6）执行大气污染物特别排放限值的地域范围、实施时间，由国务院环境保护行政主管部门规定。

第二节　中国和世界燃煤电厂大气污染物排放标准

　　燃煤电厂是环境空气中主要污染物的重要排放源之一，世界部分国家和地区相继颁布了日趋严格的法律法规限制燃煤电厂大气污染物排放，主要采用排放浓度限值、电量输出排放限值和热量输入排放限值等限制方式，本节提到的各国大气污染物排放限值，均按照中国环保法规中要求的排放浓度限值进行折算。

1. 美国

　　美国 1970 年出台的清洁空气法案（CAA）是其首部较为完整的空气

污染治理法规，针对固定污染排放源给出了最佳示范技术（梁睿，2010）。1971 年，美国环境保护署（US EPA）颁布了首个燃煤电厂新源大气污染物排放标准（NSPS），规定 1971 年 8 月 17 日后新建的发电机组（热功率大于 73 MW）烟尘（颗粒物）、SO_2、NO_x 排放浓度限值分别为 130 mg/m³、1480 mg/m³、860 mg/m³。1977 年，首次对该标准进行了修订，分别将新建发电机组（热功率大于 73 MW）烟尘（颗粒物）、SO_2、NO_x 排放限值收紧至 40 mg/m³、740/1480 mg/m³、615～740 mg/m³。1997 年，进一步收紧该标准中 NO_x 排放限值，规定 1997 年 7 月 9 日后新建的发电机组 NO_x 排放限值为 218 mg/m³，扩建和改造的发电机组 NO_x 排放限值为 184 mg/m³。2005 年，再次对该标准进行了修订，规定 2005 年 2 月 28 日后新建、扩建的发电机组烟尘（颗粒物）、SO_2、NO_x 排放限值分别为 20 mg/m³、184 mg/m³、135 mg/m³。2011 年，美国发布了现行新源排放标准（NSPS），针对 2011 年 5 月 3 日后新建的燃煤发电机组，要求烟尘（颗粒物）、SO_2、NO_x 排放浓度分别不得超过 12 mg/m³、130 mg/m³、91 mg/m³（30 天滑动平均值）；对于 2011 年 5 月 3 日后改造的燃煤发电机组，烟尘（颗粒物）、SO_2、NO_x 排放限值分别为 12 mg/m³、182 mg/m³、143 mg/m³（30 天滑动平均值）（US EPA，2011；浙江省环境保护厅，2017a）。

2000 年 12 月，美国 EPA 决定根据清洁空气法案修正案（CAAA）对燃煤电厂汞排放进行控制。2005 年美国政府颁布的清洁空气汞排放控制法规（CAMR），制定了燃煤电厂汞的减排计划。2011 年 12 月 16 日，美国 EPA 发布了针对现役和新建燃煤电厂包括汞在内的有毒气体排放标准（MATS），并于 2012 年 4 月 16 日起正式实施（US EPA，2012a）。该标准是美国首次针对燃煤电厂颁布的全国性烟气重金属污染排放控制法规，根据不同煤种制定了相应的排放限值，对于非低阶煤和低阶煤，最严的汞排放限值分别为 0.003 lb/GWh（约折合 0.39 μg/m³）和 0.04 lb/GWh（约折合 5.2 μg/m³），汞以外的金属（Sb/As/Be/Cd/Cr/Co/Pb/Mn/Ni/Se）排放限值为 0.06 lb/GWh（约折合 7.8 μg/m³）。

2. 欧盟

欧盟 1987 年出台了《大型燃烧企业大气污染物排放限制指令》（88/609/EEC），按照燃料和热功率不同，针对 1987 年 7 月 1 日后获得许可证的新建燃煤电厂制定了多个烟尘（颗粒物）、SO_2、NO_x 排放限值，分别为 50～100 mg/m^3、400～2000 mg/m^3、650 mg/m^3。2001 年，欧盟对该指令进行了修订，颁布了大型燃烧装置指令（2001/80/EC），规定 2002 年 11 月 27 日后获得许可证的新建燃煤电厂烟尘（颗粒物）、SO_2、NO_x 排放限值分别为 30～50 mg/m^3、200～850 mg/m^3、200～400 mg/m^3（浙江省环境保护厅，2017a）。2010 年 11 月，欧洲议会和欧洲理事会对 2001/80/EC 等 7 个指令进行修改和整合，发布了现行的《工业排放指令》（2010/75/EC），规定 2013 年 1 月 27 日前获得许可证，并于 2014 年 1 月 7 日前投运的燃煤电厂烟尘（颗粒物）、SO_2、NO_x 排放限值分别为 10～30 mg/m^3、150～400 mg/m^3、150～300 mg/m^3（月平均值，按日平均值考核时放大至排放限值的 110%）（EC，2010）。

欧盟现行燃煤电厂大气污染物排放控制指令（2010/75/EC）未对汞的排放提出限值要求。德国根据《联邦排放控制法案》制定了大气汞排放标准，于 2004 年对该法案第十三条例《大型燃烧装置法》（GEFAVO）进行了修订，规定燃煤电厂汞排放限值为 0.03 mg/m^3（日平均值）或 0.05 mg/m^3（半小时平均值）（German，2004）。

3. 日本

日本现行烟尘排放标准规定，1982 年 6 月 1 日后开始建设的大型燃煤电厂烟尘排放限值为 50～100 mg/m^3。1968 年 6 月，日本国会通过的《大气污染防治法》采用 K 值限制方式控制 SO_2 排放，同年 12 月首次规定了 21 个地区的 K 值范围和级别，经过多次修订，K 值逐步减小，并于 1976 年 9 月确定了现行的 K 值范围（3.0～17.5），折合排放浓度限值为 172～3575 mg/m^3。1973 年 8 月，日本首次出台标准约束固定污染源的 NO_x 排放，经过多次修订收紧，现行大型新建燃煤电厂 NO_x 排放标准规定其排放限值为 200 mg/m³（浙江省环境保护厅，2017a）。

4. 印度

印度 2015 年发布了现行的燃煤电厂大气污染物排放标准——《环境保护法修订案 2015》［S. O. 3305（E）］（Ministry of Environment，Forest and Climate Change Government of India，2015），该标准规定 2017 年 1 月 31 日后建成的燃煤电厂烟尘（颗粒物）、SO_2、NO_x、汞排放限值分别为 30 mg/m³、100 mg/m³、100 mg/m³、0.03 mg/m³；针对 2003 年 1 月 1 日至 2016 年 12 月 31 日期间建成的燃煤发电机组，按照热功率不同，制定了多种烟尘（颗粒物）、SO_2、NO_x、汞排放限值，分别为 50 mg/m³、200～600 mg/m³、300 mg/m³、0.03 mg/m³；对于 2002 年 12 月 31 日前建成的燃煤电厂，规定烟尘（颗粒物）、SO_2、NO_x、汞排放限值分别为 100 mg/m³、200～600 mg/m³、300 mg/m³、0.03 mg/m³。

5. 印度尼西亚

印度尼西亚环保部 1995 年出台了第 13 号关于燃煤电厂排放标准的法令，规定 1995 年起燃煤电厂烟尘（颗粒物）、SO_2、NO_x分别执行 300 mg/m³、1500 mg/m³、1700 mg/m³ 的排放限值，2000 年起分别执行 150 mg/m³、750 mg/m³、850 mg/m³ 的排放限值。2008 年，印度尼西亚环保部出台了现行第 21 号关于燃煤电厂排放标准的法令，该标准规定燃煤电厂烟尘（颗粒物）、SO_2、NO_x排放限值分别为 100 mg/m³、750 mg/m³、750 mg/m³。

6. 中国和世界部分国家现行排放标准比较

表 2-6 给出了中国与世界部分国家和地区新建燃煤电厂大气污染物排放浓度限值的对比情况。以 GB 13223-2011 为基准（环境保护部和国家质量监督检验检疫总局，2011），中国重点地区烟尘特别排放限值略宽松于美国、欧盟排放标准，略严于印度排放标准，明显严于日本、印度尼西亚排放标准；与所列国家和地区排放标准相比，中国重点地区 SO_2 特别排放限值更加严格；中国重点地区 NO_x 特别排放限值与美国、印度排放标准相

当，略严于日本、欧盟排放标准，明显严于印度尼西亚排放标准；中国现行环保法规只限制了重金属汞的排放，尚未约束其他重金属的排放，汞排放限值与德国、印度排放标准一致，处于世界中游水平，但与美国排放标准相比过于宽松，还有较大提升空间。针对常规大气污染物的排放控制，国际能源署在 2016 年的报告中指出，目前中国、美国、日本和欧洲具有世界最严格的排放标准（IEA，2016）。

表 2-6   中国与世界部分国家和地区新建燃煤电厂大气污染物排放浓度限值比较

（单位：mg/m³）

国家/地区	烟尘		SO₂		NO$_x$（以 NO₂计）		汞及其化合物	
	浓度限值	标准发布年	浓度限值	标准发布年	浓度限值	标准发布年	浓度限值	标准发布年
中国	30	2011	100 ~ 200	2011	100 ~ 200	2011	0.03	2011
中国重点地区	20	2011	50	2011	100	2011	0.03	2011
美国	12	2011	130	2011	91	2011	$3.9×10^{-4}$/ $5.2×10^{-3}$	2011
日本	50 ~ 100	1982	200	1976	200	—	—	—
欧盟	10	2010	150	2010	150	2010	0.03/0.05	2004
印度	30	2015	100	2015	100	2015	0.03	2015
印度尼西亚	100	2008	750	2008	750	2008	—	—

注：中国烟尘、SO₂、NO$_x$排放限值按小时均值考核；美国烟尘、SO₂、NO$_x$排放限值按 30 天滑动平均值考核；欧盟烟尘、SO₂、NO$_x$排放限值按月平均值考核，按日平均值考核时放大至排放限值的 110%；欧盟汞及其化合物排放限值为德国标准。

第三节   燃煤电厂和燃气电厂大气污染物排放标准

以煤为燃料的发电方式包括传统燃煤锅炉发电及整体煤气化联合循环（IGCC）发电等，燃煤锅炉主要有煤粉（PC）锅炉和循环流化床（CFB）锅炉。中国现行环保法规尚未专门针对 IGCC 电站给出排放浓度限值，美国 EPA 现行排放标准,即 2011 年发布的 NSPS,规定了 IGCC 电站大气污染物排放浓度限值。

天然气被认为是高品质的清洁能源,燃气发电在当前世界电力工业中占有重要地位。2016 年,天然气发电在美国和欧盟等发达国家的电源结构中占比分别达到 43.2% 和 18.6%。为推进能源生产和消费革命,加快构建"清洁低碳、安全高效"的能源体系,中国天然气发电在电源结构中占比将有所提高,计划 2020 年、2030 年、2050 年天然气发电装机容量分别达到 1 亿 kW、2 亿 kW、3 亿 kW。

表 2-7 给出了中国、美国和欧盟火电厂大气污染物排放标准中燃煤发电机组和天然气燃气轮机组烟尘、SO_2、NO_x 排放浓度限值的对比情况。美国和欧盟现行标准主要限制天然气燃气轮机组 NO_x 排放,对烟尘和 SO_2 无排放控制要求。美国 2012 年针对燃气轮机组出台了 NSPS,要求新建、改造的天然气燃气轮机组(大于 250 MW)NO_x 排放浓度不得超过 30 mg/m³(基准氧含量 15%)(US EPA,2012b)。欧盟 2010/75/EC 指令规定,2013 年 1 月 27 日前获得许可证,并于 2014 年 1 月 7 日前投运的天然气燃气轮机组 NO_x 排放限值为 50 mg/m³(基准氧含量 15%)。针对燃煤发电机组,美国和欧盟环保法规中 NO_x 排放限值分别为 91 ~ 143 mg/m³ 和 150 ~ 300 mg/m³,折算到 15% 含氧量的排放限值分别为 36.5 ~ 57 mg/m³ 和 60 ~ 120 mg/m³,总体上略低于天然气燃气轮机组 NO_x 排放限值。

中国 2003 年修订的《火电厂大气污染物排放标准》(GB 13223 - 2003)首次规定了天然气燃气轮机组 NO_x 排放限值,为 80 mg/m³(基准氧含量 15%)(国家环境保护总局和国家质量监督检验检疫总局,2003)。2011 年颁布的 GB 13223 - 2011 进一步将天然气燃气轮机组 NO_x 排放限值收紧至 50 mg/m³(基准氧含量 15%),与欧盟现行排放标准相当;此外,该标准新增了烟尘和 SO_2 的排放限值,分别为 5 mg/m³ 和 35 mg/m³(基准氧含量 15%)(环境保护部和国家质量监督检验检疫总局,2011)。针对燃煤发电机组,GB 13223 - 2011 中烟尘、SO_2、NO_x 排放限值分别为 30 mg/m³、

$100 \sim 400 \text{ mg/m}^3$、$100 \sim 200 \text{ mg/m}^3$，折算到15%含氧量的排放限值分别为 12 mg/m^3、$40 \sim 160 \text{ mg/m}^3$、$40 \sim 80 \text{ mg/m}^3$。由此可见，目前中国燃煤锅炉的大气污染物排放浓度限值和天然气燃气轮机组相比还有一定差距，如果燃煤发电能够达到天然气发电排放标准，且在经济性上又具有竞争优势，那么在"贫油、少气、相对富煤"的能源资源禀赋下，将对中国经济社会发展产生深远的影响。

表2-7　中国、美国、欧盟燃煤电厂和天然气燃气轮机组大气污染物排放浓度限值比较

（单位：mg/m^3）

国家/组织	烟尘		SO$_2$		NO$_x$（以NO$_2$计）	
	燃煤锅炉	天然气燃气轮机组	燃煤锅炉	天然气燃气轮机组	燃煤锅炉	天然气燃气轮机组
中国	30	5	$100 \sim 400$	35	$100 \sim 200$	50
美国	12	—	$130 \sim 182$	—	$91 \sim 143$	30
欧盟	$10 \sim 30$	—	$150 \sim 400$	—	$150 \sim 300$	50

注：燃煤锅炉基准氧含量执行6%；天然气燃气轮机组基准氧含量执行15%。

第四节　燃煤电厂大气污染物近零排放标准的提出

从历史发展进程来看，推动人类文明进步和经济社会发展需要能源利用方式的变革。我国以煤为主的能源供给和消费结构决定了煤电在电源结构中的主体地位，进入社会主义生态文明新时代，推进生态文明建设和绿色发展需要践行"四个革命、一个合作"能源安全新战略，走煤炭清洁高效利用之路，严格控制煤电大气污染物排放，提高污染物排放标准。

根据中国和世界部分国家燃煤电厂大气污染物排放标准的修订历程，大气污染物排放限值都在不断收紧。基于中国能源资源禀赋和环境约束现状，以及大气污染物控制技术水平、装备制造能力和技术经济性，神华集团对标 GB 13223-2011 中规定的天然气燃气轮机组大气污染物排放浓度限

值（基准氧含量15%），于2012年提出了燃煤电厂大气污染物近零排放标准，即燃煤电厂在基准氧含量6%条件下，烟尘、SO_2、NO_x排放浓度限值分别为5 mg/m^3、35 mg/m^3、50 mg/m^3，汞及其化合物排放浓度限值沿用 GB 13223-2011 针对燃煤机组规定的0.03 mg/m^3（王树民等，2015）。由于天然气燃气轮机组与燃煤机组的基准含氧量有所不同，对应的大气污染物排放浓度限值对比情况见表2-8，可见燃煤机组近零排放限值与燃气轮机组排放限值相比具有一定的先进性。

表2-8　不同氧含量下的大气污染物排放浓度限值 （单位：mg/m^3）

序号	机组类型	氧含量/%	烟尘	SO_2	NO_x（以 NO_2 计）
1	天然气燃气轮机组	15	5	35	50
2	天然气燃气轮机组	6（折算）	12.5	87.5	125
3	燃煤近零排放机组	6	5	35	50
4	燃煤近零排放机组	15（折算）	2	14	20

　　从中国燃煤电厂大气污染物近零排放标准与美国、欧盟、日本煤电环保标准中最严排放浓度限值的对比来看：在烟尘排放浓度限值方面，中国是美国的42%，是欧盟的50%，是日本的10%；在 SO_2 排放浓度限值方面，中国是美国的27%，是欧盟的23%，是日本的17.5%；在 NO_x 排放浓度限值方面，中国是美国的55%，是欧盟的33%，是日本的25%。由此可见，中国燃煤电厂近零排放标准中烟尘、SO_2、NO_x排放浓度限值均严于美国、欧盟和日本等，这是中国在当前的发展阶段下，考虑能源资源禀赋和环境约束，尤其是实现大气污染物减排、技术和装备进步的必然抉择。

　　总的来说，通过开展燃煤电厂大气污染物近零排放的标准研究和创新实践，有望实现燃煤发电清洁如天然气发电，引领中国煤电大气污染物排放标准的进步，并且在一定程度上推动政府出台更加严格的环保政策，如2014年9月12日国家发展改革委、环境保护部和国家能源局联合印发的

《煤电节能减排升级与改造行动计划（2014—2020 年）》（发改能源〔2014〕2093 号）和 2015 年 12 月 11 日中国环境保护部、国家发展改革委及国家能源局联合印发的《全面实施燃煤电厂超低排放和节能改造工作方案》（环发〔2015〕164 号），要求中国燃煤电厂烟尘、SO_2、NO_x 排放浓度基本达到或接近达到燃气轮机组排放限值。

保护环境是中国的基本国策，实践是无止境的，创新是无止境的，环保是无止境的，清洁煤电大气污染物排放标准必将"严上更严、好上更好"，并迈上燃煤电厂大气污染物"生态环保排放"的新台阶。

第三章　近零排放的技术

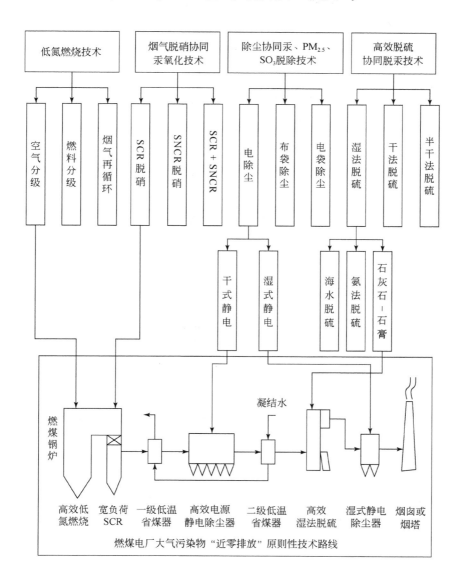

燃煤电厂大气污染物"近零排放"原则性技术路线

20世纪以来，世界科学技术得到突飞猛进的发展和进步，极大地推动了世界和人类发展的历史进程。在当今新一轮科技革命和产业变革大势中，科技创新作为提高社会生产力、推动人类文明进步的战略支撑，已摆在世界各国发展全局的核心位置。从能源电力行业来看，发电生产及环保效果都是技术的函数，燃煤电厂大气污染物深度减排与技术进步相辅相成，相互促进。一方面，技术进步推动了燃煤电厂大气污染物深度减排；另一方面，燃煤电厂深度减排也拉动了相关环保技术及装备的不断发展。在实现燃煤电厂大气污染物近零排放过程中，需要研究分析烟尘、SO_2、NO_x和汞及其化合物的排放控制技术，提出燃煤电厂大气污染物近零排放原则性技术路线，并开展工程实践，实现大气污染物由"达标排放"向"近零排放"的转变。

第一节　燃煤电厂大气污染物排放控制技术

一、除尘技术

中国工业除尘技术经过多年的发展和应用，逐步形成了机械力除尘、洗涤式除尘、过滤式除尘和电除尘四大类，其典型技术特点及应用领域，详见表3-1。20世纪70年代以前，火电厂普遍采用水膜除尘器和机械除尘装置，除尘效率平均约为70%。20世纪70年代，电除尘技术开始在电厂得到应用，但仍以水膜除尘器为主，20世纪80年代以后，电除尘技术开始广泛应用，2000年后袋式除尘技术在燃煤电厂得到工程应用（《中国电力百科全书》编辑委员会和《中国电力百科全书》编辑部，2014a）。在中国燃煤电厂烟尘排放控制历程中（图3-1），旋风除尘、水膜除尘、静电除尘和布袋除尘技术都发挥了重要作用。为了满足日益严格的排放标准，燃煤电厂目前通常采用高效的除尘技术，主要有电除尘、布袋除尘和电袋复合除尘（张建宇等，2011），其中电除尘应用最广泛，我国90%以上的电厂采用该技术。

表3-1 除尘技术类别及特点

序号	技术类别	典型技术	技术特点及应用领域
1	机械力除尘	重力除尘、惯性除尘、旋风分离除尘技术	设备结构简单,应用广泛,通常用于粗颗粒脱除,对于细颗粒除尘效率较低,主要应用于化工、电力、石油、冶金、建筑等行业
2	洗涤式除尘	文丘里管除尘、水膜除尘技术	文丘里管除尘效率高,但压降大,含尘废水处理量大;水膜除尘效率不如文丘里管,一般可达90%,但阻力小,用水量少,20世纪80年代前曾广泛应用于我国燃煤发电机组
3	过滤式除尘	布袋除尘技术	除尘效率高,适用范围广,不受粉尘电阻率的影响,研究重点主要在滤料上,已广泛应用于电力、化工、水泥、冶金等行业
4	电除尘	静电除尘技术	技术成熟,除尘效率高,已广泛应用于电力、化工、水泥、冶金、造纸等行业

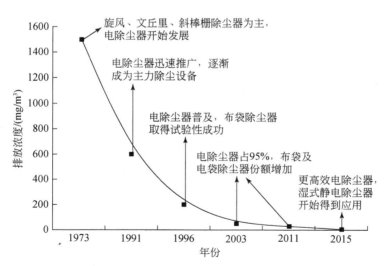

图3-1 中国燃煤电厂除尘技术发展历程(张建宇等,2011)

（一）电除尘技术

1. 电除尘技术发展历程

电除尘技术在 1824 年由德国 M. Hoheled 提出，其研究发现电火花能够让瓶内的烟雾消散（谢广润和陈慈萱，1993）。1883 年，从事静电研究工作的英国物理学家 S. O. Lodge 在《自然》杂志发文提出静电可以净化被烟气污染的空气。1907 年，美国加利福尼亚大学教授 F. G. Cotrell 成功研制出了工业电除尘装置，此后电除尘技术在各行业得到了快速发展（黄三明，2005）。

中国电除尘技术起步于 20 世纪 60 年代；到 70 年代末研制了电除尘样机及系列产品；80 年代，全国开始建立除尘器设备生产厂，诞生了第一个电除尘试验台；20 世纪 90 年代，中国电除尘技术高速发展，旋转电极静电除尘器、新型立式静电除尘器、屋顶静电除尘器等新产品相继问世（夏进文，2014）。尽管我国电除尘技术取得了长足的进步，但由于我国煤种众多，不同煤种燃烧产生的烟尘特性差异较大，对于一些 Al_2O_3 和 SiO_2 含量高、比电阻较高的烟尘，电除尘技术除尘效率有待提高，这也要求电除尘技术不断推陈出新。

2. 电除尘技术原理及特点

电除尘器技术原理是含有烟尘颗粒的烟气，在通过高压电场时，由于阴极发生电晕放电使得烟气电离，在电场力的作用下，带负电的气体离子向阳极板运动，与烟尘颗粒相碰后使烟尘颗粒荷电，荷电后的烟尘颗粒在电场力的作用下运动到阳极，放出所带的电子，烟尘颗粒在阳极板沉积，烟气净化后排出除尘器外（李奎中和莫建松，2013）。目前，我国静电除尘器主要分为立式和卧式、板式和管式、干式和湿式等。静电除尘器主要优缺点如下（张凡，2012）。

静电除尘器主要优点：

（1）除尘效率高，一般可达到 99.8% 及以上。

（2）阻力损失小，一般可控制在 300Pa 以下。

（3）允许操作温度高，一般允许操作温度约 250℃，有些可达 350～400℃或者更高。

（4）处理气体量大。

（5）主要部件使用寿命长。

（6）电除尘器的安全可靠性好，对烟气温度及烟气成分的适应性强。

静电除尘器主要缺点：

（1）设备比较复杂，要求较高的安装、运行维护水平。

（2）除尘效率受煤、灰成分的影响，对于高比电阻烟尘，脱除效率有所下降。

（3）设备空间体积大，比较占地。

（二）布袋除尘技术

1. 布袋除尘技术发展历程

1950 年 H. J. Hersey 发明气环反吹布袋除尘器，1957 年 T. V. Renauer 发明脉冲反吹布袋除尘器，由此带来了布袋除尘技术上的一次革命。1966 年北京农药一厂引进了英国的马克派尔型脉冲布袋除尘器，1988 年中国首次试制成功中国第一台脉冲布袋除尘器，用于富春江冶炼厂烟气处理系统（周军，2007）。其后对脉冲控制仪和滤袋材质的不断改进，使布袋除尘器在各行业得到了迅速推广。2000 年后袋式除尘技术在中国燃煤电厂得到工程应用。

2. 布袋除尘技术原理及特点

布袋除尘技术主要采用过滤方式来脱除烟气中的粉尘。布袋除尘器滤袋的材料多用合成纤维制作，允许气体透过但粉尘被阻挡在滤袋表面。工作时，随着过滤的进行，滤袋表面的粉尘逐渐变厚，除尘器的阻力随之增加，一般采用喷吹压缩空气的方法，来清除堆积在滤袋表面的粉尘（曹辰雨等，2013）。布袋除尘器的滤袋主要采用聚苯硫醚（PPS）、聚四氟乙烯

（PTFE）、P84 聚酰亚胺纤维三种滤料，相比而言，PTFE 的性能指标最好，但价格高，目前国内外燃煤电厂应用较多的滤料是 PPS 和复合 PPS（修海明，2013）。国内外火电厂布袋除尘已经有较多应用业绩，烟尘排放浓度能够控制在 20 mg/m³ 以内，破袋与高阻力是制约袋式除尘器应用的两大因素。布袋除尘器的主要优缺点如下（陶晖和陶岚，2015；杨东月，2015）。

布袋除尘器主要优点：

（1）除尘效率高，特别是对微细粉尘也有较高的脱除效率，经袋式除尘器过滤后的烟气含尘浓度可降低到 20 mg/m³ 以下。

（2）适应性较强，可以捕集不同性质的粉尘，例如，对于高比电阻粉尘，采用袋式除尘器就比电除尘器优越。

（3）布袋除尘器收集含有爆炸危险或带有火花的含尘气体时安全性较高。

布袋除尘器主要缺点：

（1）应用范围主要受滤料的耐温、耐腐蚀等性能影响，PPS 滤袋工作温度范围为 120 ~ 160℃，PTFE 滤袋工作温度可达 260℃，但价格昂贵。如果含酸性气体较多时，会腐蚀滤袋纤维结构，导致滤袋强度下降最终破损；碱性腐蚀多出现在含有氨气的工况，破损和酸性腐蚀类似。

（2）烟气温度不能低于露点温度，否则会产生结露，致使滤袋堵塞。

（3）阻力较大，一般压力损失为 1000 ~ 1500 Pa。

（4）运行维护工作量大。

（5）废旧滤袋不易处理，易造成二次污染。

（三）电袋复合除尘技术

电袋复合除尘器结合了电除尘器与袋式除尘器的除尘特点，先由前级电场脱除烟气中 70% 以上的烟尘，再由后级袋式除尘捕集烟气中残余的细微粉尘，见图 3-2。前级电场的预除尘降低了滤袋的负荷量即减小了除尘阻力；同时，同种电荷的荷电使得粉饼层变得疏松，阻力更小；两者共同作用使得滤袋的清灰周期变长，从而节省清灰能耗、延长滤袋使用寿命（杨东月，2015）。

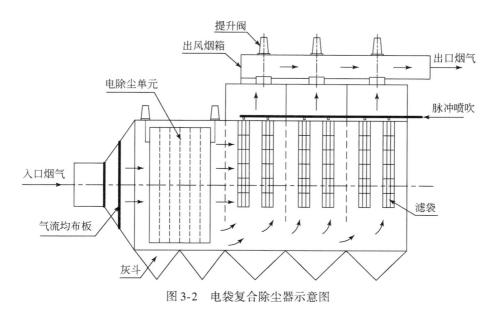

图3-2 电袋复合除尘器示意图

电袋复合除尘器的除尘效率受煤种、飞灰特性影响较小，排放浓度可控制在 20 mg/m³ 甚至 10 mg/m³ 以下，且运行较为稳定。电袋复合除尘器的运行压差为 800 ~ 1200 Pa，比袋式除尘器低 200 ~ 300 Pa，可以减少引风机功率消耗。由于进入袋式除尘器的烟尘浓度较低，减少了烟尘的磨损作用，延长了滤袋的清灰周期和使用寿命（黄斌等，2006）。但电晕产生的臭氧会腐蚀布袋，并且从电除尘区到布袋除尘区气流分布不均匀也会对滤袋的寿命造成影响。与静电除尘器相比，系统阻力较大，投资和运行成本较高。

（四）烟尘近零排放关键技术

对于燃煤电厂要实现达标排放甚至近零排放，综合考虑技术成熟度、除尘效果、经济性等因素，需要采用先进的干式电除尘、湿式静电除尘等装置。

　　近年来，由于中国环保标准的进一步提高，我国研究机构和设备制造厂通过除尘技术创新，开发了电除尘器高效电源、低低温静电、旋转电极、湿式静电除尘等关键技术。

　　1. 电除尘器高效电源技术

　　电除尘器电源是其关键核心部件，传统上常用工频电源，采用三相电源和高频电源是提高燃煤电厂除尘效果的有效手段。相对于工频电源，三相电源具有系统供电平衡、功率因数高、输出直流电压更平稳、波动小等特点（毛春华，2016）。高频电源平均电压比工频电源提高了 25% ~ 30%，在高压脉冲条件下，高频电源可提高烟尘荷电量、克服反电晕、提高场强，进而提高除尘器效率。这两种高效电源技术投资基本相当，均可通过提高电压和场强来有效提高除尘效率，但对烟尘比电阻高的煤种如准格尔煤的效果较差。分析高频电源应用情况可知，运行电耗与电除尘器出口烟尘浓度关系密切，如单纯依靠高效电源技术实现过低烟尘排放，则会引起电耗增加，当烟尘浓度从改造前（工频电源）的 50 mg/m³ 降至 25 mg/m³，能耗增加 10% 以上；若将烟尘浓度降低至 20 mg/m³ 以下，能耗将会进一步增加。对于三相电源同样存在类似问题，静电除尘器电源由单相 1.8 A/7.2 kV 改为三相 2.0 A/8.0 kV 电源，烟尘浓度从改造前的约 40 mg/m³ 降至 15 mg/m³，能耗增加约 30%。可见采用高频电源或者三相电源的单一方式降低烟尘浓度耗能较多，需要全系统进行统筹和运行优化，实现降低烟尘浓度的同时，系统能耗代价最小。

　　对比电阻高或其他特殊煤种，采用软稳电源或脉冲电源具有较好的除尘效果（王利人，2012）。软稳电源采用横向极板、横向移动式集尘极、宽极间距等技术，将烟尘比电阻范围有效拓宽至 $1×10^3 ~ 2×10^{12}$ Ω·cm，能够广泛适用不同的煤种。目前，软稳电源技术在燃用准格尔煤的 600 MW 亚临界空冷机组上进行了示范，取得了较好的效果，脉冲电源尚未在大型燃煤机组中应用（邓艳梅等，2016）。

2. 低低温静电除尘技术

低低温静电除尘技术通过在静电除尘器前设置烟气余热回收装置（加装低温省煤器），使烟气温度由 120 ~ 160 ℃降至 85 ~ 95 ℃，由于温度降低，烟气中 SO_3 结露，被烟尘中的碱性物质吸收、中和，烟尘比电阻降低，烟尘特性得到改善，同时烟气体积流量减少，使得电除尘效率大幅提高，具有提高除尘效率、降低煤耗和脱除 SO_3 的多重效果（郦建国等，2014）。但由于低低温静电除尘技术比电阻下降，烟尘黏附力降低，二次扬尘会适当增加（史文峥等，2016）；烟气温度降低后，流动性变差，气力输灰系统需要做相应调整；此外还存在灰斗容易堵塞等问题。针对使用中设备可能出现低温腐蚀的问题，崔占忠等（2012）研究表明，当 D/S（烟尘、三氧化硫质量浓度比）>100 时，烟气温度低于酸露点温度，形成的硫酸可被飞灰中的碱金属包裹，不会形成低温腐蚀；对于高硫、低灰煤种，如 $D/S \leqslant 50$，硫酸雾可能未被完全吸附，则应考虑设备存在低温腐蚀的风险。

以神华煤在电厂的实际应用来看，当烟气进入静电除尘器的温度从 150 ℃降至 105 ℃，烟尘比电阻约从 10^{11} Ω·cm 降至 10^9 Ω·cm，烟尘排放浓度可降至 20 mg/m³ 以内，供电煤耗降低 1 ~ 2 g/(kW·h)（王树民，2016）。

3. 旋转电极除尘技术

旋转电极除尘技术集尘原理与常规电除尘器相同，不同之处在于常规电除尘器常采用振打清灰，而旋转电极除尘器集尘极可以上下移动，利用安装在灰斗中的旋转刷子刷掉被捕集的烟尘，保持阳极板清洁，避免反电晕，可清除高比电阻、黏性烟尘，最大限度地减少二次扬尘（陈招妹等，2010）。

旋转电极除尘具有小型化、占地少的优点，在场地条件受限的情况下，相对常规静电除尘工艺优势明显，但也存在结构较复杂、发生机械故障时无法进行在线检修等缺点（郦建国等，2011）。根据国华浙江舟山电厂4号机组运行情况，旋转电极除尘器除尘效果显著，一个旋转电极电场相当于1.5~2个常规电场，且运行费用相对较低。此外，截至2018年12月底，国华浙江舟山电厂4号机组旋转电极除尘器已稳定运行超过4年，运行可靠性较高。

4. 湿式静电除尘技术

湿式静电除尘器用于脱硫塔后烟气除尘，它与干式静电除尘器不同之处在于用喷淋系统取代振打系统，以达到更高的除尘效率及脱除气溶胶的目的（Lin et al.，2010），但也存在投资较高、设备防腐要求较高等缺点。除尘原理见图3-3。

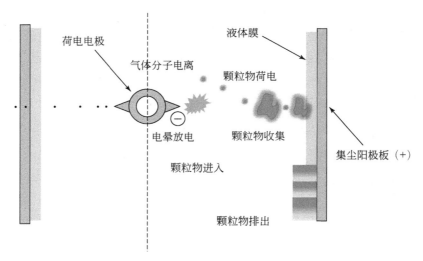

图3-3　湿式静电除尘器工作原理示意图

湿式静电除尘器可作为燃煤电厂近零排放控制技术系统的最终精处理装备。经湿法脱硫后的烟气湿度大，起晕电压更低、放电能力更强，颗粒表面易形成液膜，液膜中 OH^- 和 H^+ 会改变颗粒的荷电，有助于提高颗粒表面的荷电性能，实现细颗粒物的高效脱除（Kim et al.，2011）。

根据极板材质，湿式静电除尘分为金属极板湿式静电除尘器、导电玻璃钢极板湿式静电除尘器和柔性极板湿式静电除尘器（赵永椿等，2015）。按布置方式又可分为卧式湿式静电除尘器和立式湿式静电除尘器（赵磊和周洪光，2016a）。不同极板材料的湿式静电除尘器除尘机理基本相同，都属于静电除尘器，即通过阴阳极之间形成的电场使烟气中的粒子带电并将粒子吸附在极板上，但湿式静电除尘器的阴阳极形式和清灰方式与普通电除尘器不同；由于烟气湿度高，颗粒物比电阻较低，除尘效率高，对脱除$PM_{2.5}$、PM_{10}、SO_3等细小气溶胶具有明显效果。通过合理选择烟气流速和调整极板长度来实现颗粒物的高效脱除，除尘效率为60%～90%。

金属极板湿式静电除尘器是国际主流的湿式静电除尘技术，在美国、日本和欧洲有燃煤电厂应用案例。集尘阳极板材质多为316L不锈钢，采用平板结构，喷水清灰，除尘器多为卧式布置，烟气水平进、水平出。金属极板湿式静电除尘器配置喷淋水循环系统，需要在冲洗水中加入氢氧化钠来调节pH，用以中和烟气中酸雾凝结形成的酸液，避免对极板造成腐蚀，喷淋水经过中和、过滤后，小部分进入脱硫补水，大部分回到喷淋系统循环利用，详见图3-4。

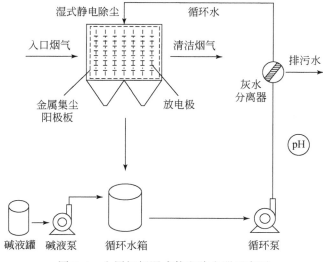

图3-4　金属极板湿式静电除尘器示意图

　　近年来，金属极板湿式静电除尘器在中国燃煤电厂也得到了应用，运行稳定，性能优良，主要制造厂家有福建龙净环保股份有限公司和浙江菲达环保科技股份有限公司。

　　金属极板湿式静电除尘器特点如下（张华东等，2015）：

　　（1）金属极板机械强度高，刚性好，极间距易保证，电场稳定性好，运行电压高。

　　（2）阳极板具有一定的耐腐蚀性，并且有中性喷淋水膜保护，抗腐蚀性较好。

　　（3）采用水膜冲洗清灰，水膜分布均匀，清灰效果好，能够有效脱除 $PM_{2.5}$、PM_{10}、SO_3 气溶胶等。

　　（4）耐高温，脱硫系统故障时，可以在较高的烟气温度下运行。

　　（5）系统阻力小于 300 Pa。

　　（6）水耗大，碱消耗大，对喷嘴性能要求高。

　　导电玻璃钢极板湿式静电除尘器在化工、冶金行业应用较多，也称为电除雾器。集尘阳极板采用导电玻璃钢材料，因玻璃钢材料内添加有碳纤维毡、石墨粉等导电材料，自身可以导电，阴极线材料采用钛合金、超级双相不锈钢。配置水喷淋清灰系统，间断喷水清灰，冲洗后的液体直接进入脱硫浆液系统（张华东等，2015）。集尘阳极板采用管式结构，可根据工程场地条件灵活选择布置方式及位置，多为立式布置，与脱硫塔分开单独布置时烟气流动方向为上进下出或下进上出，当与脱硫塔合并布置时烟气流向为下进上出。导电玻璃钢极板湿式静电除尘器最常见的布置方式是将其作为独立装置，布置在脱硫塔出口烟道处，图 3-5 显示了烟气下进上出的立式布置方式。

　　导电玻璃钢极板湿式静电除尘器特点如下：

　　（1）极板机械强度较高，介于金属极板和柔性极板之间，极间距易保证，电场稳定性好，运行电压高，稳定性好。

　　（2）间歇冲洗，水耗较小。

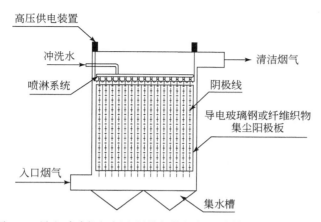

图 3-5 导电玻璃钢极板和纤维织物极板湿式静电除尘器示意图

（3）无水循环系统，耗电小。

（4）系统阻力小于 300 Pa。

（5）不耐高温，烟气温度较高时对阳极寿命有影响，严重时会引发火灾。

纤维织物极板湿式静电除尘器采用了有机合成纤维作极板材料，浸湿后具有导电性，脱除烟气中的雾滴。集尘阳极四周配有金属框架和张紧装置，框架材料采用不锈钢，阴极采用阴极线，位于每个方形孔道四个阳极面的中间，阴极线材料采用铅锑合金（张华东等，2015）。电极无喷淋清灰系统，靠极板的全表面均匀水膜自流，细灰颗粒由酸液导流装置带出，经沉淀后进入脱硫浆液系统。纤维织物极板湿式静电除尘器多采用管式结构，布置方式与导电玻璃钢极板湿式静电除尘器基本一致，最常见的是立式布置，烟气可实现上进下出或下进上出，图 3-5 显示了烟气下进上出的立式布置方式。

纤维织物极板湿式静电除尘器特点如下：

（1）无水循环系统，耗电小。

（2）仅在启动前、停运后对极板喷水，水耗小。

（3）纤维织物极板，机械强度较弱，电场稳定性较差，运行电压低。

（4）系统阻力小于600 Pa。

（5）烟气温度过高时会影响阳极板寿命。

总体来看，金属极板湿式静电除尘器、导电玻璃钢湿式静电除尘器、纤维织物极板湿式静电除尘器各有优劣，在国内外都有应用业绩。从应用效果来看，采用湿式静电除尘器后，可使烟尘排放浓度低于5 mg/m³。国华浙江舟山电厂4号350 MW机组采用浙江菲达环保科技股份有限公司生产的金属极板湿式静电除尘器后，烟尘排放浓度为2.46 mg/m³，脱除效率超过76%。国华河北三河电厂1、2、4号机组分别采用不同厂家的湿式静电除尘器，其中1号机组采用山东神华山大能源环境有限公司生产的纤维织物极板湿式静电除尘器，烟尘排放浓度为5 mg/m³，除尘效率超过77%，2号、4号机组分别采用福建龙净环保股份有限公司和浙江菲达环保科技股份有限公司生产的金属极板湿式静电除尘器，烟尘排放浓度分别为3 mg/m³和0.23 mg/m³，除尘效率均超过80%。

二、脱硫技术

（一）烟气脱硫技术发展历程

20世纪60年代以来，美国、德国、日本等国开始了对烟气脱硫技术的大规模研究开发与应用（Pandey and Malhotra，1999）。1973年中国环保机构正式成立，电力行业开展SO_2排放控制技术研究、小规模试验和工业锅炉示范。1993年，中国开始引进国外烟气脱硫技术，重庆珞璜电厂从日本引进石灰石-石膏湿法烟气脱硫技术。中国燃煤电厂脱硫技术及产业发展，可概括为4个阶段。

（1）20世纪90年代前，燃煤电厂烟气脱硫的标准尚未出台，燃煤电厂主要采用国外技术，进行烟气脱硫技术示范，我国专门从事脱硫技术、设备开发的公司较少，设备国产化程度低。

（2）20世纪90年代到21世纪初，国家对燃煤电厂烟气脱硫的政策十分明朗，相关政策、法规及标准陆续出台，1991 年国家环保标准对燃煤电厂 SO_2 排放作出要求，并在 1996 年和 2003 年进行了修订，我国脱硫技术装备公司迅速增长，烟气脱硫技术得到全面发展，石灰石–石膏湿法、海水脱硫法、旋转喷雾干燥法、炉内喷钙尾部烟气增湿活化法、活性焦吸附法、电子束法等烟气脱硫工艺在燃煤电厂得到应用。2000 年，国华北京热电厂投运石灰石–石膏湿法脱硫设施，并将脱硫副产品制成石膏板。2004 年，国华河北定州电厂在中国第一家投运 600 MW 等级的石灰石–石膏湿法脱硫设施。

（3）2007～2011 年，中国很多在役燃煤机组已完成加装烟气脱硫装置，拥有自主知识产权的脱硫技术装备公司不断增加，实现了大型燃煤电厂烟气脱硫系统设备国产化，脱硫工程造价大幅度下降。

（4）2011 年以来，中国环境保护部进一步对燃煤电厂 SO_2 排放标准进行修订，燃煤电厂有了提效改造的需求，脱硫技术再次得到发展和创新，技术指标进一步提高，运行能耗进一步降低。

（二）主要脱硫工艺及特点

烟气脱硫技术种类繁多，按脱硫产物的干湿形态可以分为：湿法、半干法、干法三大类，其典型脱硫工艺及特点见表 3-2。

表 3-2　脱硫技术类别及特点

序号	技术类别	典型工艺	技术特点及应用领域
1	湿法	石灰石–石膏法脱硫、海水脱硫、氨法脱硫	技术成熟，脱硫效率高，应用广泛，是燃煤电厂最主要的脱硫技术
2	半干法	喷雾干燥法、炉内喷钙尾部加湿活化器脱硫	相对湿法工艺，脱硫效率较低，在大型化机组上应用较少
3	干法	活性炭吸附脱硫、电子束脱硫	相对湿法工艺，脱硫效率较低，综合成本较高，在大型化机组上应用较少

1. 湿法脱硫技术（WFGD）

石灰石–石膏湿法烟气脱硫技术由于吸收剂来源广泛、煤种适应性强、价格低廉、副产物可回收利用等特点（张军等，2014），是目前世界上技术最为成熟、应用最多的脱硫工艺，在美国、德国和日本等国约占电站脱硫装机总容量的90%，在中国燃煤电厂中占95%以上。石灰石-石膏湿法脱硫工艺采用石灰石或石灰作为吸收剂，制备成浆液后喷入吸收塔内与烟气接触混合，烟气中的SO_2与浆液中的碳酸钙以及氧化空气进行化学反应，生成石膏，石膏浆液经脱水装置脱水后回收。我国脱硫市场竞争激烈，早期投运的多数电厂石灰石-石膏湿法烟气脱硫技术在烟气、温度流场分布、塔高、液气比等主要参数选取方面有较大优化空间，加上施工质量、运行维护等方面的原因，脱硫效率常为95%~97.5%，近年来随着技术发展，脱硫效率已达到98%以上。

海水脱硫技术是利用天然海水的碱度中和烟气中的SO_2，吸收SO_2后的海水经曝气池曝气处理，SO_3^{2-}氧化成为稳定的SO_4^{2-}，并使海水的pH与化学需氧量（COD）等指标调整达到排放标准排入大海，海洋作为缓冲体系，可使该区域的pH恢复成碱性，详见图3-6。海水脱硫技术具有脱硫效率高、工艺简单、运行可靠性高、不需额外消耗淡水等特点，且脱硫工艺的排水水质中特征污染物（特别是重金属）完全满足《海水水质标准》（GB 3097-1997）三类标准要求（国家环境保护局，1997），不会对周围区域海洋生态环境造成不利影响（Oikawa et al.，2003）。由于不需要向海水中添加任何化学添加剂，也不会产生额外的污染物，不存在废弃物处理、设备结垢堵塞等问题。海水脱硫技术存在地理位置的局限性，主要应用于沿海电厂，一般要求海域pH为7.8~8.3，天然碱度为2.2~2.7 mg/L，燃料硫含量在1%左右。海水脱硫技术在印度、西班牙、英国等国大型燃煤电厂得到应用（Srivastava and Jozewicz，2001），国华浙江舟山电厂4号350 MW机组及3号300 MW机组、福建漳州后石电厂六台600 MW机组、青岛发电厂四台300 MW机组等采用海水法脱硫工艺，产生了良好的环保和社会效应。

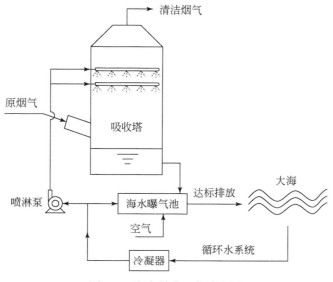

图 3-6　海水脱硫工艺示意图

氨法脱硫技术以氨水为吸收剂，副产品为硫酸铵。烟气经冷却器冷却至 90~100℃，进入预洗涤器除去 HCl/HF，洗涤后的烟气经过液滴分离器除去水滴后进入脱硫洗涤塔，与氨水吸收剂逆流接触，吸收脱除 SO_2，烟气经过换热器加热后从烟囱排放；反应生成的硫酸铵溶液，浓度约30%，可以直接作为液体氮肥出售，也可以通过加工处理成固体化肥出售（靳江波和李庆，2010）。氨法脱硫效率较高，适用于中高硫煤，对硫含量较高的电厂更具有优势，主要存在氨逃逸和气溶胶难控制等问题。氨法脱硫在德国曼海姆电厂、卡斯鲁尔电厂等电厂已得到应用。

2. 半干法脱硫技术

喷雾干燥法脱硫工艺以消石灰作为脱硫吸收剂，在吸收塔内，吸收剂 $Ca(OH)_2$ 与烟气中的 SO_2 混合接触，反应生成 $CaSO_3$，部分未反应的吸收剂和脱硫产物随烟气进入除尘器脱除（谷吉林，2007）。喷雾干燥法脱硫工艺技术成熟、工艺流程简单，但存在旋转喷雾装置易磨损和破裂，喷雾效果差影响脱硫效率等问题，脱硫效率多为85%~95%。喷雾干燥法脱硫技术在美国、欧盟等 300 MW 燃煤机组有一定应用业绩，在中国大型燃煤机组上应用较少。中国于 1990 年 1 月在四川白马电厂建成了烟气量为 70000 m³/h 的中试装置，当进口 SO_2 浓度为 8580 mg/m³，钙硫比为 1.4 时脱硫效率可达 80% 以上。1994 年，山东黄岛电厂采用日本技术安装了旋转喷雾干燥脱硫装置。

炉内喷钙加尾部增湿脱硫工艺多以石灰石为吸收剂，石灰石喷入炉膛后受热分解为氧化钙和二氧化碳，氧化钙与 SO_2 反应生成亚硫酸钙，同时，在锅炉尾部增设活化器，以提高脱硫效率（周英彪和郑瑛，2000）。由于脱硫吸收剂的利用率较低，脱硫副产物中亚硫酸钙含量较低，综合利用受到一定限制。该脱硫工艺在芬兰、美国等国得到应用，最大单机容量已达 300 MW（吕宏俊，2011）。

3. 干法脱硫技术

活性炭吸附法烟气脱硫工艺采用活性炭对烟气中 SO_2 进行吸附，吸附过程伴随着物理吸附和化学吸附，由于活性炭表面对 SO_2 和 O_2 的反应有催化作用，当烟气中存在着氧气和水蒸气时，化学反应非常明显（王春明，2013）。吸附 SO_2 的活性炭通常采用洗涤或加热方法再生。脱硫产物为硫酸或硫磺，可以回收利用，但普通的工业活性炭对 SO_2 的吸附容量有限，吸附剂磨损大产生大量细炭粒，吸附剂需求量较大，设备较为庞大，综合成本较高，在大型燃煤电厂应用很少。

电子束脱硫工艺流程包括烟气预除尘、冷却、喷氨、电子束照射和副产品捕集（毛本将和丁伯南，2004）。电子束脱硫技术不产生废水废渣，能同时脱硫脱硝，副产品硫酸铵与硝酸铵可做化肥，但由于技术成熟度不高，且综合成本较高，在国内外大型燃煤机组上应用较少。

（三）SO_2 近零排放关键技术

我国研究开发了活性焦干法脱硫脱硝一体化和活性分子湿法脱硫脱硝一体化等技术（张守玉等，2004；高翔等，2009），但综合成本仍然较高。

从技术成熟度、脱硫效果、技术经济指标等因素综合分析，大型燃煤电厂实现 SO_2 近零排放，仍主要在石灰石–石膏湿法脱硫和海水脱硫技术基础上，通过系统优化和强化传质，进一步提高脱硫效率。

1. 高效石灰石–石膏湿法脱硫技术

过去一般认为传统石灰石–石膏湿法脱硫技术的脱硫效率不会高于97.5%，无法实现 SO_2 的近零排放。但通过优化烟气与石灰石浆液流场分布、强化塔内气液传热、传质过程，单塔强化吸收、双循环、托盘、旋汇耦合等技术的脱硫效率均可提高到99%以上。对于单塔强化吸收脱硫技术，主要通过喷淋层优化设计，增加塔内构件，提高吸收塔内的浆液喷淋密度，增加浆液循环量，从而增大了气液传质表面积，强化 SO_2 吸收效果。神华国华电力研究院开发了具有自主知识产权的单塔强化吸收脱硫技术，应用于河北三河、定州等燃煤电厂，实现 SO_2 排放浓度低于 20 mg/m^3，脱硫效率可超过99%。

双循环脱硫技术分为单塔双循环和双塔双循环，单塔双循环工艺流程详见图 3-7。单塔双循环脱硫是将一个吸收塔分为上下两段，使两段吸收区处在不同的 pH 下，具有较高石灰石利用率，脱硫效率可超过99%。双塔双循环技术烟气先后通过两个串联的喷淋塔完成脱硫过程。两个吸收塔中各自都设置喷淋层、氧化空气分布系统、氧化浆液池。两个塔串联运行，共同脱硫，效率可达到99%以上，适合于高硫煤，但系统复杂，占地较大，阻力大，投资高。单塔脱硫系统与双塔脱硫系统比较，具有投资低、占地小、安装简便等特点，适合预留空间小、现场位置有限的脱硫技术改造项目（魏宏鸽等，2016）。对于硫含量≤1.25%的煤，采用单塔脱硫系统基本满足需要；当煤中硫含量>1.25%或煤质变化较大时，要达到近零排放要求，可采用双塔脱硫技术。

托盘脱硫技术在脱硫喷淋空塔基础上，设置一层多孔托盘塔板，当气体通过时，气液接触更充分，提高了吸收剂的利用率。同时，托盘可以提高石灰石的溶解量，利用托盘上浆液 pH 的差异，增强 SO_2 的吸收。在单

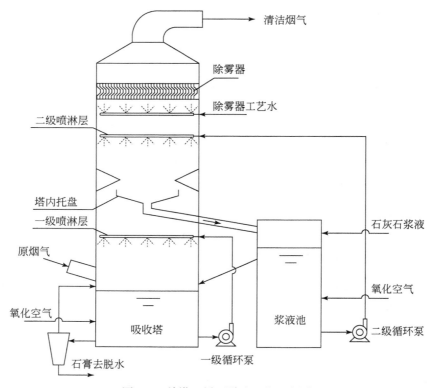

图 3-7　单塔双循环脱硫工艺示意图

托盘技术的基础上，双托盘可以在更高的脱硫效率和更低的 SO_2 排放浓度上发挥作用。其显著特点是烟气分布均匀，气液接触面积大，在保证脱硫效率的情况下，可降低液气比，节约能耗。

　　湿法旋汇耦合脱硫技术中，烟气通过旋汇耦合装置与浆液产生可控的湍流空间，提高了气液固三相传质速率，完成一级脱硫协同除尘，同时实现了快速降温及烟气均布；烟气继续经过高效喷淋系统，实现 SO_2 的深度脱除及粉尘的二次脱除；烟气再进入管束式除尘除雾装置，在离心力作用下，雾滴和粉尘最终被壁面的液膜捕获，实现粉尘和雾滴的深度脱除，见图 3-8（张晓燕，2006）。该技术已在国华河北三河、河南孟津等电厂应用，实现高效脱硫的同时能够有效降低烟尘排放浓度。

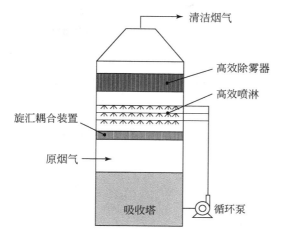

图 3-8　旋汇耦合脱硫协同除尘技术示意图

　　燃煤电厂大气污染物近零排放要求脱硫塔要有较高的除尘效果,而脱硫吸收塔除尘效果随吸收塔入口烟尘浓度、颗粒粒径和脱硫塔运行状况变化。陈国榘(2014)对多个电厂的监测数据分析发现,脱硫塔的颗粒物脱除效率为-30%~+60%。湿法脱硫系统对超细颗粒、SO_3气溶胶、石膏液滴和重金属的脱除效果差,若设计塔速高或烟气量增大、除雾效果差,则细颗粒物排放浓度增加(杨勇平等,2010;王珲等,2008;安连锁等,2014)。通过采用高效雾化喷嘴,保证喷嘴入口压力均匀,设置2~3级屋脊式或管束式除尘除雾装置等措施来提高脱硫吸收塔的烟尘协同效果。管束式除雾器适用于处理含有大量液滴的饱和净烟气,可以实现浆液液滴和烟尘颗粒的高效脱除,除尘效率可提高到80%以上。

　　2. 高效海水脱硫技术

　　为进一步提高海水脱硫的效率,增加吸收塔内喷淋海水流量,加大吸收塔径减缓烟气流速以增加气液接触时间,同时优化曝气风机选型和曝气管网设计,增强曝气管曝气孔的密度来保障海水达标排放。国华浙江舟山电厂4号机组采用高效海水脱硫工艺,SO_2排放质量浓度达到2.76 mg/m³,脱硫效率达到99%以上,脱硫系统用电率为0.7%~1.2%,低于湿法脱硫用电率1.0% ~1.5%，经济和环保效益良好，详见图3-9。由于海水脱硫工艺不存在石膏液滴的携带问题，具有良好的粉尘协同脱除效果。国华浙江舟山电厂4 号机组采用海水脱硫技术后，脱硫排水中 pH、温度、重金属、COD、悬浮物等指标均符合国家规定的《海水水质标准》（GB 3097-1997）三类标准要求。因此，对于滨海电厂开展近零排放工程实践，在煤质、海水水质、环境影响评估等外部条件具备情况下，可优先选择海水脱硫工艺。

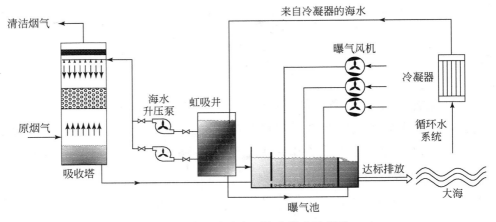

图3-9　浙江舟山电厂海水脱硫示意图

三、低氮燃烧及宽负荷脱硝技术

（一）低 NO_x 燃烧技术

燃煤电厂是大气 NO_x 污染的主要来源之一，燃煤锅炉 NO_x 的生成机理较为复杂，与燃煤特性、燃烧方式、锅炉和燃烧器结构等因素有关，主要有热力型 NO_x、燃料型 NO_x、快速型 NO_x，一般以热力型和燃料型 NO_x 为主（刘吉臻等，2012）。国外从 20 世纪 50 年代起就开始了燃烧过程中 NO_x 生成机理和控制方法的研究，到 70 年代末和 80 年代，开发出了低

NO_x 燃烧器等实用技术，进入 90 年代，锅炉低 NO_x 燃烧技术日臻完善。中国低氮燃烧技术随着中国燃煤电厂 NO_x 排放标准不断提高而快速发展。中国 20 世纪 80 年代以前投运的国产机组基本没有采用低氮燃烧技术，20 世纪 80 年代到 90 年代初期投运的国产与进口大容量机组大多采用了早期的低氮燃烧器和紧凑型燃尽风技术，20 世纪 90 年代后期开始采用空气分级低氮燃烧技术。

低 NO_x 燃烧技术主要有空气分级燃烧、燃料分级燃烧以及烟气再循环技术，其中应用最广泛的是空气分级燃烧技术（冯兆兴等，2006），实现空气分级的手段有燃烧器优化设计、加装一次风稳燃体（火焰稳定船、盾体等）和炉膛布风等，目前常采用燃烧器优化设计和炉膛分级布风来实现空气分级燃烧。近年来，随着环保标准的进一步提高，我国研究开发了基于空气分级燃烧的双尺度低氮燃烧技术和高级复合空气分级低氮燃烧技术。

1. 双尺度低氮燃烧技术

双尺度低氮燃烧技术由烟台龙源电力技术股份有限公司开发，以炉内影响燃烧的两大关键尺度（炉膛空间尺度和煤粉燃烧过程尺度）为重点关注对象，通过系统优化，达到防渣、燃尽、低 NO_x 一体化的目的。首先将炉内大空间整体作为对象，通过炉内燃烧器射流合理组合及喷口合理布置，炉膛内中心区形成具有较高温度、较高煤粉浓度和较高氧气区域，同时炉膛近壁区形成较低温度、较低 CO 和较低颗粒浓度的区域，使在空间尺度上中心区和近壁区温度场、速度场及颗粒浓度场特性差异化。在燃烧过程尺度上通过对一次风射流特殊组合，采用低 NO_x 喷口、等离子体燃烧器或热烟气回流等技术，强化煤粉燃烧、燃尽及 NO_x 火焰内还原，并使火焰走向可控，最终形成防渣、防腐、低 NO_x 及高效稳燃多种功能的一体化（烟台龙源电力技术股份有限公司，2012）。

在国华浙江宁海电厂 600 MW 亚临界机组采用双尺度低氮燃烧技术，技术措施包括：一次风喷口全部采用上下浓淡中间带稳燃钝体的燃烧器；

改变假想切圆燃烧组织方式，二次风射流与一次风射流偏置7°，顺时针反向切入，形成横向空气分级；调整主燃烧器区一二次风喷口面积，并采用新的二次风室，最终使主燃烧器区的过量空气系数为 0.75~0.8，形成欠氧燃烧区；调整各层煤粉喷嘴的标高和间距，在原主燃烧器上方约 9 m 处增加 7 层分离燃尽风（SOFA）喷口，形成高达 9 m 的超大还原区；采用节点功能区技术，在两层一次风喷口之间增加贴壁风，在紧凑型燃尽风室两侧加装贴壁风，在还原区加装贴壁风。

国华浙江宁海电厂 600 MW 机组性能试验结果表明：① 600 MW 负荷，神混煤、石炭煤 4∶1 掺烧时，选择性催化还原法（SCR）脱硝入口实测 NO_x 浓度约 125 mg/m^3，CO 浓度为 144 mg/m^3，飞灰可燃物含量为 0.75%，锅炉热效率为 94.45%。② 450 MW 负荷，采用神混煤、石炭煤 3∶1 掺烧，SCR 入口实测 NO_x 浓度为 104 mg/m^3，CO 浓度为 86 mg/m^3，飞灰可燃物含量为 0.63%，锅炉热效率为 94.54%。③ 300 MW 负荷，神混煤、石炭煤 2∶1 掺烧，SCR 入口实测 NO_x 浓度为 108 mg/m^3，飞灰可燃物含量 0.79%，锅炉热效率为 94.54%。

从技术发展看，要进一步降低锅炉 NO_x，现有低氮燃烧技术实现难度较大，今后需要在气化和再燃等方面进行技术创新和突破。

2. 高级复合空气分级低氮燃烧技术

高级复合空气分级低氮燃烧技术由上海锅炉有限公司开发，主要通过早期稳定着火和空气分段燃烧技术实现 NO_x 排放值的大幅降低。采用高位燃尽风、低位燃尽风两段式空气分级将炉膛划分为主燃区、还原区、燃尽区 I 和燃尽区 II 4 个区域（上海锅炉厂有限公司，2012）。

采用两段分离燃尽风，保证炉内空气分布的最优化，降低 NO_x 排放；燃尽风水平摆动作为调整烟温偏差的有效手段；燃尽风上下摆动，可控制燃烧中心，调整炉膛出口烟温。为提高燃尽风的穿透深度和扰动，在燃烧后期提高风粉混合速度，在降低 NO_x 排放的同时提高燃烧效率。

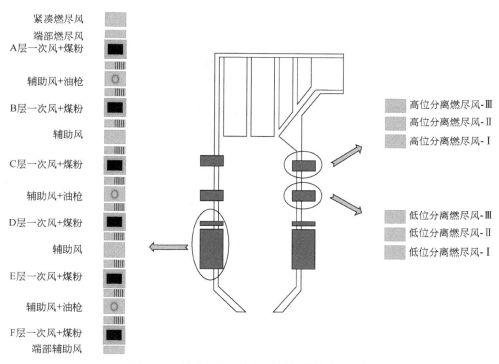

图 3-10　国华广东台山电厂低氮燃烧改造方案

在国华广东台山电厂 600 MW 亚临界机组应用了高级复合空气分级低氮燃烧技术，改造方案见图 3-10，技术措施包括：采用两段空气分级燃烧+紧凑燃尽风技术，分为高位分离燃尽风和低位分离燃尽风，风量各占总风量的 20%，另外紧凑燃尽风占总风量的 6%；预置水平偏角为 22°的辅助风喷嘴设计，有效防止炉膛结焦；改造后燃烧器的安装角度不变，AA 消旋二次风、OFA 消旋二次风、低位分离燃尽风和高位分离燃尽风采用可水平调整偏转角度的设计，偏转角度为±15°；燃烧器采用新的摆动机构，可以整体上下摆动，摆动范围不变；一次风喷口全部采用上下浓淡中间带稳燃钝体的燃烧器。试验研究表明，在 70% ~100% 锅炉最大连续蒸发量（BMCR）工况 SCR 入口 NO_x 排放 115 ~ 150 mg/m³，机组安全性、经济性、环保性等各项指标均达到设计要求。

(二) 烟气脱硝技术

烟气脱硝技术主要有 SCR (选择性催化还原)、SNCR (选择性非催化还原)、SNCR/SCR 联合脱硝 (详见表3-3)。其中,SCR 是燃煤电厂应用最广泛的烟气脱硝技术。近年来,随着技术的发展,SCR 脱硝效率已超过85%,通过与低氮燃烧技术耦合,能够满足燃煤电厂的环保排放控制需求,对于燃烧无烟煤或劣质煤的锅炉,由于燃烧初期火焰区相对富氧,不利于燃料型 NO_x 的还原,炉膛出口 NO_x 较高,采用 SNCR/SCR 联合脱硝技术,同样可以实现 NO_x 的近零排放。

表3-3 烟气脱硝技术

序号	烟气脱硝技术	技术特点及应用领域
1	SCR 脱硝	技术成熟,脱硝效率高,在燃煤电厂应用最广泛
2	SNCR 脱硝	技术相对成熟,脱硝效率低,在大型燃煤机组上应用较少
3	SNCR/SCR 联合脱硝	脱硝效率高,综合成本较高,在大型燃煤机组上应用较少

1. SCR 烟气脱硝技术

SCR 脱硝技术是国际上应用最多、技术最成熟的一种烟气脱硝技术(郝吉明等,2010)。20 世纪 90 年代,中国燃煤电厂开始应用烟气 SCR 脱硝技术,1999 年 SCR 脱硝装置首次应用于我国 600 MW 燃煤机组,2006 年国华江苏太仓电厂在中国第一家投运国产 SCR 脱硝装置,随着中国环保标准日益严格,我国 SCR 脱硝技术得到快速发展。SCR 烟气脱硝技术是在烟气中加入还原剂 (最常用的是液氨和尿素),在一定温度下,还原剂与烟气中的 NO_x 反应,生成无害的氮气和水。主要反应如下:

$$4NH_3 + 4NO + O_2 \longrightarrow 4N_2 + 6H_2O \qquad (3-1)$$

$$4NH_3 + 2NO_2 + O_2 \longrightarrow 3N_2 + 6H_2O \qquad (3-2)$$

常规 SCR 催化剂主要在 300~400℃ 温度条件下进行反应,SCR 反应器多安装于锅炉省煤器与空气预热器之间,工艺流程如图 3-11 所示。

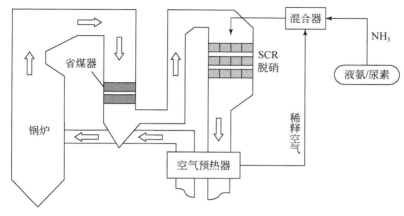

图 3-11　SCR 脱硝系统示意图

催化剂的选择性是指在氧气存在条件下，NH_3 优先和 NO_x 发生还原反应，而不和烟气中的氧进行氧化反应。SCR 系统的影响因素较多，主要影响因素包括烟气温度、烟尘和 NO_x 浓度、逃逸氨浓度限制、SO_2 氧化率、烟道空间及尺寸等。SCR 系统反应温度越高，氧化反应越明显。除温度外，NO_x 和 NH_3 浓度也对反应过程有影响，当 NO_x 和 NH_3 浓度低的时候，反应相当缓慢。在有效反应温度条件下，停留时间长，会产生更好的 NO_x 还原效果。由于脱硝催化剂的不断发展和创新，目前商业运行的 SCR 系统脱硝效率可达 85% 以上（杨冬和徐鸿，2007）。

2. SNCR 脱硝技术

20 世纪 70 年代中期，SNCR 技术在日本的一些燃油、燃气电厂开始得到工业应用，80 年代末欧洲国家部分燃煤电厂也开始了 SNCR 技术的工业应用，美国于 90 年代初开始了 SNCR 技术在燃煤电厂的工业应用（吕洪坤等，2008）。中国近年来也开展了 SNCR 技术研究和工程应用，由于SNCR 烟气脱硝效率为 20% ~ 40%，随着环保要求的提高，单独依靠SNCR 工艺已不能满足 NO_x 排放要求，SNCR 工艺多与 SCR 工艺联合应用。

SNCR 技术采用 NH_3、尿素等作为还原剂，喷入炉内与 NO_x 进行反应

生成 N_2，反应温度常为 $850 \sim 1100℃$。当反应温度过高时，氨的分解将降低 NO_x 还原率；反应温度过低时，氨逃逸增加，也会降低 NO_x 还原率。SNCR 系统的氨逃逸不仅会使烟气飞灰沉积在锅炉尾部受热面上，而且烟气中 NH_3 遇到 SO_3 会产生 NH_4HSO_4（ABS）易造成空气预热器堵塞，并有腐蚀的危险（罗朝晖，2007）。

3. SNCR/SCR 联合脱硝技术

SNCR/SCR 联合脱硝技术是整合 SNCR 工艺的低成本和 SCR 工艺的高效率、低氨逃逸率后形成的一种联合脱硝技术（朱晨曦等，2016；蔡小峰和李晓芸，2008）。该工艺于 20 世纪 70 年代首次在日本的一座燃油锅炉上开展了试验，论证了其技术可行性。1998 年，瑞典 148 MW 机组安装了一套 SNCR/SCR 脱硝装置，脱硝效率约 75%。2009 年，国华北京热电厂首次应用 SNCR/SCR 联合脱硝技术，脱硝效率超过 80%，NO_x 排放浓度可低于 50 mg/m^3。近年来，由于 SCR 技术发展迅速，脱硝效率不断提高，SNCR/SCR 联合工艺脱硝效率可达到 85% $\sim$ 90%。

（三）宽负荷脱硝技术

目前国内外大型煤粉锅炉 NO_x 减排技术主要采用炉内低氮燃烧+选择性催化还原法（SCR）的组合方案（朱环，2012），已可实现 NO_x 排放质量浓度小于 35 mg/m^3。通过锅炉空气分级低氮燃烧技术研究和实践，神华集团已在燃用神华煤的 600 MW 亚临界机组实现了 SCR 入口 NO_x 排放浓度低于 120 mg/m^3（西安热工研究院有限公司，2014）。SCR 脱硝技术在我国大容量机组上应用广泛，通过增加催化剂层数，可在高负荷下实现 85% 以上的脱硝效率，但在低负荷下 SCR 脱硝效率降低，氨逃逸增加，如何实现机组宽负荷脱硝是关键。此外，开发宽温度窗口无毒催化剂、降低氨逃逸、保持催化剂活性以及催化剂再生和无害化处理（岑可法等，2015）将是研究重点。

低负荷下 SCR 脱硝系统烟气温度可能会低于 300℃，SCR 催化剂难以高效脱除 NO$_x$，需要进行改造，使得 SCR 入口烟气温度达到 SCR 脱硝允许温度，实现脱硝系统在机组低负荷工况下正常投运，即实现宽负荷脱硝（一般为 40%~100%）。主要改造方案有：配置 0 号高加提高给水温度、省煤器入口加装旁路烟道、设置省煤器水侧旁路、进行分级省煤器布置等四种（史文峥等，2016），分别介绍如下：

配置 0 号高加提高给水温度：通过配置 0 号高加来提高给水温度，进而改善省煤器出口烟温。将汽轮机主蒸汽减温减压对给水进行预加热，需同时考虑汽源、锅炉再热器及设备布置和管路设计等问题。其优点在于改造工作量小，特别适合于烟温调节量较小（小于 10℃）的电厂。其缺点是给水温度不能无限制提高，否则会影响锅炉安全性、经济性。

省煤器入口加装旁路烟道：在省煤器进口烟道上抽部分烟气至 SCR 入口处，确保低负荷时，SCR 入口处烟气温度在 320℃ 以上。该方案投资相对较低，但稳定性较差，若长期在非低负荷工况运行，可能会导致积灰、卡涩等问题。同时，由于排烟温度升高，机组经济性降低。

设置省煤器水侧旁路：在省煤器进口集箱前设置调节阀和连接管道，将部分给水短路，通过减少给水在省煤器中的吸热量来提高省煤器出口烟温。其优点是改造工作量较小，特别适于负荷大于 50% 时使用。缺点是低负荷（小于 50%）时，旁路给水量较大，省煤器可能发生介质超温导致气蚀的现象，威胁机组安全性。同时，由于排烟温度升高，机组经济性降低。

进行分级省煤器布置：将原有省煤器部分拆除，在 SCR 反应器后增设一定的受热面，给水直接引至位于 SCR 反应器后的省煤器，再通过连接管道引至位于 SCR 反应器前的省煤器。通过省煤器分级设置，使 SCR 反应器入口温度提高到 320℃ 以上，确保 SCR 可在低负荷下正常运行。该方案能够在不影响锅炉整体效率的情况下提高 SCR 入口烟温，并降低排烟温度，对于由煤种变化等导致排烟温度偏高的电厂具有较好的经济性。缺点是投资成本相对较高。

宽负荷脱硝技术各有优缺点，燃煤电厂要平衡锅炉安全性、经济性和环保目标，通过方案比选后实施。

第二节 燃煤电厂近零排放技术路线的提出

笔者坚持解放思想、创新引领，践行节约资源和保护环境的基本国策，致力于推进煤电清洁化，走煤炭清洁高效利用之路，在 2011 年组织神华国华电力研究院开展了燃煤电厂大气污染物近零排放技术研究，于 2012 年与华东电力设计院结合国华浙江宁海电厂三期 2×1000 MW 工程开展了除尘、脱硫、脱硝、脱汞专题研究和全系统集成优化设计，针对燃用神华煤（灰分 A_{ar} 为 7% ~ 15%，硫分 S_{ar} 为 0.3% ~ 0.8%，干燥无灰基挥发分 V_{daf} 一般超过 30%，收到基低位发热量 $Q_{net,ar}$ 为 20 ~ 25 MJ/kg 的烟煤）的燃煤发电机组，以烟尘、SO_2、NO_x 分别达到天然气燃气轮机组 5 mg/m³、35 mg/m³、50 mg/m³ 的排放浓度限值和汞及其化合物达到燃煤发电机组 0.03 mg/m³ 的排放浓度限值为目标，提出了清洁煤电近零排放原则性技术路线，并于 2013 年 5 月通过了电力规划设计总院组织的专家评审（王树民等，2015）。对于煤粉锅炉，近零排放原则性技术路线为炉内低氮燃烧（LNB）→选择性催化还原法脱硝（SCR）→低温省煤器（LTE）+高效电源静电除尘器（ESP）→湿法脱硫（WFGD）→湿式静电除尘器（WESP），如图 3-12 所示。

燃煤电厂大气污染物近零排放技术路线中，采用单项污染物在多个环保设施中梯级脱除和多项污染物在同一环保设施中协同脱除的技术组合模式。烟尘排放控制技术是实现近零排放的关键，通常单项除尘技术难以实现烟尘排放浓度低于 5 mg/m³，多项技术耦合集成后，具备实现近零排放的条件。因此，综合考虑煤质、技术成熟度、投资、运行维护等因素，集成了低低温静电除尘器（高效电源）、脱硫协同除尘和湿式静电除尘器等技术。SO_2 排放控制技术相对成熟，部分电厂采用神华国华电力研究院自主开发的高效湿法脱硫技术，在实施近零排放改造前已可实现 SO_2 排放浓度小于 35 mg/m³，结合煤质情况，通过技术经济比较确定采用单塔脱硫提效技术。控制 NO_x 的关键是降低炉内 NO_x 的生成，基于 600 MW 等级亚临界机组低氮燃烧改造实践（炉膛出口 NO_x 浓度约 120 mg/m³），耦合空气分级低氮燃烧技术和宽负荷 SCR 脱硝提效技术可实现 NO_x 的近零排放。汞排放控制主要利用现有大气污染物控制设备（APCDs）的协同脱除，结合煤中汞含量以及机组现有环保设施（除尘、脱硫、脱硝装置）的协同脱汞能力，可实现烟气汞排放浓度远低于 0.03 mg/m³。

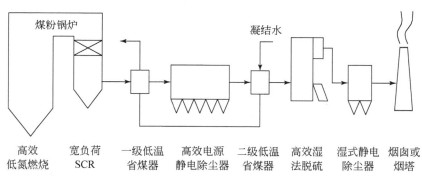

图 3-12　大气污染物近零排放原则性技术路线

以燃用典型神华煤的大型煤粉锅炉为例，近零排放技术路线的边界条件和设计计算结果见表 3-4。通过采用高效电源技术和加装低温省煤器，提高低低温静电除尘器的效率，确保除尘器出口烟尘浓度低于 18 mg/m³，经高效脱硫系统，烟尘排放浓度降低 50%（设计值），同时携带液滴颗粒 7.5 mg/m³，湿式静电除尘器按照除尘效率 70% 计算，可确保烟尘排放浓度低于 5 mg/m³。通过提高 SO_2 脱除效率，确保大于 98%，可实现 SO_2 排放浓度低于 35 mg/m³。通过控制炉内 NO_x 浓度低于 200 mg/m³，SCR 脱硝效率不低于 80%，可实现 NO_x 排放浓度低于 40 mg/m³。技术路线中，不同污染物控制技术对烟尘、SO_2、NO_x、SO_3、Hg 的脱除作用详见表 3-5。

表 3-4　近零排放技术路线排放指标设计

项目		数据	备注
除尘	除尘器入口含尘量/(g/m³)	12	设计值
	除尘器效率/%	>99.85	设计值
	除尘器出口含尘量/(mg/m³)	18	设计值
	脱硫系统除尘效率/%	50	根据经验假定
	脱硫系统出口含尘量/(mg/m³)	9	设计值
	脱硫装置出口液滴含量（干基）/(mg/m³)	50	设计值
	液滴石膏浓度/%	15	设计值
	脱硫装置出口颗粒物含量/(mg/m³)	7.5	设计值
	湿式静电除尘器入口颗粒物含量/(mg/m³)	16.5	设计值
	湿式静电除尘器效率/%	>70	设计值
	烟囱入口含尘量/(mg/m³)	<5	设计值
脱硫	脱硫吸收塔进口 SO_2/(mg/m³)	1500	根据含硫量计算
	脱硫系统效率/%	>98	设计值
	机组 SO_2 排放浓度/(mg/m³)	<30	设计值
脱硝	锅炉低氮燃烧后 NO_x/(mg/m³)	200	设计值
	SCR 脱硝效率/%	>80	设计值
	机组 NO_x 排放浓度/(mg/m³)	<40	设计值

注：设计条件，采用典型神华煤，w（硫）0.8%以下，脱硫系统除尘效率按照50%计算，烟尘计入脱硫出口液滴中的石膏；基准氧含量为6%。

表 3-5　不同污染物控制技术对烟尘、SO_2、NO_x、SO_3、Hg 的脱除作用

污染物	除尘技术		脱硫技术		脱硝技术
	低低温静电除尘	湿式静电除尘	石灰石-石膏湿法脱硫	海水脱硫	SCR
烟尘	+	+	⊙	⊙	O
SO_2	O	O	+	+	O
NO_x	O	O	O	O	+
SO_3	+	+	⊙	⊙	–
Hg	⊙	⊙	⊙	⊙	⊙

注：+表示正向脱除作用；–表示负向脱除作用；⊙表示协同脱除作用；O 表示基本无脱除作用。

第三节　燃煤电厂近零排放技术应用效果

清洁煤电近零排放原则性技术路线在新建燃煤发电工程项目和现役燃煤发电机组节能环保升级改造等绿色发电计划项目中同步实施。2014年6月，中国首台近零排放新建燃煤机组在神华国华浙江舟山电厂投产，标志着清洁煤电近零排放技术路线成功打通，经浙江省环境监测中心现场采样监测，其烟尘、SO_2、NO_x 排放浓度分别为 2.46 mg/m^3、2.76 mg/m^3、19.8 mg/m^3，均低于烟尘、SO_2、NO_x 排放浓度限值为 5 mg/m^3、35 mg/m^3、50 mg/m^3 的近零排放标准。截至 2018 年底，近零排放技术路线已经在神华集团 101 台燃煤机组上成功应用，近零排放燃煤机组排放指标详见表 3-6。根据中国国家或地方环境监测单位现场采样监测结果，101 台燃煤机组烟尘排放浓度为 0.23 ~ 5 mg/m^3，SO_2 排放浓度为 2 ~ 35 mg/m^3，NO_x 排放浓度为 6 ~ 50 mg/m^3，均达到近零排放标准。

表 3-6　近零排放燃煤机组排放指标统计表

序号	区域	省份	电厂	机组编号	装机容量/MW	主要污染物排放指标 /（mg/m^3）			检测单位
						尘	SO_2	NO_x	
1	京津冀	河北	三河	1#	350	5	9	35	河北省环境监测中心站
2	京津冀	河北	三河	2#	350	3	10	25	河北省环境监测中心站
3	京津冀	河北	三河	3#	300	2	12	22	河北省环境监测中心站
4	京津冀	河北	三河	4#	300	0.23	5.9	20	中国环境监测总站
5	京津冀	河北	定州	1#	600	0.74	8	22	河北省环境监测中心站
6	京津冀	河北	定州	2#	600	0.9	9	29	河北省环境监测中心站
7	京津冀	河北	定州	3#	660	2	6	17	河北省环境监测中心站
8	京津冀	河北	定州	4#	660	2	9	21	河北省环境监测中心站
9	京津冀	河北	沧东	1#	600	3	9	23	河北省环境监测中心站
10	京津冀	河北	沧东	2#	600	2	3	20	河北省环境监测中心站

序号	区域	省份	电厂	机组编号	装机容量/MW	主要污染物排放指标/(mg/m³)			检测单位
						尘	SO₂	NOₓ	
11	京津冀	河北	沧东	3#	660	4	15	26	河北省环境监测中心站
12	京津冀	河北	沧东	4#	660	2	10	19	河北省环境监测中心站
13	京津冀	河北	秦皇岛	1#	215	2.23	8.16	26.5	秦皇岛环境保护监测站
14	京津冀	河北	秦皇岛	2#	215	2.23	8.16	26.5	秦皇岛环境保护监测站
15	京津冀	河北	秦皇岛	3#	320	1.5	未检出	8	秦皇岛环境保护监测站
16	京津冀	河北	秦皇岛	4#	320	1.6	3	24	秦皇岛环境保护监测站
17	京津冀	天津	盘山	1#	530	2.36	4.71	36.77	天津市环境监测中心
18	京津冀	天津	盘山	2#	530	2.1	4.65	34.48	天津市环境监测中心
19	京津冀	天津	大港	1#	328.5	2.8	13	32	天津市环境监测中心
20	京津冀	天津	大港	2#	328.5	3.33	18	33.67	天津市环境监测中心
21	京津冀	天津	大港	3#	328.5	3.53	9.33	33.33	天津市环境监测中心
22	京津冀	天津	大港	4#	328.5	2.97	17	26.67	天津市环境监测中心
23	长三角	浙江	舟山	3#	300	0.53	2.87	23.9	浙江省环境监测中心
24	长三角	浙江	舟山	4#	350	2.46	2.76	19.8	浙江省环境监测中心
25	长三角	浙江	宁海	1#	600	0.94	7.2	27.4	浙江省环境监测中心
26	长三角	浙江	宁海	2#	600	1	3	27	浙江省环境监测中心
27	长三角	浙江	宁海	3#	600	<1	8	33	浙江省环境监测中心
28	长三角	浙江	宁海	4#	600	<1	6	17	浙江省环境监测中心
29	长三角	浙江	宁海	5#	600	1.84	8.32	26.15	浙江省环境监测中心
30	长三角	浙江	宁海	6#	1000	2.65	5.3	34.7	浙江省环境监测中心
31	长三角	江苏	徐州	1#	1000	1.1~1.6	6~13	6~17	江苏省环境监测中心
32	长三角	江苏	徐州	2#	1000	1.12	6.17	15.83	江苏省环境监测中心
33	长三角	江苏	陈家港	1#	660	2.7	20	24	江苏省环境监测中心
34	长三角	江苏	陈家港	2#	660	<2.9	<10	<20	江苏省环境监测中心
35	长三角	江苏	太仓	7#	630	0.3~0.4	3~8	15~19	江苏省环境监测中心
36	长三角	江苏	太仓	8#	630	0.8	4	16	江苏省环境监测中心

续表

序号	区域	省份	电厂	机组编号	装机容量/MW	尘	SO₂	NOₓ	检测单位
						\multicolumn{3}{c}{主要污染物排放指标/(mg/m³)}		
37	长三角	安徽	庐江	1#	660	4.7	10	27	安徽华测检测技术有限公司
38	长三角	安徽	庐江	2#	660	1.2	4	12	安徽环科检测中心有限公司
39	长三角	安徽	马鞍山	1#	330	0.99	5.7	22	马鞍山市环境监测中心站
40	长三角	安徽	马鞍山	2#	330	0.91	6	18	马鞍山市环境监测中心站
41	长三角	安徽	马鞍山	3#	330	1.06	21	46	马鞍山市环境监测中心站
42	长三角	安徽	马鞍山	4#	330	0.98	6	32	马鞍山市环境监测中心站
43	长三角	安徽	九华	1#	320	2.1	8.3	11.9	池州市环境监测站
44	长三角	安徽	九华	2#	320	2.35	3.5	13.25	池州市环境监测站
45	珠三角	广东	台山	1#	600	2.4	14	33	广东省环境监测中心
46	珠三角	广东	台山	4#	600	4.2	19	24	广州市中加环境检测技术有限公司
47	珠三角	广东	台山	5#	630	1.8	5	32	广州市中加环境检测技术有限公司
48	珠三角	广东	惠州	1#	330	1.4	5	18	广东省环境监测中心
49	珠三角	广东	惠州	2#	330	0.8	9	18	广东省环境监测中心
50		山东	寿光	1#	1000	<1	<2	<18	山东省环境监测中心站
51		山东	寿光	2#	1000	<1	<2	<16	山东省环境监测中心站
52		内蒙古	呼贝	1#	600	4.9	<15	25	内蒙古自治区环境监测中心站
53		内蒙古	呼贝	2#	600	5	15	20	内蒙古自治区环境监测中心站
54		内蒙古	鄂温克	1#	600	3.15	27	30	内蒙古华质检测技术有限公司
55		内蒙古	鄂温克	2#	600	4.8	18	29	内蒙古华质检测技术有限公司
56		内蒙古	准格尔	3#	330	4.1	21	10.6	内蒙古自治区环境监测中心站
57		内蒙古	准格尔	4#	330	3	10.23	25.05	内蒙古自治区环境监测中心站
58		内蒙古	西来峰	2#	200	2.2	22	24	内蒙古自治区环境监测中心站
59		辽宁	绥中	1#	800	5	16	27	辽宁省环境监测实验中心
60		辽宁	绥中	2#	800	5	30	44	辽宁省环境监测实验中心
61		辽宁	绥中	3#	1000	4.42	19	46	辽宁省环境监测实验中心
62		山西	河曲	1#	600	5	35	50	忻州市环境监测站
63		山西	河曲	2#	600	1.56~4.19	16.7~25.3	28.4~41.6	山西中环宏达环境检测技术有限公司

续表

序号	区域	省份	电厂	机组编号	装机容量/MW	主要污染物排放指标/(mg/m³)			检测单位
						尘	SO₂	NOₓ	
64		山西	河曲	3#	600	2.4 ~ 4.7	11.2 ~ 22.6	13.4 ~ 38.8	忻州市环境监测站
65		山西	河曲	4#	600	1.59 ~ 4.24	17.7 ~ 23.2	12.8 ~ 39.3	忻州市环境监测站
66		山西	神二	1#	500	4.06	20	40	朔州市环境监测站
67		山西	神二	2#	660	5	35	50	忻州市环境监测站
68		山西	王曲	2#	600	1.78 ~ 2.74	12 ~ 25	29 ~ 43	山西省长治市环境监测站
69		陕西	店塔	1#	660	4.8	21	33	陕西智达环保科技工程有限公司
70		陕西	店塔	2#	660	3.5	18	29	陕西省污染减排工程技术研究中心
71		陕西	锦界	1#	600	3.91	26.14	35.5	陕西环境监测技术服务咨询中心
72		陕西	锦界	2#	600	3.2	13.6	36.8	陕西环境监测技术服务咨询中心
73		陕西	锦界	3#	600	3	7.1	7.4	陕西省环境监测中心
74		陕西	锦界	4#	600	2.6	12.7	20.1	陕西省环境监测中心
75		陕西	府谷	1#	600	5	35	50	陕西环境监测技术服务咨询中心
76		陕西	富平	1#	350	1.2 ~ 1.8	7 ~ 14	19 ~ 29	陕西智达环保科技工程有限公司
77		陕西	富平	2#	350	1.3 ~ 1.6	6 ~ 8	15 ~ 25	陕西智达环保科技工程有限公司
78		河南	孟津	1#	600	3.5	18	36	河南省环境监测中心
79		河南	孟津	2#	600	3.77	12	40	河南省环境监测中心
80		重庆	万州	2#	1000	2.92	19.9	32.2	重庆市环境监测中心
81		江西	九江	1#	1000	1 ~ 1.8	3.31 ~ 11.13	18.2 ~ 26.37	杭州天量检测科技有限公司
82		江西	九江	2#	1000	1 ~ 1.5	2.71 ~ 15.31	11.91 ~ 29.68	杭州天量检测科技有限公司
83		福建	雁石	5#	300	4.4	28	41	福建省环境监测中心站
84		广西	柳州	2#	350	5	10	35	广西壮族自治区环境监测中心站

续表

序号	区域	省份	电厂	机组编号	装机容量/MW	主要污染物排放指标/（mg/m³）			检测单位
						尘	SO₂	NOₓ	
85		宁夏	鸳鸯湖	1#	660	1.94 ~ 3.16	5.7 ~ 9.2	12.8 ~ 18.9	中国环境监测总站
86		宁夏	鸳鸯湖	2#	660	4.5	30.4	24.8	宁夏回族自治区环境监测中心站
87		宁夏	宁东	1#	330	4.45	21	30.9	宁夏回族自治区环境监测中心站
88		宁夏	宁东	2#	330	3.8	29.2	41.2	宁夏回族自治区环境监测中心站
89		宁夏	宁东	3#	660	1.2	19	32	宁夏回族自治区环境监测中心站
90		宁夏	宁东	4#	660	4.05	16.6	40.6	宁夏泽瑞龙环保公司
91		新疆	花园	1#	600	4.1	13.2	29	新疆蓝卓越环保科技有限公司
92		新疆	花园	2#	600	3	25	38	新疆点点星光环境监测技术服务有限公司
93		新疆	花园	4#	600	4.7	24	41	新疆新环监测检测研究院
94		新疆	五彩湾	1#	350	4.58	23.4	43.6	新疆蓝卓越环保科技有限公司
95		新疆	五彩湾	2#	350	3.2	20	38	新疆蓝卓越环保科技有限公司
96		新疆	大南湖	1#	300	3	5	24	新疆维吾尔自治区环境监测总站
97		新疆	米东	1#	300	5	35	50	新疆维吾尔自治区环境监测总站
98		新疆	和丰	1#	300	5	35	50	乌鲁木齐京诚检测技术有限公司
99		新疆	和丰	2#	300	5	35	50	乌鲁木齐京诚检测技术有限公司
100		新疆	阜康	1#	150	3.1	11.2	35	乌鲁木齐京诚检测技术有限公司
101		新疆	阜康	2#	150	3.8	6.36	31	乌鲁木齐京诚检测技术有限公司

在神华集团 101 台近零排放机组中，共有 42 台应用了湿式静电除尘器。国华浙江舟山电厂 4 号机组是全国首台通过环保验收的近零排放新建燃煤机组，实现了第一套国产湿式静电除尘器在燃煤电厂近零排放工程示范中的应用。国华河北三河电厂全厂四台机组于 2014 年 7 月至 2015 年 11 月实现了近零排放，4 号机组近零排放改造后，烟尘排放浓度 0.23 mg/m³。2014 年 9 月，国华河北三河电厂被国家能源局授予"国家煤电节能减排

示范电站"称号。国华河北定州电厂2号机组于2016年4月完成环保设施近零排放改造，标志着神华集团京津冀地区所属燃煤电厂22台、总装机容量达978万kW的机组，全部实现了近零排放。

第四节　燃煤电厂近零排放技术经济性

燃煤电厂近零排放的投资和运行成本是指在达标排放的基础上，为进一步实现大气污染物近零排放而新增的投资和运行成本。其中，投资成本主要有设备购置费、安装工程费、建筑工程费等，年运行成本主要有运行维护成本（包括电耗、物耗、水耗、检修等费用）、折旧成本、财务成本等。

以国华浙江舟山4号350 MW机组、河北三河电厂4号300 MW机组、河北定州电厂1号600 MW机组、河北沧东电厂3号660 MW机组、辽宁绥中电厂1号800 MW机组、辽宁绥中电厂3号1000 MW机组、山东寿光电厂1号1000 MW机组为例，按照设备寿命周期15年、项目资本金率为20%、年贷款利率为6.55%、年检修成本占运行成本的2.5%、年发电利用小时数为4000 h、资本金收益率为10%测算不同等级燃煤机组近零排放的技术经济性，结果如表3-7所示。由表可见，7台近零排放燃煤机组从直接排放到近零排放的平均投资和运行成本约为2.764分/（kW·h）（含税），该成本包括近零排放实施前由直接排放到达标排放的投资和运行成本，以及近零排放实施后由达标排放到近零排放的投资和运行成本。其中，7台近零排放机组从达标排放到近零排放增加的投资和运行成本为0.26～1.13分/（kW·h）（含税），平均在0.796分/（kW·h）左右（含税）。从表3-7中还可发现，3台京津冀区域燃煤机组实现近零排放后，其投资和运行成本平均每千瓦时增加约1.102分（含税）。以神华集团京津冀区域22台近零排放燃煤机组为例，2015年的平均售电完全成本为0.24元/（kW·h）（不含税），可见，燃煤机组近零排放的投资及运营成本仅占售电完全成本的4%左右，这部分支出处于较为合理的水平。

表 3-7　不同等级燃煤机组近零排放技术经济性

机组	容量/MW	大气污染物减排的投资和运行成本/[分/(kW·h)]		
		直接排放→达标排放	达标排放→近零排放	合计
浙江舟山电厂4号	350	1.15	0.4	1.55
河北三河电厂4号	300	3.01	1.125	4.135
河北定州电厂1号	600	2.485	1.120	3.605
河北沧东电厂3号	660	1.165	1.060	2.225
辽宁绥中电厂1号	800	2.909	1.068	3.977
辽宁绥中电厂3号	1000	1.666	0.542	2.208
山东寿光电厂1号	1000	1.393	0.260	1.654
平均值		1.968	0.796	2.764

由于受到不同燃煤发电机组环保设施的投运情况、生产厂家以及工程造价等因素的影响，燃煤电厂近零排放的技术经济性表现出一定的差异性。具体到表3-7中研究的近零排放机组，浙江舟山电厂4号机组和山东寿光电厂1号机组是新建机组，其他5台机组均为改造机组，对比发现新建机组实现近零排放的投资和运行成本明显低于改造机组，这取决于新建机组具备更好的环保设施设计方案优化条件。对于5台改造机组，除了对现有环保设施进行提效改造，不同机组还增设了低氮燃烧器、SCR脱硝、低温省煤器、湿式静电除尘器等设施：河北三河电厂4号机组、定州电厂1号机组改造中新增了低温省煤器和湿式静电除尘器；河北沧东电厂3号机组改造中新增了湿式静电除尘器；辽宁绥中电厂1号机组改造中新增了低氮燃烧器和SCR脱硝；辽宁绥中电厂3号机组改造中新增了SCR脱硝。相比而言，新增环保设施数量多的近零排放改造机组投资和运行成本略高，但大气污染物减排效果更为显著，如新增湿式静电除尘器的近零排放机组可实现烟尘排放浓度低于1 mg/m³（表3-6）。

为推进煤炭清洁高效利用，减少燃煤电厂大气污染物排放，促进生态环境保护，中国政府陆续出台了一系列燃煤电厂环保电价和超低排放电价支持政策。2007 年 5 月，中国国家发展改革委和国家环保总局联合下发了《燃煤发电机组脱硫电价及脱硫设施运行管理办法（试行）》（发改价格〔2007〕1176 号）（国家发展改革委和国家环保总局，2007），规定燃煤发电机组安装脱硫设施后，其上网电量执行在现行上网电价基础上加价 1.5 分/（kW·h）的脱硫电价政策。2012 年 12 月，中国国家发展改革委下发了《关于扩大脱硝电价政策试点范围有关问题的通知》（发改价格〔2012〕4095 号）（国家发展改革委，2012），规定安装脱硝设施的燃煤发电机组执行脱硝电价，脱硝电价标准为 0.8 分/（kW·h）。2013 年 8 月，国家发展改革委下发了《关于调整可再生能源电价附加标准与环保电价有关事项的通知》（发改价格〔2013〕1651 号）（国家发展改革委，2013），将燃煤发电机组脱硝电价标准提高至 1 分/（kW·h），并对烟尘排放浓度符合 GB 13223–2011 排放限值要求的燃煤发电机组实行 0.2 分/（kW·h）的除尘电价。2014 年 3 月，国家发展改革委、环境保护部联合印发了《燃煤发电机组环保电价及环保设施运行监管办法》（发改价格〔2014〕536 号）（国家发展改革委和环境保护部，2014），规定安装除尘、脱硫、脱硝设施的燃煤发电机组，烟尘、SO_2、NO_x 排放浓度符合 GB 13223–2011 排放限值要求时享受环保电价（除尘、脱硫、脱硝电价）加价政策，即在现行上网电价基础上加价 2.7 分/（kW·h）。2015 年 12 月，国家发展改革委、环境保护部、国家能源局联合印发了《关于实行燃煤电厂超低排放电价支持政策有关问题的通知》（发改价格〔2015〕2835 号）（国家发展改革委等，2015），规定燃煤电厂烟尘、SO_2、NO_x 排放浓度基本符合燃气轮机组排放限值要求时，享受超低排放电价支持政策。其中，对 2016 年 1 月 1 日以前已经并网运行的现役机组，统购上网电量加价 1 分/（kW·h）（含税）；对 2016 年 1 月 1 日之后并网运行的新建机组，统购上网电量加价 0.5 分/（kW·h）（含税）。由此可见，环保电价和超低排放电价支持政策对积极推进煤电清洁化的发电企业给予了鼓励，能够在一定程度上冲抵燃煤电厂大气污染物减排的投资和运行成本，为燃煤电厂补偿了环保成本，缓解发电企业的生产经营压力。

　　针对燃煤发电，2015 年 12 月，国家发展改革委发布了《关于降低燃煤发电上网电价和一般工商业用电价格的通知》（发改价格〔2015〕3105号）（国家发展改革委，2015），规定 2016 年 1 月 1 日起全国各省（区、市）燃煤发电标杆上网电价为 0.28 ~ 0.45 元/（kW·h）（含税），该电价包含脱硫、脱硝和除尘电价，但不包含超低排放电价。针对燃气发电，2014 年 12 月，国家发展改革委发布了《关于规范天然气发电上网电价管理有关问题的通知》（发改价格〔2014〕3009 号）（国家发展改革委，2014），规定天然气发电具体电价水平由省级价格主管部门综合考虑天然气发电成本、社会效益和用户承受能力确定。根据国家能源局发布的《2016 年度全国电力价格情况监管通报》（国家能源局，2017），全国2016 年燃煤发电和燃气发电平均上网电价分别为 0.362 元/（kW·h）和0.695 元/（kW·h）（含税）。总的来说，近零排放燃煤机组可获得超低排放电价支持政策，即使加上超低排放电价，其上网电价与燃气发电机组相比仍具有较为明显的竞争优势。因此，对于电力消费者而言，近零排放煤电才是经济的清洁能源。

　　2014 年 9 月，国家发展改革委、财政部、环境保护部联合印发了《关于调整排污费征收标准等有关问题的通知》（发改价格〔2014〕2008号）（国家发展改革委等，2014b），规定企业污染物排放浓度值低于国家或地方规定的污染物排放限值 50% 以上的，减半征收排污费。2016 年 12月，全国人民代表大会常务委员会通过了《中华人民共和国环境保护税法》（中华人民共和国全国人民代表大会，2016），该法自 2018 年 1 月 1日起施行，依照相关规定征收环保税，不再征收排污费；该法鼓励企业减少大气污染物排放，第十三条规定"纳税人排放应税大气污染物或者水污染物的浓度值低于国家和地方规定的污染物排放标准百分之五十的，减按百分之五十征收环境保护税"。对于近零排放燃煤机组，排放应税大气污染物的浓度值和排放量显著降低，为中国环境空气质量改善作出了积极贡献，结合《中华人民共和国环境保护税法》减半征收环保税的规定，燃煤电厂大气污染物实现近零排放还可为其带来一定的间接经济补偿。

第五节 燃煤电厂近零排放技术适应性

目前，中国燃煤电厂环保技术呈多元化发展趋势，考虑到机组状况、煤质情况、工程建设、投资和运行维护等因素，清洁煤电近零排放技术路线考虑了不同技术特点的环保设施。

从除尘来看，中国发电用煤灰分 A_{ar} 一般为 7%~25%，除尘器前烟气中烟尘初始浓度通常为 10~30 g/m^3。为实现烟尘的近零排放，控制策略由三个除尘环节组成。对于一次除尘，静电除尘器和电袋除尘器都具有很高的除尘效率，现役机组如采用静电除尘器，进行电袋除尘器改造成本较高，易受现场空间限制，工程实施较难；通过高效电源改造提高除尘效率至 99.85% 以上，具有较好的经济性；通过加装低温省煤器组成低低温静电除尘器，一次除尘效率可提高到 99.9% 以上，除尘器出口烟尘浓度可降低到 30 mg/m^3 以内（部分机组可降低到 10~20 mg/m^3）。对于二次除尘，在高效喷淋和高效除雾器（三级高效除雾器或管式除雾器）配合作用下，脱硫协同除尘效果显著，脱硫出口烟尘（含石膏）浓度稳定控制在 10 mg/m^3 以内（部分机组可降低到 5 mg/m^3 以内）。对于三次除尘，烟气处理系统末端加装湿式静电除尘器，高湿烟气中细颗粒的荷电能力增强，低电压下更容易发生电晕放电，细颗粒团聚作用加强，更容易发生凝并长大而被捕集，可脱除 70%~90% 的烟尘，实现烟尘排放浓度低于 5 mg/m^3 的近零排放要求（部分机组可低至 3 mg/m^3 乃至 1 mg/m^3）。湿式静电除尘器的工作性能较为稳定，对燃煤发电机组运行工况、煤质、烟气组分的适应性更强，投资和运行成本增加 0.2~0.3 分/（kW·h），且能够实现细颗粒物、SO_3、重金属等污染物的高效脱除，适合在煤电排放源密集地区的燃煤机组上推广应用，同时还可以应用到钢铁、化工等非电领域的大气污染物治理。

从脱硫来看，燃煤硫分是实现 SO_2 脱除的重要边界条件。针对京津冀、长三角、珠三角等人口密集、环境承载力差的区域，地方政府提出了严格的煤质监管要求，要求发电用煤硫分 $S_d \leqslant 1\%$（河北省质量技术监督局，2014；浙江省环境保护厅，2017b；广东省环境保护厅，2014），燃煤电厂脱硫入口烟气中 SO_2 初始浓度通常小于 2000 mg/m³。石灰石–石膏湿法烟气脱硫技术成熟、煤种适应性强、经济性好、应用广泛。目前单塔脱硫系统脱硫效率可达98%以上，对于含硫量较低的煤种（如神华煤），从长期运行来看采用单塔脱硫系统基本能够满足近零排放要求，为进一步高效稳定脱硫，可对单塔脱硫系统进行提效改造，将脱硫效率提高到99%以上，实现 SO_2 排放浓度低于 35 mg/m³ 的近零排放要求；当煤中含硫量较高或煤质变化较大时，为达到近零排放标准，可采用脱硫效率更高的托盘喷淋、双塔双循环、旋汇耦合等技术，脱硫效率均超过99%，实现 SO_2 排放浓度稳定控制在 35 mg/m³ 以内；另外，部分沿海燃煤电厂可采用海水脱硫技术，脱硫效率达到99%以上，实现 SO_2 排放浓度远低于 35 mg/m³。

从脱硝来看，在炉内采用低氮燃烧技术是优先选择，该方法通过改变空气在炉膛内的空间分布实现分级燃烧，降低炉内温度，并形成不同的氧化还原区域，从而抑制 NO_x 的生成。对于合适煤种可将锅炉出口 NO_x 排放浓度控制在 200 mg/m³ 以下，由于 SCR 脱硝率设计值一般为85%，能够实现 NO_x 排放浓度低于 50 mg/m³ 的近零排放要求。对于锅炉出口 NO_x 排放浓度较高的情况，可采用增加催化剂层数等方法提高 SCR 脱硝能力。燃煤机组低负荷（40%）运行时，烟气温度低于催化反应的窗口温度，容易造成 SCR 脱硝出口 NO_x 浓度高于设计值，需将 SCR 脱硝入口烟气温度提高到300℃以上，可采用 SCR 进口烟道混合高温烟气、提高省煤器给水温度、降低省煤器换热面水流量、将部分省煤器受热面移至脱硝装置后等方法，实现宽负荷高效脱硝，NO_x 排放浓度稳定控制在 50 mg/m³ 以内。对于 CFB 锅炉，850~950℃低温燃烧方式能够有效抑制 NO_x 的生成，可控

制锅炉出口 NO_x 浓度低于 200 mg/m³。由于 CFB 锅炉尾部断面较小，相比煤粉锅炉，更适合 SNCR 脱硝装置喷枪的合理布置，有利于实现均匀喷氨。因此，对于 CFB 锅炉 NO_x 的近零排放，可在炉内低氮燃烧基础上，配置 SNCR 脱硝装置，实现 NO_x 排放浓度低于 50 mg/m³。

　　清洁煤电近零排放标准提出之初，社会对近零排放的技术路线是否可行、投入成本是否合理、减排效果是否显著等问题给予了普遍关注。在深入系统的研究论证和工程应用基础上，神华集团成功打通了清洁煤电近零排放的技术路线，并取得了一系列创新实践成果，引领煤电不断向清洁化迈进。当前中国钢铁、建材、化工等非电行业用煤量占煤炭消费总量的30%，非电行业大气污染防治工作可借鉴清洁煤电大气污染物近零排放技术，进一步推进大气污染物减排。

第四章 近零排放的数据监测监督

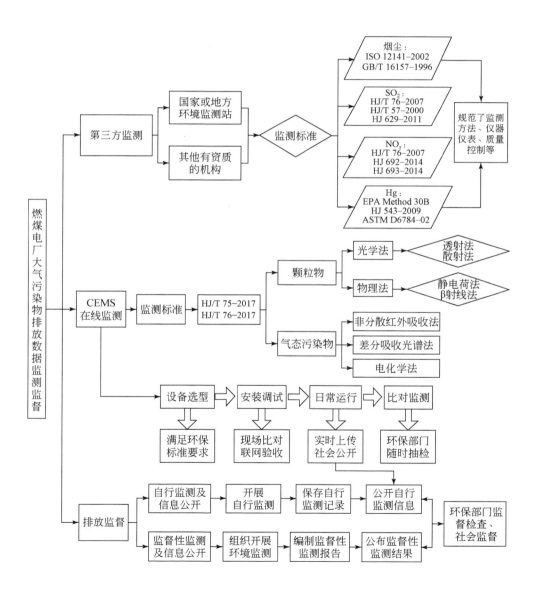

环境监测和监督是落实环境保护法律法规要求、执行燃煤电厂大气污染物排放标准、巩固环境污染治理成效的重要依据。在中国，燃煤电厂大气污染物排放数据监测包括第三方现场手工采样监测和烟气排放连续监测系统（CEMS）在线监测，监测结果作为环境保护主管部门、社会组织、公众对燃煤电厂大气污染物排放情况实施监督的依据。2018 年以前，中国燃煤电厂排放烟尘、SO_2、NO_x 的 CEMS 在线监测数据已被作为排污费的收费依据；2018 年 1 月 1 日起，中国燃煤电厂排放大气污染物不再由环保主管部门征收排污费，改为由税务机关征收环保税，其缴纳税额亦是以 CEMS 在线监测数据作为计税依据。此外，中国燃煤电厂环保电价政策是按照烟尘、SO_2、NO_x 排放浓度小时均值进行考核，该值同样以 CEMS 在线监测数据为准。

本章针对 300 MW、600 MW、1000 MW 等级近零排放燃煤机组，分析介绍其大气污染物排放数据的监测方法及仪器仪表，并以中国环境监测总站、省级环境监测中心站、电力科学研究院等有资质的机构为燃煤机组开展的现场监测为案例，介绍第三方手工监测过程和结果，以及燃煤电厂大气污染物在线监测技术规范、在线监测质量控制和排放监督要求。

第一节　燃煤电厂大气污染物第三方监测

一、监测方法及仪器仪表

第三方手工监测主要由环境保护主管部门或企业委托国家、地方环境监测站或其他有资质的机构开展监测工作。根据环境保护部中国环境监测总站和地方政府环境监测中心为不同区域 300～1000 MW 等级燃煤机组出具的监测报告（浙江省环境监测中心，2014；中国环境监测总站，2015；河北省环境监测中心站，2014，2015；山东省环境监测中心站，2016；辽宁省环境监测实验中心，2015），其烟尘、SO_2 和 NO_x 监测方法及仪器仪表见表4-1。

表4-1　污染物排放数据指标监测方法和仪器仪表

监测单位	污染物	监测方法	仪器仪表
中国环境监测总站	烟尘	ISO 12141–2002	崂应3012H–D
	SO_2	HJ/T 76–2007	芬兰GASMET DX4000
	NO_x	HJ/T 76–2007	芬兰GASMET DX4000
浙江省环境监测中心	烟尘	GB/T 16157–1996	崂应3012H–D
	SO_2	HJ/T 57–2000	威乐F–550CI
	NO_x	HJ 693–2014	威乐F–550CI
河北省环境监测中心站	烟尘	GB/T 16157–1996	崂应3012H
	SO_2	HJ/T 57–2000	崂应KM9106
	NO_x	HJ 693–2014	崂应KM9106
山东省环境监测中心站	烟尘	GB/T 16157–1996	崂应3012H
	SO_2	DB37/T 2705–2015	崂应3023
	NO_x	DB37/T 2704–2015	崂应3023
辽宁省环境监测实验中心	烟尘	ISO 12141–2002	崂应3012H
	SO_2	HJ 629–2011	RBR Ecom–J2KN
	NO_x	HJ 692–2014	RBR Ecom–J2KN

（1）烟尘排放监测方面，中国环境监测总站、辽宁省环境监测实验中心采用由英国标准协会（BSI）发布的国际标准（ISO 12141–2002）（BSI，2002），即《固定污染源的排放–在低浓度时颗粒物（烟尘）的质量浓度的测定–手工重量分析法》（Stationary source emissions - Determination of mass concentration of particulate matter（dust）at low concentrations - Manual gravimetric method），该标准适用于管道内气体低浓度烟尘的测试。河北省环境监测中心站、山东省环境监测中心站、浙江省环境监测中心采用《固定污染源排气中颗粒物测定与气态污染物采样方法》（GB/T 16157–1996）（国家环境保护局，1996b），对颗粒物监测的采样、测定及计算方法做出了详细的规定。中国环境监测总站和浙江省环境监测中心监测仪器采用崂

应 3012H-D 智能烟尘采样仪，河北省环境监测中心站、辽宁省环境监测实验中心、山东省环境监测中心站采用崂应 3012H 自动烟尘测试仪。

（2）SO_2 排放监测方面，中国环境监测总站采用《固定污染源烟气排放连续监测系统技术要求及监测方法（试行）》附录 D SO_2 的仪器分析法（HJ/T 76-2007）（国家环境保护总局，2007），监测仪器为芬兰 GASMET 便携式傅里叶烟气分析仪 DX4000。河北省环境监测中心站、浙江省环境监测中心采用《固定污染源排气中二氧化硫的测定-定电位电解法》（HJ/T 57-2000）（国家环境保护总局，2000），监测仪器采用崂应 KM9106 综合烟气分析仪和威乐 F-550CI 智能综合烟气分析仪。辽宁省环境监测实验中心采用《固定污染源废气中二氧化硫的测定-非分散红外吸收法》（HJ 629-2011）（环境保护部，2011），监测仪器采用 RBR Ecom-J2KN 红外烟气测试仪。山东省环境监测中心站采用《固定污染源废气中二氧化硫的测定-紫外吸收法》（DB 37/T 2705-2015）（山东省质量技术监督局，2015a），监测仪器为崂应 3023 型紫外差分烟气综合分析仪。

（3）NO_x 排放监测方面，中国环境监测总站采用《固定污染源烟气排放连续监测系统技术要求及监测方法（试行）》附录 D NO_x 的仪器分析法（HJ/T 76-2007）（国家环境保护总局，2007），监测仪器为芬兰 GASMET 便携式傅里叶烟气分析仪 DX4000。河北省环境监测中心站、浙江省环境监测中心采用《固定污染源废气中氮氧化物的测定-定电位电解法》（HJ 693-2014）《空气和废气监测分析方法》（第四版增补版）（环境保护部，2014a），监测仪器分别采用崂应 KM9106 综合烟气分析仪和威乐 F-550CI 智能综合烟气分析仪。辽宁省环境监测实验中心采用《固定污染源废气中氮氧化物的测定-非分散红外吸收法》（HJ 692-2014）（环境保护部，2014b），监测仪器采用 RBR Ecom-J2KN 红外烟气测试仪。山东省环境监测中心站采用《固定污染源废气中氮氧化物的测定-紫外吸收法》（DB37/T 2704-2015）（山东省质量技术监督局，2015b），监测仪器为崂应 3023 型紫外差分烟气综合分析仪。

（4）汞排放监测方面，当前国内外燃煤电厂常用烟气汞排放监测方法主要有3种：安大略法（OHM）、吸附管离线采样法（30B 或 HJ 917-2017）、连续在线监测法（30A）。OHM 法是美国试验材料学会（ASTM）的 D6784 标准方法（ASTM，2002），30A 和 30B 法是美国 EPA 制定的标准方法（US EPA，2007a，2007b）。我国制定了《固定污染源废气汞的测定冷原子吸收分光光度法》（HJ 543-2009）和《固定污染源废气 气态汞的测定 活性炭吸附/热裂解原子吸收分光光度法》（HJ 917-2017）（环境保护部，2009，2017a）。OHM 法为手工监测方法，测量精度高，测量范围为 $0.5 \sim 100 \ \mu g/m^3$，可实现汞的分形态测定；EPA 30B 法或我国环境保护部 HJ 917-2017 法均为手工监测方法，测量精度高，检出限为 $0.1 \ \mu g/m^3$，可测出气态总汞含量；EPA 30A 法为在线监测方法，可实时测出气态元素汞和氧化汞含量，测量范围为 $0.02 \sim 200 \ \mu g/m^3$；HJ 543-2009 法为手工监测方法，测定下限为 $10 \ \mu g/m^3$，测量准确度相对较低。

目前，我国燃煤电厂大气污染物近零排放或超低排放验收监测和环保设施性能验收试验规范主要针对烟尘、SO_2 和 NO_x 三种常规污染物，因此，本节重点分析介绍 $300 \sim 1000$ MW 等级燃煤机组烟尘、SO_2 和 NO_x 的第三方监测案例。

二、300 MW 等级燃煤机组现场监测

（一）浙江舟山电厂新建 4 号 350 MW 机组

以浙江舟山电厂新建 4 号 350 MW 机组为例，浙江省环境监测中心对其进行大气污染物排放现场监测（浙江省环境监测中心，2014），监测过程如下。

1. 监测内容及点位

现场监测内容为烟尘、SO_2、NO_x 及烟气参数（温度、流速、压力、湿度和含氧量），监测点位设置在总排口。

2. 监测分析方法及仪器仪表

烟尘、SO₂、NOₓ 监测分析方法及仪器仪表使用情况见表 4-2，测试前对所有仪器仪表进行标定和校验。

表 4-2　监测分析方法及仪器仪表

污染物名称	监测分析方法	方法来源	监测仪器仪表
烟尘	重量法	GB/T 16157－1996	崂应 3012H－D 智能烟尘采样仪
SO₂	定电位电解法	HJ/T 57－2000	威乐 F－550CI
NOₓ	定点位电解法	HJ 693－2014	威乐 F－550CI

3. 监测时间及负荷

监测日期为 2014 年 6 月 20 日。监测期间，浙江舟山电厂 4 号机组锅炉和各环保设施运行正常，负荷率为 100%。

4. 监测结果

监测期间，浙江舟山电厂 4 号机组总排口烟气中烟尘、SO_2、NO_x 排放浓度分别为 2.46 mg/m³、2.76 mg/m³、19.8 mg/m³，详见表 4-3（浙江省环境监测中心，2014）。

表 4-3　总排口烟尘、SO₂、NOₓ 监测结果

项目	单位	实测浓度（标态，干基）	折算浓度（标态，干基，6% O_2）
烟尘	mg/m³	2.55	2.46
SO₂	mg/m³	2.86	2.76
NOₓ（以 NO₂计）	mg/m³	20.5	19.8

（二）河北三河电厂 4 号 300 MW 机组

以河北三河电厂 4 号 300 MW 机组为例，中国环境监测总站对其进行大气污染物排放现场监测（中国环境监测总站，2015），监测过程如下。

1. 监测点位

采样平台位于玻璃钢烟道上，内径为 5.2 m，直管段长度为 40 m，采样点位于烟道两侧，距离前段除尘器设置 21 m，距离后端冷却塔 19 m。采样孔位置、采样点位及数量见表 4-4。其中，烟尘每个测孔的取样点数为 5 个，距离烟道壁分别为 0.13 m、0.41 m、0.73 m、1.13 m 和 1.71 m。气态污染物（SO_2、NO_x）的测孔 1 个，距离烟道壁 1.5 m。

表 4-4　监测项目和监测点位数量

序号	监测项目	监测点位	测孔数量	每测孔取样点数
1	烟尘、温度、压力、流速	监测孔位于烟道平台处，两支烟枪 180°夹角同时采用	2 个	5 个
2	SO_2、NO_x、湿度、含氧量	监测孔位于烟道平台处	1 个	1 个

2. 监测内容

总排口监测内容为烟尘、SO_2、NO_x 及烟气参数（温度、流速、压力、湿度和含氧量），详见表 4-5。

表 4-5　监测项目和频次

序号	监测项目	监测频次
1	烟尘、烟气参数（温度、流速、压力）	5 个样品，50 min/样
2	SO_2	1 次，连续采样监测 1 h
3	NO_x	1 次，连续采样监测 1 h
4	烟气参数（湿度、含氧量）	1 次，连续采样监测 1 h

3. 监测分析方法及仪器仪表

监测分析方法及仪器仪表使用情况见表 4-6 和表 4-7，测试前进行所有仪器仪表的标定和校验。

表 4-6　监测分析方法标准及编号

序号	监测项目	方法标准名称	方法标准编号
1	烟尘	固定污染源排放低浓度颗粒物（烟尘）质量浓度的测定手工重量法	ISO 12141-2002
2	SO_2	固定污染源烟气排放连续监测系统技术要求及监测方法（试行）	HJ/T 76-2007 附录 D 二氧化硫的仪器分析法
3	NO_x	固定污染源烟气排放连续监测系统技术要求及监测方法（试行）	HJ/T 76-2007 附录 D 氮氧化物的仪器分析法
4	温度	固定污染源排气中颗粒物测定与气态污染物采样方法	GB/T 16157-1996 5.1 排放温度的测定
5	湿度	固定污染源烟气排放连续监测系统技术要求及监测方法（试行）	HJ/T 76-2007 附录 D
6	含氧量	空气和废气监测分析方法（第四版增补版）	电化学法测定氧
7	流速	固定污染源排气中颗粒物测定与气态污染物采样方法	GB/T 16157-1996 7. 排气流速、流量的测定

表 4-7　监测仪器仪表及编号

序号	监测指标	仪器名称	仪器编号	数量/套
1	SO_2、NO_x	DX4000 傅里叶红外烟气分析仪	01727920	1
2	含氧量	DX4000 傅里叶红外烟气分析仪	01727920	1
3	烟气温度	DX4000 傅里叶红外烟气分析仪	01727920	1
4	颗粒物、烟气温度、烟气流速	崂应 3012H-D 智能烟尘采样仪	A09007400D A09007600D	2
5	采样头、滤膜预处理	恒温恒湿室	60016519360	1
6	采样头、滤膜预处理	YAMATO 烘箱	FXS-0507-018	1
7	滤膜称量	XPE-205 十万分之一电子天平	B445225917	1
8	气体分配	HRHG102 气体分配器	HRHG102201501001	1
9	环境大气压	YM3 空盒气压表	4408	1
10	环境温湿度	THG312 温湿度表	95	1

4. 监测时间及负荷

监测时间为 2015 年 8 月 6 日，对总排口的烟尘、SO_2、NO_x 和烟气参数进行监测。河北三河电厂 4 号机组和 1 号机组共用一个烟道，监测当天 1 号机组停机，4 号机组监测期间负荷率为 96.6%，锅炉和各环保设施运行正常。监测当天使用燃煤为神混煤（70%）+准格尔煤（30%）。

5. 监测结果

由于河北三河电厂 4 号机组湿式静电除尘器后净烟气烟尘排放浓度低，在 2015 年 8 月 6 日当天，中国环境监测总站进行了 4 次监测，按照 ISO 12141-2002 方法烟尘测定的检出限为 0.2 mg/m³，监测结果见表 4-8（中国环境监测总站，2015）。对 4 号机组湿式静电除尘器后净烟气 SO₂、NOₓ进行了 1 h 监测，监测结果见表 4-9（中国环境监测总站，2015）。

表 4-8　湿式静电除尘器后烟尘监测结果

监测日期	监测时间	烟温/℃	流速/(m/s)	氧含量/%	湿度/%	烟尘	
						干基浓度/(mg/m³)	折算浓度/(mg/m³)
8 月 6 日	17：16~18：06	51.4	14.8	5.02	13.4	0.24	0.23
	18：25~19：15	51.8	14.8	5.12		<0.2	<0.2
	19：25~20：15	51.6	14.8	5.97		<0.2	<0.2
	20：25~21：15	51.4	15.0	5.38		<0.2	<0.2

注：湿度在每日烟尘监测前测量完成。

表 4-9　湿式静电除尘器出口 SO₂、NOₓ 监测结果

监测日期	监测时间	氧含量/%	SO₂		NOₓ（以 NO₂计）	
			干基浓度/(mg/m³)	折算浓度/(mg/m³)	干基浓度/(mg/m³)	折算浓度/(mg/m³)
8 月 6 日	16：00~17：00	4.98	6.3	5.9	21.4	20

（三）河北三河电厂全厂四台机组

以河北三河电厂全厂四台 300 MW 等级机组为例，采用电除尘器前新增低温省煤器、脱硫吸收塔增加喷淋层及除雾器改造、增加湿式静电除尘器等控制技术, 降低污染物排放。2014 ~ 2015 年, 华北电力科学研究院有限责任公司对三河电厂全厂四台机组脱硝入口、脱硝出口、静电除尘器入口、静电除尘器出口 (脱硫入口) 以及湿式静电除尘器入口 (脱硫出口)、湿式除尘器出口 (烟囱入口) 烟气中的污染物排放浓度进行现场监测 (华北电力科学研究院有限责任公司, 2014a, 2014b, 2015a, 2015b)。

1. 监测内容及分析方法

现场监测内容包括除尘、脱硫、脱硝系统性能指标及参数, 具体包括烟尘、SO_2、NO_x 及烟气参数 (温度、流速、压力、湿度和含氧量)。

1) 除尘系统

除尘系统监测内容包括各级除尘设备浓度、设备压力损失、出入口烟气温度以及 SO_3 浓度监测。相关监测方法及过程如下。

(1) 烟气温度、体积等。在低温省煤器入口、静电除尘器入口、脱硫塔入口、湿式静电除尘入口、出口采用等速采样装置网格法测量, 测量过程中记录取样烟气温度、体积、静压、动压、大气压、含湿量等, 用于计算标准干烟气流量和实际湿烟气流量。

计算公式:

$$V_s = 1.414K_P \sqrt{\frac{P_d}{\rho_s}} \; ; \; Q_s = 3600F \times V_s \qquad (4\text{-}1)$$

$$Q_{sn} = Q_s \times \frac{Ba + P_s}{101325} \times \frac{273}{t_s + 273} \times (1 - X_{SW}) \qquad (4\text{-}2)$$

式中: V_s 为测定点烟气流速, m/s; K_P 为皮托管修正系数; P_d 为测定点烟气动压, Pa; ρ_s 为烟气内湿烟气密度, kg/m^3; F 为烟道断面积, m^2; Q_s 为测定工况下的实际烟气流量, m^3/h; Q_{sn} 为标准状态下干烟气流量, m^3/h; Ba 为大气压力, Pa; P_s 为测量断面烟气静压, Pa; t_s 为测量断面烟气平均温度, ℃; X_{SW} 为烟气中的水分体积百分数, %。

(2) 烟尘浓度。根据烟气温度、流量等测试数据和取样重量, 进行烟尘浓度计算, 公式如下:

$$C = (G_2 - G_1)/V_{SND} \qquad (4\text{-}3)$$

式中：C 为采样后粉尘浓度，mg/m^3（标态、干基、$6\% O_2$）；G_2 为采样后滤筒重，mg；G_1 为采样前滤筒重，mg；V_{SND} 为采样烟气标态体积，m^3。

（3）设备阻力。根据测试的静压和动压，获得各点全压，然后按下式计算各设备的阻力：

$$\Delta P = \overline{P}_{in} - \overline{P}_{out} \qquad (4\text{-}4)$$

式中：ΔP 为设备阻力，Pa；$\overline{P}_{in}$ 为进口断面全压平均值，Pa；$\overline{P}_{out}$ 为出口断面全压平均值，Pa。

（4）SO_3 浓度。在低温省煤器入口、静电除尘器出口、脱硫系统出口（湿式静电除尘器入口）、湿式静电除尘器出口进行 SO_3 浓度测试。

（5）除尘效率。静电除尘器、脱硫吸收塔和湿式静电除尘器的除尘效率按照如下计算：

$$\eta = \frac{C_{in} - C_{out}(1 + \Delta\alpha)}{C_{in}} \times 100\% \qquad (4\text{-}5)$$

式中：η 为除尘效率，%；C_{in} 为进口烟气含尘浓度（标准状态下干燥烟气），mg/m^3；C_{out} 为出口烟气含尘浓度（标准状态下干燥烟气），mg/m^3；$\Delta\alpha$ 为漏风率，%。

2）脱硫系统

脱硫系统监测内容包括烟气流量、温度、颗粒物浓度、SO_2 及 O_2 浓度等，详见表4-10。

表4-10　脱硫系统监测内容

序号	试验项目	监测内容	监测位置
1	脱硫系统烟气流量	湿烟气量	脱硫入口烟道（除尘器出口）
		标干烟气量	脱硫入口烟道（除尘器出口）
2	吸收塔烟气温度	原烟气温度	吸收塔入口
		净烟气温度	吸收塔出口

序号	试验项目	监测内容	监测位置
3	固体颗粒物浓度	原烟气烟尘浓度	吸收塔入口（除尘器出口）
		净烟气固体颗粒物浓度	吸收塔出口
4	脱硫效率	原烟气 SO_2、O_2	吸收塔入口（除尘器出口）
		净烟气 SO_2、O_2	吸收塔出口
5	脱硫系统阻力	阻力	吸收塔进出口
6	脱硫石灰石耗量	石灰石浆液耗量	计算
7	净烟气液滴含量	液滴含量	吸收塔出口
8	石灰石成分	$CaCO_3$、$MgCO_3$ 等	石灰石料仓
9	石膏成分	$CaSO_4 \cdot 2H_2O$、$CaSO_3 \cdot 1/2H_2O$ 等	真空皮带机
10	浆液成分	Cl^-、Mg^{2+} 等	吸收塔

脱硫吸收塔入口烟气监测位置选在增压风机入口烟道上。脱硫出口固体颗粒物（包括粉尘及石膏）浓度测点在烟囱入口烟道。采用网格法连续测量，并测试当地大气压力，烟气温度、体积、含湿量等值，用于计算标准干烟气流量和实际湿烟气流量。测试中记录脱硫系统进出口烟尘滤筒空重和取样实重，静压和动压，计算颗粒物浓度、脱硫系统阻力，计算方法如前所述。

（1）SO_2 浓度及脱硫效率。在脱硫吸收塔进出口监测 SO_2 浓度，烟气含氧量，取平均值进行计算。计算公式：

$$\eta = \frac{C_{SO_2\text{-rawgas}} - C_{SO_2\text{-cleangas}}}{C_{SO_2\text{-rawgas}}} \times 100\% \qquad (4\text{-}6)$$

式中：$C_{SO_2\text{-rawgas}}$ 为折算至 $\alpha = 1.4$ 下的吸收塔入口 SO_2 浓度（标准状态干烟气，$6\% O_2$）；$C_{SO_2\text{-cleangas}}$ 为折算至 $\alpha = 1.4$ 下的吸收塔出口 SO_2 浓度（标准状态干烟气，$6\% O_2$）。

（2）脱硫吸收塔出口液滴含量。依据《固定污染源排气中颗粒物测定与气态污染物采样方法》（GB/T 16157-1996），应该在脱硫除雾器出口断面对烟气进行采样，如现场无此测点，可在烟囱入口处进行测量，通过分析吸收塔浆液滤液及采样冷凝液中的 Mg^{2+} 浓度，计算出除雾器雾滴浓度。

除雾器雾滴浓度计算公式：

$$\rho_{drop} = \frac{\rho_1(Mg^{2+}) \times m_{cond}}{\rho_2(Mg^{2+}) \times V_g} \qquad (4\text{-}7)$$

式中：ρ_{drop} 为标准状态烟气中纯水水滴的质量浓度，mg/m^3；$\rho_1(Mg^{2+})$ 为冷凝液中 Mg^{2+} 的质量浓度，mg/L；$\rho_2(Mg^{2+})$ 为吸收塔浆液滤液中 Mg^{2+} 的质量浓度，mg/L；m_{cond} 为冷凝液的质量，mg；V_g 为采集烟气的标准体积，m^3。

$$\rho = \rho_{drop} \times \frac{100}{100 - C_x} \qquad (4\text{-}8)$$

式中：ρ 为标准状态烟气中浆液液滴的质量浓度，mg/m^3；C_x 为吸收塔浆液含固量，%。

3）脱硝系统

脱硝系统监测内容包括烟气流量、温度、NO_x 浓度、SO_2/SO_3 转化率、氨逃逸率、压力损失等，详见表 4-11。

表 4-11　脱硝系统监测内容

序号	监测内容	考核指标
1	脱硝效率	脱硝效率≥80%
2	SO_2/SO_3 转化率	转化率≤1%
3	氨逃逸率	氨逃逸率≤3×10^{-6}
4	氨耗量	液氨量≤120 kg/h
5	压力损失	压力损失≤700 Pa

在 SCR 反应器入口、出口采用网格法连续测量，并测试当地大气压力，烟气温度、体积、烟气含湿量等值，用于计算标准干烟气流量和实际湿烟气流量。测试中记录 SCR 反应器进出口静压、动压、烟尘滤筒空重和取样实重，计算颗粒物浓度、脱硝系统压力损失，计算方法如前所述。

（1）NO_x 浓度及脱硝效率。在反应器进出口烟道按网格法测量脱硝入出口烟气中的 NO_x、O_2 浓度，计算试验结果取平均值。脱硝效率按下式计算：

$$\eta = \frac{C_{NOXR} - C_{NOXC}}{C_{NOXR}} \times 100\% \qquad (4-9)$$

式中：C_{NOXR} 为折算至标准状态、干基、6% O_2 下的未喷氨时烟气中 NO_x 浓度；C_{NOXC} 为折算至标准状态、干基、6% O_2 下的喷氨时烟气中 NO_x 浓度。

（2）SO_2/SO_3 转化率。在反应器出入口烟道测量出口烟气中的 SO_2、SO_3、O_2 浓度，然后进行计算。

（3）氨逃逸率。在反应器出口烟道按网格法测量烟气中的 NH_3、O_2 浓度，然后进行计算。

2. 监测依据及仪器仪表

华北电力科学研究院有限责任公司开展监测试验参考标准见表 4-12，相关监测仪器仪表及编号见表 4-13。测试前对所有仪器仪表进行标定和校验。

表 4-12　监测参考标准

序号	标准/文件编号	标准/文件名称
1	GB 13223-2011	火电厂大气污染物排放标准
2	GB/T 13931-2002	电除尘器性能测试方法
3	GB/T 21509-2008	燃煤烟气脱硝技术装备
4	GB/T 16157-1996	固定污染源排气中颗粒物测定与气态污染物采样方法
5	GB 5468-91	锅炉烟尘测试方法
6	HJ/T 75-2007	火电厂烟气排放连续监测技术规范
7	HJ/T 76-2007	固定污染源排放烟气连续监测系统技术要求及检测方法
8	HJ/T 562-2010	火电厂烟气脱硝工程技术规范选择性催化还原法
9	DL/T 260-2012	燃煤电厂烟气脱硝装置性能验收试验规范
10	DL/T 998-2006	石灰石-石膏湿法烟气脱硫装置性能验收试验规范

表 4-13　监测仪器仪表及编号

序号	仪器编号	仪器名称及型号	状态
1	081392	Gasmet 多组分烟气分析仪	合格
2	77400018	FLUKE	合格
3	76730097	FLUKE	合格
4	110613-028	T 型热偶	合格
5	110610-0167	T 型热偶	合格
6	00984217/406	电子微压计	合格
7	A08081442	自动烟尘测试仪；3012H 型	合格
8	A08114130X	自动烟尘测试仪；3012H 型	合格
9	A08355042	自动烟尘测试仪；3012H 型	合格
10	A08047193X	自动烟尘测试仪；3012H 型	合格
11	1436	大气压力表	合格
12	060125/060126	烟气分析仪；MGA5+型	合格
13	012722/012696	MRUplus	合格
14	021722/012695	MRUplus	合格

3. 监测时间及负荷

河北三河电厂全厂四台机组现场监测试验工况均包括 100%、75% 和 50% 负荷。其中，1 号机组监测试验于 2014 年 7 月 8 日至 7 月 13 日、8 月 14 日至 8 月 19 日进行；2 号机组监测试验于 2014 年 11 月 16 日至 11 月 23 日进行；3 号机组监测试验于 2015 年 11 月 4 日至 11 月 5 日进行；4 号机组监测试验于 2015 年 6 月 29 日至 7 月 6 日进行。监测期间，锅炉和各环保设施运行正常。

4. 监测结果

根据华北电力科学研究院有限责任公司的测试结果，河北三河电厂全厂四台机组不同负荷下的烟尘排放浓度详见表 4-14，不同负荷下的 SO_2 排放浓度详见表 4-15，不同负荷下的 NO_x 排放浓度详见表 4-16（华北电力科学研究院有限责任公司，2014a，2014b，2015a，2015b）。

表 4-14　河北三河电厂机组烟尘排放浓度测试结果（标态，干基，6% O_2）

名称	单位	100% BMCR	75% BMCR	50% BMCR
1 号机组烟尘排放浓度	mg/m³	3.97	3.11	2.69
2 号机组烟尘排放浓度	mg/m³	1.8	1.6	1
3 号机组烟尘排放浓度	mg/m³	1.76	2.03	2.41
4 号机组烟尘排放浓度	mg/m³	0.41	0.59	0.34

表 4-15　河北三河电厂机组 SO_2 排放浓度测试结果（标态，干基，6% O_2）

名称	单位	100% BMCR	75% BMCR	50% BMCR
1 号机组 SO_2 排放浓度	mg/m³	9.92	27.33	11.75
2 号机组 SO_2 排放浓度	mg/m³	2.94	20.2	——
3 号机组 SO_2 排放浓度	mg/m³	6.6	5.7	4.2
4 号机组 SO_2 排放浓度	mg/m³	4.3	8.3	3.7

表 4-16　河北三河电厂机组 NO_x 排放浓度测试结果（标态，干基，6% O_2）

名称	单位	100% BMCR	75% BMCR	50% BMCR
1 号机组 NO_x 排放浓度	mg/m³	18.7	21.85	33.8
2 号机组 NO_x 排放浓度	mg/m³	30.5	30.7	37.8
3 号机组 NO_x 排放浓度	mg/m³	——	——	——
4 号机组 NO_x 排放浓度	mg/m³	——	——	——

注：NO_x 排放浓度以 NO_2 计，3、4 号机组 NO_x 未测试。

三、600 MW 等级燃煤机组现场监测

（一）河北定州电厂 4 号 660 MW 机组

以河北定州电厂 4 号 660 MW 机组为例，国网河北省电力公司科学研究院对一定负荷条件下机组烟气中大气污染物排放浓度进行现场监测（国网河北省电力公司科学研究院，2015）。

1. 监测内容及点位

现场监测内容为除尘、脱硫、脱硝系统性能指标及参数，具体包括烟

尘、SO_2、NO_x 及烟气参数（温度、流速、压力、湿度和含氧量）。监测点位包括 SCR 入口、SCR 出口、ESP 入口、ESP 出口（WFGD 入口）以及 WESP 入口（WFGD 出口）、WESP 出口（烟囱入口）。其中，ESP 前监测点位分别设置在 A、B 两侧烟道，各监测断面以网格布点的方式进行测试，每个测孔选择 3 个以上采样点。烟尘监测位置为 ESP 入口、ESP 出口、WFGD 出口和烟囱入口；SO_2 和 NO_x 监测位置为所有点位，详见表4-17。

表4-17　监测项目和监测点位

监测项目		SCR 入口	SCR 出口	ESP 入口	ESP 出口	WFGD 出口	烟囱入口
烟尘		—	—	√	√	√	√
SO_2		√	√	—	√	√	√
NO_x		√	√	—	√	√	√
烟气参数	温度	√	√	√	√	√	√
	流速	√	√	√	√	—	—
	压力	√	√	√	√	√	√
	湿度	—	—	√	√	√	√
	含氧量	√	√	√	√	√	√

2. 监测依据及仪器仪表

监测试验参考标准和仪器设备使用情况见表4-18和表4-19，测试前对所有仪器仪表进行标定和校验。

表4-18　监测参考标准及编号

序号	标准/文件编号	标准/文件名称
1	GB/T 21508－2008	燃煤烟气脱硫设备性能测试方法
2	DL/T 998－2006	石灰-石膏湿法烟气脱硫装置性能验收试验规范
3	DL/T 986－2005	湿法烟气脱硫工艺能效检测技术规范
4	DL 414－2012	火电厂环境监测技术规范
5	GB/T 16157－1996	固定污染源排气中颗粒物测定与气态污染物采样方法
6	DL/T 260－2012	燃煤电厂烟气脱硝装置性能验收试规范
7	GB/T 13931－2002	电除尘器性能测试方法

表 4-19　监测仪器仪表及编号

序号	仪器名称	产地	型号及编号	数量/套
1	红外多组分烟气分析仪	德国	MRU MGA5+	1
2	红外多组分烟气分析仪	德国	MRU MGA5	1
3	Gasmet 傅里叶红外烟气分析仪	芬兰	FT-IR DX4000	1
4	全成分烟气分析仪	德国	TESTO-350	2
5	烟气分析仪	德国	U23	2
6	烟气预处理及采样装置	德国	M&C	2
7	氧量分析仪	英国	Kane KM900	3
8	自动烟尘测试仪	中国	3012H	3
9	热电偶	美国	Fluke F53-2	2
10	紫外分光光度计	中国	723	1
11	自动电位滴定仪	瑞士	794/907	2
12	分析天平	德国	BP211D	1

3. 监测时间及负荷

监测及分析期间，河北定州电厂 4 号机组分别在 660 MW（100% 负荷）、500 MW（75% 负荷）两种工况下运行，每种工况按照测试要求连续稳定运行。其中，660 MW 试验时间为 2015 年 4 月 15 日至 4 月 23 日；500 MW 试验时间为 2015 年 6 月 2 日至 6 月 3 日、6 月 6 日至 6 月 10 日。监测期间，烟气脱硝系统、除尘系统、脱硫系统在试验开始前至少稳定运行 1 h，满足监测试验要求。

4. 监测结果

根据国网河北省电力公司科学研究院的测试结果，河北定州电厂 4 号机组 100% 负荷下烟囱入口烟尘、SO_2、NO_x 排放浓度分别为 3.16 mg/m^3、20 mg/m^3、31 mg/m^3，75% 负荷下烟囱入口烟尘、SO_2、NO_x 排放浓度分别为 2.83 mg/m^3、27 mg/m^3、27 mg/m^3，监测结果详见表 4-20（国网河北省电力公司科学研究院，2015）。

表 4-20 河北定州电厂 4 号机组烟尘、SO₂、NOₓ 监测结果（标态，干基，6% O₂）

项目		单位	100% 负荷	75% 负荷
烟尘	WFGD 入口	mg/m³	13.43	9.52
	WESP 入口	mg/m³	11.19	8.93
	烟囱入口	mg/m³	3.16	2.83
SO₂	WFGD 入口	mg/m³	638	936
	烟囱入口	mg/m³	20	27
NOₓ（以 NO₂ 计）	SCR 入口	mg/m³	201/186 （A 侧/B 侧）	224/169 （A 侧/B 侧）
	SCR 出口	mg/m³	40/35 （A 侧/B 侧）	28/29 （A 侧/B 侧）
	烟囱入口	mg/m³	31	27

（二）河北沧东电厂 2 号 600 MW 机组

以河北沧东电厂 2 号 600 MW 机组为例，河北省环境监测中心站对其进行大气污染物排放现场监测（河北省环境监测中心站，2016），监测过程如下：

1. 监测内容及点位

现场监测内容为烟尘、SO₂、NOₓ 及烟气参数（温度、流速、含氧量等），监测点位设置在总排口。

2. 监测分析方法及仪器仪表

烟尘、SO₂、NOₓ 监测分析方法及仪器仪表使用情况见表 4-21，测试前对所有仪器仪表进行标定和校验。

表 4-21 监测分析方法及仪器仪表

污染物名称	监测分析方法	方法来源	监测仪器仪表	仪器编号
烟尘	重量法	GB/T 16157–1996	崂应 3012 自动烟尘采样仪	A08432800X
SO₂	定电位电解法	HJ/T 57–2000	Testo–350	60455103
NOₓ	定点位电解法	HJ 693–2014		

3. 监测时间及负荷

监测日期为2016年3月29日。监测期间，河北沧东电厂2号机组运行负荷稳定在75%以上，锅炉和各环保设施运行正常。

4. 监测结果

监测期间，河北沧东电厂2号机组总排口烟气中烟尘、SO_2、NO_x排放浓度平均值分别为2 mg/m³、3 mg/m³、20 mg/m³，详见表4-22（河北省环境监测中心站，2016）。

表4-22　河北沧东电厂2号机组总排口烟尘、SO_2、NO_x监测结果

项目		单位	第一次	第二次	第三次	平均值
烟气温度		℃	50	49	50	50
烟气流量		10^6 m³/h	1.92	1.89	1.89	1.90
氧含量		%	5.0	4.9	4.8	4.9
烟尘	实测浓度	mg/m³	3	3	2	3
	折算浓度	mg/m³	3	3	2	2
SO_2	实测浓度	mg/m³	3	3	3	3
	折算浓度	mg/m³	3	3	3	3
NO_x（以NO_2计）	实测浓度	mg/m³	21	21	23	21
	折算浓度	mg/m³	19	19	21	20

四、1000 MW等级燃煤机组现场监测

（一）山东寿光电厂新建1号1000 MW机组

以山东寿光电厂1号1000 MW机组为例，山东省环境监测中心站对其进行大气污染物排放现场监测（山东省环境监测中心站，2016），监测过程如下。

1. 监测内容及点位

现场监测内容为烟尘、SO_2、NO_x 及烟气参数（温度、流速、压力、湿度和含氧量）。烟尘监测位置为除尘器进口和烟囱入口，由于烟尘浓度较低，采样点数较多，分别为120个和52个，每次断面监测3次/天，监测1天，总采样点数分别为360次和156次，详见表4-23。

表4-23　烟尘监测点位和频次

| 生产设备名称 | 监测断面 | 监测断面个数 | 采样孔位置 | 每个监测断面 | | 布点个数 | 布采样点总数 | 监测频次 | 采样总点次 |
				采样孔个数	每个采样孔布设采样点数				
1号机组	除尘器进口	6	矩形烟道	5	4	20	120	每个断面监测3次/天，监测1天	360
	烟囱入口	1	圆形烟道	2	26	52	52		156

注：除尘器进口断面尺寸为4.2 m×4.0 m；烟囱入口断面尺寸为8.8 m。

SO_2 监测位置为脱硝装置进口和烟囱入口，每次断面监测3次/天，监测1天，总采样点数分别为6次和3次，详见表4-24。

表4-24　SO_2监测点位及频次

| 生产设备名称 | 监测断面 | 监测断面个数 | 每个监测断面 | | | 共布采样点数 | 监测频次 | 总有效数据个数 |
			采样孔位置	采样位置	采样点数			
1号机组	脱硝装置进口	2	矩形烟道侧面	第8个采样孔	1	2	每个断面监测3次/天，监测2天	6
	烟囱入口	1	圆形烟道	中心点	1	1		3

NO_x 监测位置为脱硝装置进口和烟囱入口，每次断面监测3次/天，监测1天，总采样点数分别为6次和3次，详见表4-25。

表 4-25   NO$_x$ 监测点位及频次

生产设备名称	监测断面	监测断面个数	每个监测断面			共布采样点数	监测频次	总有效数据个数
			采样孔位置	采样位置	采样点数			
1 号机组	脱硝装置进口	2	矩形烟道侧面	第 8 个采样孔	1	2	每个断面监测 3 次/天，监测 2 天	6
	烟囱入口	1	圆形烟道	中心点	1	1		3

2. 监测分析方法及仪器仪表

山东省环境监测中心站烟尘的测定采用重量法，依据是地方环境监测标准 DB37/T 2537-2014，检出限为 1 mg/m³（山东省质量技术监督局，2014）；SO$_2$ 和 NO$_x$ 的测定采用紫外吸收法，依据是地方环境监测标准 DB37/T 2705-2015 和 DB37/T 2704-2015，检出限均为 2 mg/m³（山东省质量技术监督局，2015a，2015b）。相关监测方法及仪器仪表见表 4-26。测试前进行所有仪器的标定和校验。

表 4-26   监测分析方法及仪器仪表

污染物名称	监测分析方法	方法来源	监测仪器仪表	站内仪器编号
SO$_2$	紫外吸收法	DB37/T 2705-2015	崂应 3023 型紫外差分烟气综合分析仪	Y00134
NO$_x$	紫外吸收法	DB37/T 2704-2015		
烟尘	重量法	DB37/T 2537-2014	崂应 3012H 型自动烟尘采样仪	Y10221 Y10198
		GB/T 16157-1996		
烟气湿度	干湿球法	GB/T 16157-1996		
烟温	热电偶法	GB/T 16157-1996		
烟气流速	S 型皮托管法	GB/T 16157-1996		

3. 监测时间及负荷

监测日期为 2016 年 9 月 27 日和 2016 年 10 月 22 日，负荷率为 98.78% 和 74%，锅炉和各环保设施运行正常。

4. 监测结果

监测期间，山东寿光电厂 1 号机组烟囱入口烟气中烟尘、SO_2、NO_x 排放浓度分别为<1 mg/m³、2 mg/m³、18 mg/m³，详见表 4-27 和表 4-28（山东省环境监测中心站，2016）。

表 4-27　山东寿光电厂 1 号机组烟囱入口烟尘和 NO_x 监测结果

时间	频次	烟气量 /(10⁶m³/h)	氧含量/%	烟尘		NO_x（以 NO_2 计）	
				实测浓度 /(mg/m³)	标准排放 /(mg/m³)	实测浓度 /(mg/m³)	标准排放 /(mg/m³)
9 月 27 日	1	3.21	5.7	<1	<1	20	19
	2	3.27	5.8	<1	<1	18	18
	3	3.29	5.9	<1	<1	18	18
	平均值	3.26	5.8	<1	<1	19	18

表 4-28　山东寿光电厂 1 号机组烟囱入口 SO_2 监测结果

时间	频次	氧含量/%	SO_2	
			实测浓度/(mg/m³)	标准排放/(mg/m³)
10 月 22 日	1	5.7	<2	<2
	2	5.8	3	3
	3	5.9	3	3
	平均值	5.8	2	2

（二）辽宁绥中电厂 3 号 1000 MW 机组

以辽宁绥中电厂 3 号 1000 MW 机组为例，辽宁省环境监测实验中心对其进行大气污染物排放现场监测（辽宁省环境监测实验中心，2015），监测过程如下。

1. 监测内容及点位

在脱硫设施出口（总排口）设置 1 个监测点位，现场监测内容包括烟尘、SO_2、NO_x 和烟气参数（温度、流速、含氧量等），其中烟尘至少采集 5 个样品，SO_2 和 NO_x 至少连续采样 1 h。

2. 监测分析方法及仪器仪表

监测分析方法及仪器仪表使用情况如表 4-29 所示，测试前对所有仪器仪表进行标定和校验。

表 4-29　监测分析方法及仪器仪表

监测项目	方法标准名称	方法标准编号	监测仪器仪表
烟尘	固定污染源排放低浓度颗粒物（烟尘）质量浓度的测定　手工重量法	ISO 12141－2002	崂应 3012H 自动烟尘测试仪
SO_2	固定污染源废气二氧化硫的测定 非分散红外吸收法	HJ 629－2011	RBR Ecom–J2KN
NO_x	固定污染源废气氮氧化物的测定 非分散红外吸收法	HJ 692－2014	RBR Ecom–J2KN
温度	固定污染源排气中颗粒物测定与气态污染物采样方法	GB/T 16157－1996 5.1 排放温度的测定	—
氧量	空气和废气监测分析方法（第四版增补版）	电化学法测定氧	—
流速	固定污染源排气中颗粒物测定与气态污染物采样方法	GB/T 16157－1996 7. 排气流速、流量的测定	—

3. 监测时间及负荷

监测日期为 2016 年 3 月 21 日。监测期间，辽宁绥中电厂 3 号机组运行负荷为 1000 MW，负荷率 100%，锅炉和各环保设施运行正常。

4. 监测结果

监测期间，辽宁省环境监测实验中心对烟尘进行了 5 次监测，对 SO_2 和 NO_x 进行了 9 次监测，辽宁绥中电厂 3 号机组总排口烟气中烟尘、SO_2、NO_x（以 NO_2 计）排放浓度平均值分别为 4.4 mg/m^3、13 mg/m^3、36 mg/m^3，详见表 4-30（辽宁省环境监测实验中心，2015）。

表 4-30　辽宁绥中电厂 3 号机组总排口烟尘、SO_2、NO_x 监测结果

监测次数	烟尘		SO_2		NO_x（以 NO_2 计）	
	实测浓度 /（mg/m³）	折算浓度 /（mg/m³）	实测浓度 /（mg/m³）	折算浓度 /（mg/m³）	实测浓度 /（mg/m³）	折算浓度 /（mg/m³）
1	5.9	5.7	18	16	46.7	42
2	5.9	5.7	15	14	41.2	38
3	4	3.9	12	11	43.1	39
4	3.9	3.8	18	16	37.7	34
5	3.2	3.1	18	16	37.7	34
6	—	—	18	16	37.3	34
7	—	—	9	8	38.3	35
8	—	—	9	8	39.2	36
9	—	—	9	8	39.4	36
平均值	4.6	4.4	14	13	40	36

第二节　燃煤电厂大气污染物 CEMS 在线监测

自 1986 年广东沙角 B 发电厂引进第一套烟气排放连续监测系统（CEMS）开始，CEMS 在中国燃煤电厂的安装和应用逐渐普及起来，目前全国燃煤电厂基本全部装设了该系统，CEMS 设备也从进口逐步过渡到中外合资和国产化。1997 年 1 月 1 日实施的《火电厂大气污染物排放标准》（GB 13223–1996）首次从国家法规层面对中国火电厂装设 CEMS 提出了要求，后续的国家标准都有相应规定，火电厂装设 CEMS 是火电厂排放标准的强制性要求。由于有可操作的监测技术规范和技术要求与火电厂 CEMS 配套，且被强制性的环境保护标准引用，CEMS 经验收合格后，其监测数据为法定数据，作为核定污染物排放种类、数量的依据。

燃煤电厂烟气 CEMS 在线监测系统由颗粒物监测子系统、气态污染物（SO_2、NO_x）监测子系统、烟气排放参数测量子系统、数据采集、传输与

处理子系统等组成。通过采样和非采样方式，测定烟气中颗粒物浓度、气态污染物（SO_2、NO_x）浓度、烟气参数（温度、压力、流量、湿度、含氧量等），同时计算烟气中污染物浓度和排放量。

环境保护部发布的环境保护标准《固定污染源烟气（颗粒物、SO_2、NO_x）排放连续监测技术规范》（HJ 75-2017）和《固定污染源烟气（颗粒物、SO_2、NO_x）排放连续监测系统技术要求及检测方法》（HJ 76-2017）（环境保护部，2017b，2017c），适用于燃煤电厂烟气排放连续在线监测，规定了烟气排放连续监测系统中的颗粒物 CEMS、气态污染物 CEMS 和有关烟气参数（含氧量等）连续监测系统的主要技术指标、检测项目、安装位置、调试检测方法、验收方法、日常运行管理、日常运行质量保证、数据审核和上报数据的格式。燃煤电厂 CEMS 在设备性能、监测环境、安装要求、日常运行管理和质量保证等方面均要满足或优于标准要求，监测结果经环保部门验收合格，相关数据采用信息化手段上传至当地环保局、电力调度中心等单位。

一、CEMS 在线监测技术

颗粒物 CEMS 在线监测系统主要测量烟气中的烟尘浓度；气态污染物 CEMS 在线监测系统主要测量烟气中 SO_2、NO_x 等气态形式存在的污染物浓度；烟气参数在线系统主要测量烟气的温度、压力、湿度、含氧量等参数，用于污染物排放量计算以及将污染物浓度转化成标准干烟气状态和排放标准中规定的过剩空气系数下的浓度；数据处理与传输系统主要完成测量数据的采集、存储、统计功能，并按相关标准要求的格式将数据传输到环境监管部门。

颗粒物 CEMS 的采样多采用直接测量法，测量方法从工作原理上可分为光学法和物理法，光学法又分为透射法、散射法，物理法可分为静电荷法、β 射线法，其中光学法应用较广泛，详见表 4-31。激光透射法技术成熟可靠，但安装定位复杂，标定工作量大；散射法根据烟道内烟尘散射光原理研制而成，准确度高，但价格高。

表 4-31　颗粒物 CEMS 测量方法

测量方法		优点	缺点
光学法	透射	1. 快速响应 2. 设备简单	1. 受颗粒物特性的影响（密度、大小等） 2. 无法区分水滴和颗粒物 3. 透射法无法测量低浓度烟尘
	散射		
电荷法		1. 快速响应 2. 设备简单	1. 受颗粒物特性的影响（荷电性、密度等） 2. 电除尘器后无法使用 3. 受液滴对电导率的影响，不适合湿烟气条件 4. 需要流速参与计算
β 射线法		1. 不受颗粒物特性的影响 2. 不受烟气中水分的影响	1. 响应慢 2. 不适合于高尘浓度

　　气态污染物 CEMS 的测量方法从工作原理上可分为非分散红外吸收法、差分吸收光谱法和电化学法等，采样方式主要分为两种，即抽取采样法和直接测量法，抽取采样法又分为直接抽取法和稀释抽取法，其中抽取采样法应用较广泛，详见表 4-32。直接测量法设备简单，成本低廉，但难以实现实时校准，且由于监测器直接放置在工作现场，受环境影响较大。直接抽取法为干基测量，可直接测得干烟气中污染物含量，测量精度高，

表 4-32　气态污染物 CEMS 采样方法

采样方法	优点	缺点
直接测量法	1. 直接测量 2. 设备简单、成本低廉	1. 校准 2. 温度、振动影响
直接抽取法	1. 探头校准、中间校准、分析仪校准 2. 便于扩展	安装、调试和操作需要更多的经验
稀释抽取法	1. 探头校准 2. 取样量小、过滤介质负担小	1. 不适合低浓度测量 2. 稀释气质量要求较高 3. 湿基测量

但样品需要进行降温、除水等预处理和伴热保温传送，维护工作量大。稀释抽取法预处理系统简单，无除湿、除尘设备，抽取烟气量很少，不需要伴热管线，避免溶于水的气体引起的测量误差，测量精度高，缺点是湿基测量需增加湿度测量，同时对稀释气质量要求较高。

二、CEMS 在线监测质量控制

1. CEMS 技术性能要求

1）颗粒物 CEMS 主要技术指标要求

《固定污染源烟气（SO_2、NO_x、颗粒物）排放连续监测系统技术要求及检测方法》（HJ 76-2017）中规定，零点漂移是指在仪器未进行维修、保养或调节的前提下，CEMS 按规定的时间运行后通入零点气体，仪器的读数与零点气体初始测量值之间的偏差相对于满量程的百分比。量程漂移是指在仪器未进行维修、保养或调节的前提下，CEMS 按规定的时间运行后通入量程校准气体，仪器的读数与量程校准气体初始测量值之间的偏差相对于满量程的百分比。

（1）零点漂移。ISO 要求在 1 个月的维护和运行期间，零点漂移不超过满量程的±2%；美国 EPA 规定 24 h 不超过满量程的±2%；中国环保标准 HJ 76-2017 规定检测期间（7 天）的最大漂移不超过满量程的±2%；中国环保标准 HJ 75-2017 规定检测期间（3 天）零点最大漂移不超过满量程的±2%。

（2）量程漂移。ISO 要求在 1 个月的维护和运行期间，量程漂移不超过满量程的±2%；美国 EPA 规定 24 h 不超过满量程的±2%；中国环保标准 HJ 76-2017 规定检测期间（7 天）的最大漂移不超过满量程的±2%；中国环保标准 HJ 75-2017 规定检测期间（3 天）量程最大漂移不超过满量程的±2%。

（3）相关系数。ISO、美国 EPA、中国环保标准 HJ 76-2017 均要求在 7 天内获得的手工方法与 CEMS 组成的数据对进行回归，建立校准曲线。

ISO 要求校准曲线的相关系数≥0.95（至少有 9 个数据对参加回归）；美国 EPA PS-11 要求相关系数≥0.90（要求至少有 15 个数据对参加回归）；考虑到我国需要安装 CEMS 的污染源量大面广以及仪器安装位置等原因，在中国环保标准 HJ 76-2017 中提出相关系数≥0.85（要求至少有 15 个数据对参加回归），并且置信区间半宽应落在该排放源检测期间参比方法实测均值的 10% 之内、允许区间半宽应落在该排放源检测期间参比方法实测均值的 25% 之内。

（4）准确度。表 4-33 给出了颗粒物 CEMS 关于准确度的现场检测要求：

排放浓度平均值大于 200 mg/m³ 时，CEMS 与参比方法比对测试结果平均值的相对误差不超过±15%；

排放浓度平均值大于 100 mg/m³ 小于等于 200 mg/m³ 时，CEMS 与参比方法测量结果均值的相对误差不超过±20%；

排放浓度平均值大于 50 mg/m³ 小于等于 100 mg/m³ 时，CEMS 与参比方法测量结果均值的相对误差不超过±25%；

排放浓度平均值大于 20 mg/m³ 小于等于 50 mg/m³ 时，CEMS 与参比方法测量结果均值的绝对误差不超过±30%；

排放浓度平均值大于 10 mg/m³ 小于等于 20 mg/m³ 时，CEMS 与参比方法测量结果平均值的绝对误差不超过±6 mg/m³；

排放浓度平均值小于等于 10 mg/m³ 时，CEMS 与参比方法测量结果平均值的绝对误差不超过±5 mg/m³。

2）气态污染物 CEMS 主要技术指标要求

（1）示值误差。当系统检测 SO_2 满量程值≥100 μmol/mol（286 mg/m³），示值误差不超过±5%（相对于标准气体标称值）；当系统检测 SO_2 满量程值<100 μmol/mol（286 mg/m³），示值误差不超过±2.5%（相对于仪表满量程值）。

表 4-33　颗粒物 CEMS 现场检测项目

检测项目		考核指标
颗粒物	准确度	参比方法测定烟气中颗粒物排放浓度： 大于 200 mg/m³ 时，相对误差不超过±15% 大于 100 mg/m³ 小于等于 200 mg/m³ 时，相对误差不超过±20% 大于 50 mg/m³ 小于等于 100 mg/m³ 时，相对误差不超过±25% 大于 20 mg/m³ 小于等于 50 mg/m³ 时，相对误差不超过±30% 大于 10 mg/m³ 小于等于 20 mg/m³ 时，绝对误差不超过±6 mg/m³ 小于等于 10 mg/m³ 时，绝对误差不超过±5 mg/m³

当 NO_x 满量程≥200 μmol/mol（410 mg/m³）时，示值误差不超过±5%（相对于标准气体标称值）；当 NO_x 满量程<200 μmol/mol（410 mg/m³）时，示值误差不超过±2.5%（相对于仪表满量程值）。

（2）系统响应时间。气态污染物 SO_2 和 NO_x 的 CEMS 系统响应时间：≤200s。

（3）24 h 零点漂移和量程漂移。气态污染物 SO_2 和 NO_x 的 CEMS 24 h 零点漂移和量程漂移：不超过±2.5% 满量程。

（4）准确度。表 4-34 给出了气态污染物 CEMS 关于准确度的现场检测要求：

当 SO_2 排放浓度平均值≥250 μmol/mol（715 mg/m³）时，CEMS 与参比方法测量结果相对准确度≤15%；当 50 μmol/mol（143 mg/m³）≤SO_2 排放浓度平均值<250 μmol/mol（715 mg/m³）时，CEMS 与参比方法测量结果平均值绝对误差不超过±20 μmol/mol（57mg/m³）；当 20 μmol/mol（57 mg/m³）≤SO_2 排放浓度平均值<50 μmol/mol（143 mg/m³）时，CEMS 与参比方法测量结果平均值相对误差不超过±30%；SO_2 排放浓度平均值<20 μmol/mol（57 mg/m³）时，CEMS 与参比方法测量结果平均值绝对误差不超过±6 μmol/mol（17 mg/m³）。

当 NO_x 排放浓度平均值≥250 μmol/mol（513 mg/m³）时，CEMS 与参比方法测量结果相对准确度≤15%；当 50 μmol/mol（103 mg/m³）≤NO_x

排放浓度平均值<250 μmol/mol（513 mg/m³）时，CEMS与参比方法测量结果平均值绝对误差不超过±20 μmol/mol（41 mg/m³）；当20 μmol/mol（41 mg/m³）≤NO$_x$排放浓度平均值<50 μmol/mol（103 mg/m³）时，CEMS与参比方法测量结果平均值相对误差不超过±30%；NO$_x$排放浓度平均值<20 μmol/mol（41 mg/m³）时，CEMS与参比方法测量结果平均值绝对误差不超过±6 μmol/mol（12 mg/m³）。

表4-34　气态污染物CEMS现场检测项目

检测项目		考核指标
气态污染物	准确度	参比方法测定烟气中SO$_2$、NO$_x$排放浓度平均值： 大于等于250 μmol/mol时，相对准确度小于等于15% 大于等于50 μmol/mol小于250 μmol/mol，平均值绝对误差的绝对值小于等于20 μmol/mol 大于等于20 mg/m³小于等于50 mg/m³时，平均值绝对误差的绝对值小于等于30% 小于20 mg/m³时，平均值绝对误差的绝对值小于等于6 μmol/mol

注：NO$_x$排放浓度以NO$_2$计。

2. CEMS安装要求

燃煤电厂烟气CEMS安装在有代表性的能准确可靠连续监测固定污染源烟气排放状况的位置上。安装要求为：位于固定污染源排放控制设备的下游和比对监测断面上游；不受环境光线和电磁辐射的影响；烟道振动幅度尽可能小；安装位置应避免烟气中水滴和水雾的干扰，如不能避开，应选择能够适用的检测探头及仪器；安装位置不漏风；安装CEMS的工作区域应设置一个防水低压配电箱，内设漏电保护器，不少于2个10 A插座，保证监测设备所需电力；应合理布置采样平台与采样孔。

3. CEMS技术验收

《固定污染源烟气（SO$_2$、NO$_x$、颗粒物）排放连续监测技术规范》（HJ 75-2017）中规定，CEMS设备技术验收由有资质的第三方用参比方法对CEMS检测结果进行相对准确度、相对误差、绝对误差的比对检测和联网验收。固定污染源烟气 CEMS 技术验收由现场验收和联网验收两部分组成。验收过程中应对 CEMS 系统各个量程段进行验收。

1）现场验收

CEMS 现场验收由仪器技术性能指标验收及参比方法验收两部分组成。现场验收时，只有仪器技术性能指标均合格后，方可进行参比方法验收。

（1）技术性能指标验收。主要包括对颗粒物零点漂移、量程漂移的验收以及对气态污染物线性误差、响应时间、零点漂移、量程漂移的验收，相关技术指标满足国家环保标准规定的验收要求。

（2）参比方法验收。用参比方法进行验收时，颗粒物、流速、烟温、湿度至少获取 5 个该测试断面的平均值，气态污染物和氧量至少获取 9 个数据，并取测试平均值与同时段烟气 CEMS 的分钟平均值进行准确度计算，相关技术指标满足国家环保标准规定的验收要求。

2）联网验收

联网验收由通信及数据传输验收、现场数据比对验收和联网稳定性验收三部分组成。通信及数据传输验收：数据采集和处理子系统与固定污染源监控系统之间的通信应稳定，不出现经常性的通信连接中断、报文丢失、报文不完整等通信问题。现场数据比对验收：数据采集和处理子系统稳定运行一个星期后，对数据进行抽样检查，并对比上位机接收到的数据和现场机存储的数据是否一致，检验数据传输的正确性。联网稳定性验收：在连续一个月内，子系统能稳定运行，不出现除通信稳定性、通信协议正确性、数据传输正确性以外的其他联网问题，详见表 4-35。

表 4-35 联网验收技术指标要求

验收检测项目	考核指标
通信稳定性	1. 现场机在线率为 95% 以上 2. 正常情况下，掉线后，应在 5 min 之内重新上线 3. 单台数据采集传输仪每日掉线次数在 3 次以内 4. 报文传输稳定性在 99% 以上，当出现报文错误或丢失时，启动纠错逻辑，要求数据采集传输仪重新发送报文

验收检测项目	考核指标
数据传输安全性	1. 对所传输的数据应按照 HJ/T 212 中规定的加密方法进行加密传输处理，保证数据传输的安全性 2. 服务器端对请求连接的客户端进行身份验证
通信协议正确性	现场机和上位机的通信协议应符合 HJ/T 212 的规定，正确率100%
数据传输的正确性	系统稳定运行一星期后，对一星期的数据进行检查，对比接收的数据和现场的数据一致，精确值一位小数，抽查数据正确率100%
联网稳定性	系统稳定运行一个月，不出现除通信稳定性、通信协议正确性、数据传输正确性以外的其他联网问题

4. CEMS 日常运行管理

燃煤电厂运维人员必须持有省级以上环境保护部门颁发的运营资质岗位证书，并能熟练掌握烟气排放连续监测仪器设备的性能。燃煤电厂根据烟气 CEMS 使用说明书和国家环保标准的要求编制仪器运行管理规程，确定系统运行操作人员和管理维护人员的工作职责。

1）日常巡检

国控重点污染源日常巡检间隔不超过 3 天；非国控重点污染源日常巡检间隔不超过 7 天。巡检内容记录应包括检查项目、检查日期、被检项目的运行状态等内容，每次巡检应记录并归档。日常巡检规程应包括该系统的运行状况、烟气 CEMS 工作状况、系统辅助设备的运行状况、系统校准工作等必检项目和记录，以及仪器使用说明书中规定的其他检查项目和记录。

2）日常维护保养

根据烟气 CEMS 说明书的要求进行维护保养，每次保养情况应记录并归档。每次进行备件或材料更换时，更换的备件或材料的品名、规格、数量等应记录并归档。如更换标准物质要记录新标准物质的来源、有效期和浓度等信息。对日常巡检或维护保养中发现的故障或问题，系统管理维护人员应及时处理并记录。

3）CEMS 的校准和校验

《固定污染源烟气（SO_2、NO_x、颗粒物）排放连续监测技术规范》

（HJ 75-2017）中规定，烟气 CEMS 校准是指用标准装置或标准物质对烟气 CEMS 进行校零/跨、线性误差和响应时间等的检测。具有自动校准功能的颗粒物 CEMS 和气态污染物 CEMS 每 24 小时至少自动校准一次仪器零点和量程，同时测试并记录零点漂移和量程漂移；无自动校准功能的颗粒物 CEMS 每 15 天至少校准一次仪器的零点和量程，同时测试并记录零点漂移和量程漂移；无自动校准功能的直接测量法气态污染物 CEMS 每 15 天至少校准一次仪器的零点和量程，同时测试并记录零点漂移和量程漂移；无自动校准功能的抽取式气态污染物 CEMS 每 7 天至少校准一次仪器的零点和量程，同时测试并记录零点漂移和量程漂移。校验是指用参比方法在烟道内对烟气 CEMS（含取样系统、分析系统）检测结果进行相对准确度、相关系数、置信区间、允许区间、相对误差、绝对误差等的比对检测。有自动校准功能的测试单元每 6 个月至少做一次校验，没有自动校准功能的测试单元每 3 个月至少做一次校验。

烟气 CEMS 最常用量程（通常为低量程）应根据固定污染源烟气排放连续监测技术规范（HJ/T 75-2017）中规定的方法和第 10 条质量保证规定的周期制订系统的日常校准和校验操作规程，其他量程频次减半。校准和校验记录及时归档。

5. CEMS 日常运行质量保证

燃煤电厂烟气 CEMS 日常运行质量保证是保障烟气 CEMS 正常稳定运行、持续提供有质量保证监测数据的必要手段，需做好定期校正、定期维护、定期校验。当烟气 CEMS 不能满足技术指标而失控时，应及时采取纠正措施，并应缩短下一次校准、维护和校验的间隔时间。

当烟气 CEMS 发生故障时，系统管理维护人员应及时处理并记录。CEMS 需要停用、拆除或更换的，燃煤电厂生产部门应当提前报经当地环保主管部门批准，并经过电厂值长审批办理工作票予以维修处理。烟气 CEMS 运维单位负责对缺失和无效数据时段的判别，并于发现故障24 h内上报当地环保主管部门。燃煤电厂将在 CEMS 正常运行后 3 天内将缺失数据处理结果上报当地环保主管部门。

6. CEMS 监督考核

燃煤电厂烟气 CEMS 监督考核是指经验收合格后的烟气 CEMS 数据传输到分散控制系统（DCS）及厂级监控信息系统（SIS），当地环保主管部门定期或不定期对其设备进行包括比对监测、现场检查（制度执行情况以及设备运行情况）等监督考核。当地环保主管部门将根据环保标准定期或不定期对烟气 CEMS 进行比对检测，检测结果应符合环保标准，否则视为 CEMS 数据失控，以参比方法监测数据为准进行替代，直至烟气 CEMS 数据调试到符合标准为止。

三、CEMS 在线监测仪器仪表

针对第五章工程实践案例重点考察的 300 MW、600 MW、1000 MW 等级近零排放燃煤机组，本节详细介绍现场安装的在线监测仪器仪表，如表4-36 所示，相关设备选型配置和验收结果符合国家环保标准要求。

根据中国环保标准 HJ 75−2017 编写说明，二十多种进口和国产烟气 CEMS 的仪器适用性检测证明，均能满足国家环境监测指标要求。CEMS 系统的在线监测参数一般包括烟尘、SO_2、NO_x、O_2、烟气流量、压力、温度、湿度等，系统符合地方环保部门验收要求，CEMS 系统的数据有效率（CEMS 系统的有效监测时间与电厂运行时间的百分比）超过 90%。脱硫吸收塔入口、总排口等点位 CEMS 系统的监测数据均可上传至当地环保局、电力调度中心等单位。

表 4-36　在线监测仪器仪表

电厂	污染物	在线监测仪器仪表
浙江舟山电厂	烟尘	4#：DURAGD−R820F
	SO_2	4#：ABB−EL3020
	NO_x	4#：ABB−EL3020

电厂	污染物	在线监测仪器仪表
河北三河电厂	烟尘	1/2/3#：SICK FWE200 4#：ThermoFishe（PMCEMS-3880i）
	SO₂	ThermoFisher43i
	NOₓ	ThermoFisher42i
河北定州电厂	烟尘	1/2#：FoedischPFM06ED 3/4#：Drug D-R 820F
	SO₂	1/2#：ThermoFisher43i 3/4#：上海华川 API 200T
	NOₓ	1/2#：ThermoFisher42i 3/4#：上海华川 API 100T
河北沧东电厂	烟尘	SICK FWE200
	SO₂	Siemens U23
	NOₓ	Siemens U23
山东寿光电厂	烟尘	FoedischPFM06ED
	SO₂	Siemens U23
	NOₓ	Siemens U23
辽宁绥中电厂	烟尘	SICK FWE200
	SO₂	SICK S710
	NOₓ	SICK S710

下面以河北三河电厂 4 号机组为例，对烟尘 CEMS 和气态污染物 CEMS 的监测位置、方法和技术参数进行说明，其他近零排放机组 CEMS 在线监测仪器仪表在此不一一列举。此外，CEMS 在线监测数据将在下一章作详细讨论分析。

1. 烟尘

烟尘 CEMS 在线监测设备由美国赛默飞世尔供货，采用锥形振荡天平和光散射法相结合的测试方法，具有高精度、高准确度和不受颗粒物特性变化的影响等特点。仪表测量适用于测量湿法喷淋后的烟气和露点以下烟气的含尘量，采用抽取加热光散式同时具备自动称重比对校准功能。

测量范围：脱硫入口 0～50 mg/m³；脱硫/湿式静电除尘器出口 0～10 mg/m³

测量限值：0.25 mg/m³

零点漂移：（24h）≤±2%满量程

全幅漂移：（24h）≤±2.5%满量程

响应时间：≤1 s

线性度：±1%

2. 气态污染物

气态污染物 CEMS 在线监测设备采用美国赛默飞世尔稀释法测量仪表，其中二氧化硫采用 43i、氮氧化物 42i，技术参数详见表 4-37。

表 4-37　CEMS 系统技术参数

序号	项目	仪表型号	响应时间	参数/精度
1	SO_2 测量方式	43i	80s	紫外荧光/1% F. S.
2	NO_x 测量方式	42i	40s	化学发光/1% F. S.

1）SO_2 测量采用紫外荧光法

量程：脱硫入口 0～2500 mg/m³，脱硫/湿式静电除尘出口 0～100 mg/m³

零点漂移（24 h）：小于 $1×10^{-9}$

量程漂移（24 h）：±1%

响应时间：80 s

精度：读数的 1%

线性：量程的 ±1%

2）NO_x 测量采用化学荧光法

量程：脱硝入口 0～1000 mg/m³，脱硝出口 0～200 mg/m³，脱硫/湿式静电除尘出口 0～150 mg/m³

零点漂移（24 h）：小于 $0.4×10^{-9}$

量程漂移（24 h）：满量程的 ±1%

响应时间：40 s

精度：读数的1%

线性：量程的±1%

目前，我国燃煤电厂大气污染物CEMS在线监测仪器仪表多数为进口产品，每年在线监测设备采购和主要元件更换的成本高达数十亿。随着环境污染排放标准日趋严格以及清洁煤电技术不断进步，今后需要继续研究燃煤电厂排放复杂烟气中超低浓度颗粒物和气态污染物的采样及分析技术，研发具有自主知识产权的大气污染物精准监测设备，从根本上提升我国燃煤电厂大气污染物排放手工监测和在线监测水平。

第三节　燃煤电厂大气污染物排放监督

一、政府环境保护主管部门监督、社会监督及企业自行监测

《中华人民共和国环境保护法》（中华人民共和国全国人民代表大会，2014）第十条规定国务院环境保护主管部门，对全国环境保护工作实施统一监督管理；县级以上地方人民政府环境保护主管部门，对本行政区域环境保护工作实施统一监督管理；第二十四条规定县级以上人民政府环境保护主管部门及其委托的环境监察机构和其他负有环境保护监督管理职责的部门，有权对排放污染物的企业事业单位和其他生产经营者进行现场检查；第四十二条排放污染物的企业事业单位和其他生产经营者，应当采取措施，防治在生产建设或者其他活动中产生的废气、废水、废渣、医疗废物、粉尘、恶臭气体、放射性物质以及噪声、振动、光辐射、电磁辐射等对环境的污染和危害；重点排污单位应当按照国家有关规定和监测规范安装使用监测设备，保证监测设备正常运行，保存原始监测记录；第五十五条规定，重点排污单位应当如实向社会公开其主要污染物的名称、排放方式、排放浓度和总量、超标排放情况，以及防治污染设施的建设和运行情况，接受社会监督。由此可见，《中华

人民共和国环境保护法》中，对政府环境保护主管部门监督、社会监督以及重点排污单位污染防治、自行监测和信息公开均作出了明确规定。

二、重点监控企业自行监测及信息公开

2013 年 7 月，环境保护部印发了《国家重点监控企业自行监测及信息公开办法（试行）》和《国家重点监控企业污染源监督性监测及信息公开办法（试行）》的通知（环发〔2013〕81 号）（环境保护部，2013），强调企业自行监测是指企业按照环境保护法律法规要求，为掌握本单位的污染物排放状况及其对周边环境质量的影响等情况，组织开展的环境监测活动。污染源监督性监测是指环境保护主管部门为监督排污单位的污染物排放状况和自行监测工作组织开展的环境监测活动，一般由环境保护主管部门所属的环境监测机构实施。污染源监督性监测数据是开展环境执法和环境管理的重要依据。

燃煤电厂作为重点排污单位和重点监控企业，其排放烟气中大气污染物烟尘、SO_2 和 NO_x 的排放浓度采用 CEMS 在线监测系统进行自动监测，汞的排放浓度委托经省级环境保护主管部门认定的社会检测机构或环境保护主管部门所属环境监测机构进行监测。为保证污染源 CEMS 在线监测数据的真实性和有效性，环境保护部制定了《污染源自动监控设施现场监督检查办法》（环境保护部，2012），规定污染源自动监控设施现场监督检查分为例行检查和重点检查，监督检查机构应当对污染源自动监控设施定期进行例行检查。

按照中国环境保护相关法律法规和管理办法的要求，重点排污单位应通过企业网站、社会责任报告、环保开放日等方式，对大气污染物排放监测数据进行及时公开，接受社会监督。2015 年 6 月 4 日，在新修订的《中华人民共和国环境保护法》实施后的第一个"6·5"世界环境日到来之际，神华集团国华电力公司正式上线了国华电力环境信息公开发布系统，国华电力公司国内 18 家火电厂环保排放指标及基本信息全部实现外网公

开，成为中国第一家电力企业总部集中主动公开全公司环境保护信息的发电企业。公众可以通过环境信息公开平台了解到包括企业介绍、环境自行监测方案、突发环境事件应急预案和大气污染物（烟尘、SO_2、NO_x）排放的 CEMS 在线监测数据。其中，按照《国家重点监控企业自行监测及信息公开办法（试行）》规定，公布的监测数据为每一小时均值，且滚动更新，机组运行状态和污染物排放标准也一目了然，同时还可查询各发电机组大气污染物排放浓度的历史数据。

总的来说，重点排污单位对污染物排放的自行监测和信息公开，以及环境保护主管部门的监督性监测和信息公开，是政府及社会监督的基础。

三、重点监控企业自我监督实践

重点排污单位为加强污染物排放的自行监测和自我监督，也从系统开展监测和监督管理体系建设方面进行了有益的探索和实践。以神华集团国华电力公司为例，其提出了"以人为本、主动环保，近零排放、信息公开，环境法治、生态文明"的环保方针，在 2012 年就制定了环境保护管理的一个规定和三个标准（神华北京国华电力有限责任公司，2012a，2012b，2012c，2012d），并根据近零排放的实践情况于 2015 年进行了修订（王树民，2017b）。其中，《国华电力公司环境保护管理规定》对建设项目环境保护管理、生产过程环境保护管理、重大技术改造项目环境保护管理、环境保护自行监测及信息公开、检查与监督等做了详细规定和说明；《环境保护设施配置标准》（GHFD-09-TB-01-2015）规定了烟气脱硫设施、烟气脱硝设施、烟气除尘设施、废水处理设施、噪声控制设施、灰渣处理设施等的配置要求和标准；《环境保护设施运行维护标准》（GHFD-09-TB-02-2015）规定了烟气脱硫、脱硝、除尘及废水处理等环保设施运行维护管理的基本要求，规范了环境保护设施运行维护工作，进一步提高环保设施运行的安全可靠性；《污染物在线监测标准》（GHFD-

09-TB-03-2015）规范了新建和改造的环保设施烟气污染物和废水排放在线监测的配置、设备选型、安装、调试以及所有机组污染物在线监测的运行和维护管理，实现对机组污染物排放的连续、实时和准确监测。

2017年9月，神华集团在国华电力"环境保护一规三标"（2015版）基础上，制定了更加完善的企业管理规定和标准《神华集团公司电力业务环境保护管理规定（试行)》（神华电〔2017〕656号）、《燃煤电厂环境保护设施配置标准》（Q/SHJ 0091-2017）、《燃煤电厂环境保护设施运行维护标准》（Q/SHJ 0092-2017）、《燃煤电厂污染物在线监测标准》（Q/SHJ 0093-2017）（神华集团有限责任公司，2017a，2017b，2017c，2017d），强化企业自行监测、自我监督的主体责任，突出主动公开环境监测数据法定义务，自觉接受环境保护主管部门和社会公众的监督，切实履行好企业污染防治的法定义务和社会责任。

第五章 近零排放的工程实践

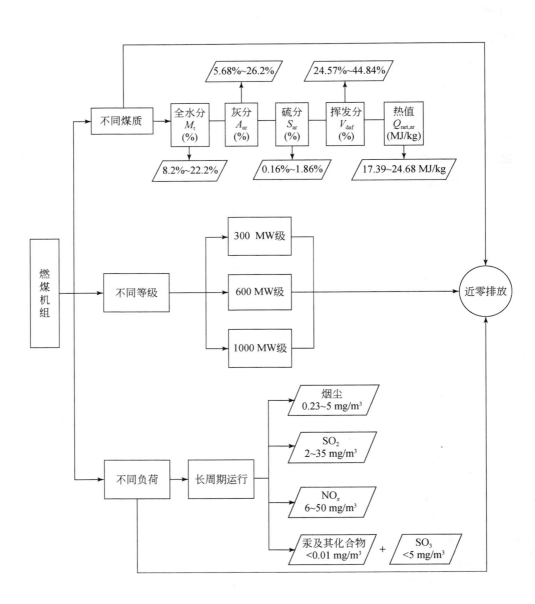

本章针对京津冀、长三角、珠三角等中国不同区域应用近零排放原则性技术路线的典型燃煤电厂，重点研究不同等级燃煤机组近零排放的技术方案以及长周期运行条件下不同负荷、不同煤质范围内的烟气污染物排放特征，系统介绍了近零排放燃煤机组汞污染协同控制和专门控制技术研究与实践，并探究了近零排放燃煤机组 $PM_{2.5}$ 和 SO_3 的减排规律。其中，烟尘、SO_2、NO_x 排放数据取自燃煤电厂 CEMS 在线监测系统，该系统依据相关监测技术规范和技术要求由燃煤电厂进行安装使用和日常运行质量保证，监测到的数据均实时上传至政府环保主管部门并对社会公开，具有可靠性、公正性和代表性；重金属 Hg、$PM_{2.5}$、SO_3 等非常规污染物排放数据均依据相关监测技术规范和分析方法，采用现场手工监测方法测得。

第一节 不同等级燃煤机组近零排放技术方案

一、300 MW 等级燃煤机组

（一）浙江舟山电厂新建 4 号 350 MW 机组

浙江舟山电厂 4 号机组为 350 MW 国产超临界燃煤发电机组，锅炉为上海锅炉厂有限公司生产的 SG-1146/25.4-M4409 型锅炉，设计锅炉效率为94%，设计煤种为活鸡兔煤，校核煤种为乌兰木伦煤，煤质分析见表5-1。2012 年 11 月 28 日，浙江舟山电厂开工建设；2013 年，根据清洁煤电近零排放原则性技术路线，浙江舟山电厂确定增设湿式静电除尘器降低 4 号机组烟尘排放浓度，将其降至 5 mg/m³，以达到近零排放要求；2013 年 8月，浙江舟山电厂委托浙江省电力设计院开展湿式静电除尘器施工图设计；2014 年 6 月，浙江舟山电厂 4 号机组成为全国首台通过环保验收的近零排放新建燃煤机组，实现了第一套国产湿式静电除尘器在燃煤电厂近零排放工程示范中的应用。

表 5-1　浙江舟山电厂煤质分析

项目	符号	单位	设计煤种	校核煤种
全水分	M_t	%	14.33	12.62
空气干燥基水分	M_{ad}	%	7.09	6.88
收到基灰分	A_{ar}	%	12.8	19.41
干燥无灰基挥发分	V_{daf}	%	35.96	35.33
收到基碳	C_{ar}	%	59.12	54.06
收到基氢	H_{ar}	%	3.56	3.25
收到基氧	O_{ar}	%	9.14	9.37
收到基氮	N_{ar}	%	0.64	0.71
收到基全硫	$S_{t,ar}$	%	0.41	0.58
收到基低位发热量	$Q_{net,ar}$	MJ/kg	22	20.07

　　近零排放实施技术方案包括：低氮燃烧+SCR 脱硝+静电除尘（4 个常规电极+1 个旋转电极）+海水脱硫+湿式静电除尘器，近零排放设计指标见表 5-2。

表 5-2　浙江舟山电厂 4 号机组近零排放设计指标

	项目	4 号机组
除尘	除尘器入口烟尘浓度/(g/m³)	25
	除尘器出口烟尘浓度/(mg/m³)	≤30
	脱硫系统出口烟尘浓度/(mg/m³)	≤16.5
	总排口烟尘浓度/(mg/m³)	≤5
脱硫	吸收塔进口 SO_2 浓度/(mg/m³)	1400
	总排口 SO_2 浓度/(mg/m³)	≤35
脱硝	低氮燃烧后 NO_x 浓度/(mg/m³)	≤200
	总排口 NO_x 浓度/(mg/m³)	≤50

　　针对烟尘近零排放，通过三方面的技术措施来保证，首先是采用五电场静电除尘器（4 电场+1 旋转电极电场）进行除尘，然后通过海水脱硫

洗涤部分烟尘，最后通过湿式静电除尘器进行精处理，其中所有除尘器均采用高频电源技术。

静电除尘器设计效率99.94%，出口烟尘浓度≤30 mg/m³。其末电场为旋转电极电场，优点包括：使极板始终保持干净，防止反电晕，除尘器效率得到保障；改传统的振打清灰为清灰刷清灰，清灰刷置于非集尘区，最大限度地减少二次扬尘。所用高频电源技术与工频电源相比可增大电晕功率，增加了电场粉尘的荷电效果；而且平均电压电流高，设备体积小、重量轻；同时高频电源的火花控制特性好，输出纹波扰动小，电场的平均电压较高。

湿式静电除尘器采用金属极板集尘，设计除尘效率70%，进口含尘浓度设计值为16.5 mg/m³，出口烟尘浓度≤5 mg/m³。该工程应用金属板带喷淋系统的水平烟气流湿式静电除尘装备，是浙江菲达环保科技股份有限公司生产的第一台湿式静电除尘器，其极配型式采用 CN 阳极板＋DS 针刺线。

脱硫方面，浙江舟山电厂 4 号机采用海水脱硫技术，为首个获得中国环境保护部环评中心评审通过的脱硫效率不低于98%的海水脱硫项目，由北京国电龙源环保工程有限公司承建。近零排放实施过程中，通过优化设计增加了吸收塔内喷淋水流量，加大吸收塔径减缓烟气流速以增加气液接触时间，同时进一步优化曝气管网设计，将海水脱硫效率由97%提高到98%，SO_2 排放浓度设计值由 50 mg/m³ 降低到 35 mg/m³。

舟山电厂 4 号机组海水脱硫装置主要包括 SO_2 吸收系统、海水供给系统、海水恢复系统及与之配套的电气、仪表及控制系统。SO_2 吸收系统设置一座填料式逆流吸收塔，塔内设置海水分配系统、除雾器和填料，海水采用一次直流的方式吸收烟气中的 SO_2。新鲜海水自吸收塔上部进入，烟气自塔底向上流经填料层，与海水充分接触，烟气中的 SO_2 迅速被海水吸收，脱硫后的净烟气经除雾器除去携带的液滴后自塔顶排出，洗涤烟气后的酸性海水从吸收塔底排出塔外，经排水管流入海水恢复系统。海水供给系统为脱硫系统提供足够的吸收塔脱硫用水和海水恢复系统用水，脱硫用海水自 4 号机组流出凝汽器的循环冷却水，总水量 44000 m^3/h。海水恢复系统主要装置包括：曝气池和曝气风机。曝气池分为配水区、曝气区、排放区和旁路区以及空气分配管道等内部设备。来自机组循环水系统的新鲜海水进入曝气池的配水区进行水量分配，混合后的海水在曝气区内向前流动过程中进行曝气，通过曝气风机向曝气池内鼓入大量的空气，以产生大量细碎的气泡使曝气池内海水中的溶解氧达到饱和，并将容易分解的亚硫酸盐氧化成稳定的硫酸盐，通过曝气还可以使海水中的碳酸根 CO_3^{2-} 和碳酸氢根 HCO_3^- 与吸收塔排出的 H^+ 加速进行反应，释放出 CO_2，使海水满足排放标准的要求，最终排回大海。

NO_x 控制的技术方案为低氮燃烧技术（低氮燃烧器+空气分级燃烧技术）+SCR 高效脱硝（2 层板式催化剂+1 层备用层），实现 NO_x 排放浓度低于 50 mg/m^3。

Hg 排放控制：主要采用各污染物控制单元协同脱汞，实现汞排放浓度远低于 0.03 mg/m^3。

（二）河北三河电厂 2×350 MW 机组+2×300 MW 机组

河北三河电厂成立于 1994 年，地处河北省三河市燕郊经济技术开发区，是首都东部的电源支撑点。三河电厂总装机容量 1300 MW。其中，一期两台 350 MW 燃煤亚临界发电机组分别于 1999 年 12 月、2000 年 4 月投入商业运营，并于 2006 年进行了脱硫技术改造，2009 年 12 月完成抽气供热改造；二期两台 300 MW 燃煤亚临界热电联产机组于 2006 年 3 月 1 日开工建设，分别于 2007 年 8 月、11 月投产发电，是中国首家同步建设脱硫脱硝装置的 300 MW 级机组，获得 2008 年度"国家优质工程银质奖""中国电力优质工程奖"。一期 1、2 号两台 350 MW 凝汽机组为日本三菱进口机组，锅炉为日本三菱重工神户造船厂生产的 MB-FRR1175/20 亚临界、控制循环、固态排渣、燃煤汽包炉。二期 3、4 号两台 300 MW 机组为热电联产机组，锅炉为东方锅炉（集团）股份有限公司制造的 DG1025/18.2-116 亚临界、自然循环、固态排渣汽包炉，同步建设烟气脱硫装置。燃用神华煤，其煤质分析如表 5-3 所示。

表 5-3　河北三河电厂煤质分析

项目	符号	单位	设计煤种	校核煤种
全水分	M_t	%	16.20	14.40
空气干燥基水分	M_{ad}	%	10.29	8.27
收到基灰分	A_{ar}	%	12.80	19.41
干燥无灰基挥发分	V_{daf}	%	37.05	34.44
收到基低位发热量	$Q_{net,ar}$	MJ/kg	21.37	19.96
收到基碳	C_{ar}	%	56.32	52.87
收到基氢	H_{ar}	%	3.40	2.89
收到基氧	O_{ar}	%	10.03	9.08
收到基氮	N_{ar}	%	0.77	0.69
收到基硫	S_{ar}	%	0.49	0.65

遵循燃煤电厂近零排放原则性技术路线，河北三河电厂于 2014 年 1 月 23 日完成了 1、2 号机组烟气污染物近零排放可研审查会，确定了近零排放改造实施方案。2014 年 7 月，河北三河电厂 1 号实现了烟气污染物近零排放，成为京津冀首台近零排放改造燃煤机组。2015 年 11 月，河北三河电厂全厂四台机组全部实现烟气污染物近零排放。

三河电厂全厂四台机组近零排放设计指标详见表 5-4，具体技术方案如下。

1.1 号机组近零排放技术方案

烟尘排放控制：静电除尘器前加装低温省煤器，实现烟温余热回收利用及低低温电除尘的双重效果，原双室五电场静电除尘器进行高频电源改造，控制脱硫系统入口粉尘浓度≤20 mg/m³；脱硫系统更换高效除雾器，控制脱硫出口粉尘（含石膏）浓度≤25 mg/m³；在脱硫出口增设神华山大能源环境有限公司生产的纤维织物极板湿式静电除尘器,保证烟尘(含石膏)浓度≤5 mg/m³。

表 5-4　河北三河电厂近零排放设计指标

项目		1 号机组	2 号机组	3 号机组	4 号机组
除尘	除尘器入口烟尘浓度/(g/m³)	15	15	15	15
	除尘器出口烟尘浓度/(mg/m³)	≤20	≤20	≤20	≤20
	脱硫系统出口烟尘(含石膏等)浓度/(mg/m³)	≤25	≤25	≤3	≤5
	总排口烟尘浓度/(mg/m³)	≤5	≤5	≤3	≤1
脱硫	吸收塔进口 SO_2 浓度/(mg/m³)	1650	1650	1650	1650
	总排口 SO_2 浓度/(mg/m³)	≤35	≤35	≤15	≤15
脱硝	低氮燃烧后 NO_x 浓度/(mg/m³)	≤200	≤200	≤150	≤150
	总排口 NO_x 浓度/(mg/m³)	≤50	≤50	≤25	≤25

SO_2 排放控制:选用神华国华电力研究院自主开发的单塔强化吸收高效脱硫技术,该技术改造项目由神华国华电力研究院设计。吸收塔增加一层喷淋,优化喷嘴布置,消除边壁逃逸,控制脱硫系统出口 SO_2 浓度 ≤35 mg/m³;拆除原脱硫系统 GGH,消除 GGH 漏风、堵塞的运行风险(GGH 设计漏风系数0.5%,实际2%左右),取消增压风机实施引增合一改造,以克服机组设备增加所带来的运行阻力。

NO_x 排放控制:进行低氮燃烧器改造,采用 MPM 低氮燃烧器控制锅炉出口 NO_x 小于 200 mg/m³,加装 SCR 脱硝装置后,控制 NO_x 排放浓度 ≤50 mg/m³。

2.2 号机组近零排放技术方案

烟尘、SO_2、NO_x 的排放控制方案与1号机组基本相同,主要区别在于采用了双尺度浓淡分离高效低氮燃烧器和金属极板湿式静电除尘器。其中,该机组湿式静电除尘器为国家高技术研究发展计划(863 计划)课题"燃煤电站 $PM_{2.5}$ 新型湿式静电除尘技术与装备"项目研究成果,由福建龙净环保股份有限公司生产,采用高位紧凑布置形式,优化极配方式、喷淋结构、运行方式等关键部件与参数，实现 $PM_{2.5}$ 的高效脱除。

3. 3 号机组近零排放技术方案

烟尘排放控制：静电除尘器前加装低温省煤器，采用高频电源双室五电场静电除尘器，控制脱硫系统入口粉尘浓度 $\leqslant 20$ mg/m³；脱硫系统改造采用北京清新环境技术股份有限公司的脱硫除尘一体化技术，其中，管束式除尘除雾装置进一步强化脱硫系统协同除尘的效果，使脱硫系统出口烟尘（含石膏）浓度 $\leqslant 3$ mg/m³。

SO_2 排放控制：脱硫除尘一体化技术在原三层喷淋层下方增加旋汇耦合装置，原三层喷淋层更换高效喷嘴，并优化喷嘴布置，消除边壁逃逸；原两层平板式除雾器更换为管束式除尘除雾一体化装置，控制脱硫系统出口 $SO_2 \leqslant 15$ mg/m³。

NO_x 排放控制：进行双尺度上下浓淡高效低氮燃烧器改造，控制锅炉出口 NO_x 小于 150 mg/m³，SCR 脱硝效率 $> 80\%$，控制 NO_x 排放浓度 $\leqslant 25$ mg/m³。

4. 4 号机组近零排放技术方案

三河电厂 4 号机组近零排放技术方案与 3 号机组基本相同，不同的是，4 号机组应用北京清新环境技术股份有限公司的脱硫除尘一体化技术的同时，还加装了浙江菲达环保科技股份有限公司生产的金属极板湿式静电除尘器，进一步强化细颗粒、SO_3 和汞等重金属的脱除，实现烟尘浓度 $\leqslant 1$ mg/m³ 的目标。

5. 汞排放控制

三河电厂全厂四台机组主要采用各污染物控制单元协同脱汞，实现了汞排放浓度远低于 0.03 mg/m³。三河电厂 4 号机组在协同脱汞的基础上，神华集团国华电力公司和中国环境科学研究院开展了溴化钙添加及 FGD 协同脱汞和活性炭喷射脱汞试验研究。此外，依托国家高技术研究发展计划（863 计划）课题"燃煤烟气中多种重金属污染物的联合控制技术与示范"，神华集团国华电力公司还与华北电力大学在 4 号机组上开展了改性飞灰专门脱汞技术示范，该技术以燃煤电厂飞灰为载体，利用溴化耦合机械吸附剂制备方法进行在线改性以提高飞灰表面活性，飞灰吸附剂直接均匀喷射到 ESP 前烟道中，吸附氧化脱除气相汞，实现燃煤烟气中汞的深度脱除。

6. 全厂实现"烟塔合一"

三河电厂 3、4 号机组 2007 年投产时首次应用了排烟冷却塔技术。为实现全厂"烟塔合一"，将 1 号机组净烟气引至 4 号机组排烟冷却塔，2 号机组净烟气引至 3 号机组排烟冷却塔，烟囱作为备用排放通道。全厂采用排烟冷却塔技术，将更有利于减小污染物的扩散浓度，降低生产区域周围的环境污染。排烟冷却塔连接通道采用耐腐蚀性能良好的玻璃钢烟道，总长度达 668 m。玻璃钢烟道直径为 5.2 m，厚 27 mm，现场制作由液态树脂及增强纤维结合后固化完成。各排烟模式的切换通过电动挡板门进行，实现排烟方式的双向可靠选择，保证机组安全稳定运行。由于烟道内部为湿烟气环境，输送过程中会产生大量凝结水，因此烟道需沿途设置疏排水装置，烟道疏水回收：使用长距离玻璃钢烟道，疏水回收至脱硫系统再利用，年可节水 33 万 t。

二、600 MW 等级燃煤机组

（一）河北定州电厂 2×600 MW 机组+2×660 MW 机组

河北定州电厂 1、2 号两台 600 MW 亚临界参数燃煤机组于 2004 年投产。锅炉是上海锅炉厂生产的型号为 SG-2008/17.47-M903 的亚临界压力、中间一次再热、控制循环炉，采用四角切圆燃烧方式。河北定州电厂 3、4 号 660 MW 机组分别于 2009 年 9 月和 12 月投入生产运行，锅炉是上海锅炉厂生产的型号为 SG-2150/25.4-M976 的超临界参数变压运行螺旋管圈直流炉，采用四角切圆燃烧方式。设计煤种为神府东胜烟煤，校核煤种为神木大柳塔烟煤，煤质分析如表 5-5 所示。

表 5-5　河北定州电厂煤质分析

名称	符号	单位	设计煤种	校核煤种
收到基碳	C_{ar}	%	60.16	55.48
收到基氢	H_{ar}	%	3.62	3.44
收到基氧	O_{ar}	%	9.94	8.93
收到基氮	N_{ar}	%	0.7	0.7
收到基全硫	S_{ar}	%	0.58	0.68
收到基灰	A_{ar}	%	11	15.45
全水分	M_t	%	14	15.32
干燥无灰基挥发分	V_{daf}	%	36.44	38.32
低位发热量	$Q_{net,ar}$	MJ/kg	22.79	21.4

为实现近零排放，开展了除尘、脱硫和脱硝技术改造，近零排放设计指标详见表 5-6。具体方案如下。

表 5-6　河北定州电厂近零排放设计指标

项目		1 号机组	2 号机组	3 号机组	4 号机组
除尘	除尘器入口烟尘浓度/(g/m^3)	12	12	12	12
	除尘器出口烟尘浓度/(mg/m^3)	≤20	≤20	≤20	≤20
	脱硫系统出口烟尘（含石膏等）浓度/(mg/m^3)	≤30	≤30	≤30	≤30
	总排口烟尘浓度/(mg/m^3)	≤5	≤5	≤5	≤5
脱硫	吸收塔进口 SO_2 浓度/(mg/m^3)	1403	1403	1403	1403
	总排口 SO_2 浓度/(mg/m^3)	≤15	≤15	≤35	≤35
脱硝	低氮燃烧后 NO_x 浓度/(mg/m^3)	≤200	≤200	≤200	≤200
	总排口 NO_x 浓度/(mg/m^3)	≤50	≤50	≤50	≤50

除尘系统改造方案：对静电除尘器进行新型三相高压电源改造，同时新增了低温省煤器，除尘器出口含尘浓度保证值为小于等于 20 mg/m^3。脱硫系统增设一层管式除雾器，提高了吸收塔协同除尘效果。在脱硫吸收塔后垂直布置一台由福建龙净环保股份有限公司生产的两电场四室、水平进风、下出风结构的金属极板湿式静电除尘器，同步加装湿式除尘器冲洗水

系统以及配套水处理系统，确保烟尘达到近零排放指标。

脱硫系统改造方案：1、2 号机组采用北京清新环境技术股份有限公司的脱硫除尘一体化技术，将原折返式吸收塔内部件全部拆除，改为喷淋吸收塔，吸收塔高度由 24.5 m 抬升至 36 m，塔内加装湍流器+四层喷淋+管束除尘器，每台机原三台浆液循环泵全部更换并增加一台浆液循环泵，氧化风机及石膏排除泵全部更换。3、4 号机组在原三层浆液喷淋层的基础上增加一层喷淋层，除雾器由单一的三层屋脊式改为一层管式和两层屋脊式。

脱硝系统改造方案：进行低氮燃烧改造，重新布置分离燃尽风燃烧器，耦合 SCR 脱硝装置实现 NO_x 近零排放。1、2 号机组新增 SCR 脱硝反应器，3、4 号机组采用分级省煤器技术实现 40% ~100% 负荷脱硝。将锅炉原来布置在尾部烟道低温再热器下侧的省煤器拆除约 27%，通过散管将保留的省煤器与原省煤器进口集箱相连，作为第二级省煤器。在脱硝反应器出口烟道内新增一级省煤器，作为第一级省煤器。为节省布置空间，新增加的一级省煤器采用鳍片管省煤器。主给水管道相应进行了改造，将其一分为二后进入第一级省煤器，出口经三通汇合后进入第二级省煤器进口集箱。

Hg 排放控制：主要采用各污染物控制单元协同脱汞，实现汞排放浓度远低于 0.03 mg/m^3。

（二）河北沧东电厂 2×600 MW 机组+2×660 MW 机组

河北沧东电厂 1、2 号机组为 600 MW 亚临界机组，两台锅炉均为上海锅炉厂有限责任公司制造的汽包炉，型号为 SG2028/17.5-M909，采用控制循环、一次中间再热、单炉膛、四角切圆燃烧方式。河北沧东电厂 3、4 号 660 MW 机组锅炉为上海锅炉有限公司生产的 SG-2080/25.4-M969 超临界燃煤锅炉。锅炉为超临界参数变压运行螺旋管圈直流炉，采用单炉膛、一次中间再热、四角切圆燃烧方式。沧东电厂设计煤种、校核煤种均采用神府东胜烟煤，煤质分析见表 5-7。每台机组同步建有双室四电场静电除尘器、烟气脱硫装置、SCR 烟气脱硝装置。

表 5-7　河北沧东电厂煤质分析

项目	符号	单位	设计煤种	校核煤种
全水分	M_t	%	14.50	17.4
空气干燥基水分	M_{ad}	%	8.25	5.49
收到基灰分	A_{ar}	%	7.70	11.65
干燥无灰基挥发分	V_{daf}	%	38.80	30.83
收到基碳	C_{ar}	%	65.10	56.97
收到基氢	H_{ar}	%	3.25	3.50
收到基氧	O_{ar}	%	8.08	9.18
收到基氮	N_{ar}	%	0.66	0.70
收到基全硫	$S_{t,ar}$	%	0.71	0.60
收到基低位发热量	$Q_{net,ar}$	MJ/kg	23.79	21.49

沧东电厂四台机组近零排放设计指标详见表5-8，实施的技术改造方案如下。

烟尘排放控制：进行静电除尘器改造，具体措施包括高频电源改造；更换全部阴极线；调整、检修所有阳极板和阴极线框架；振打系统检修，更换磨损件；所有绝缘件加装强制热风吹扫装置；灰斗内衬不锈钢板，灰斗斜壁与水平面夹角不小于60°等。在脱硫后，增加福建龙净环保股份有限公司生产的金属极板湿式静电除尘器，采用四室、两电场的结构配置，水平进、出布置，确保湿式静电除尘器出口烟尘浓度≤5 mg/m³。

湿式静电除尘器采用的是金属阳极板配套锯齿线的极配形式，锯齿线采用2205材质。由于湿法脱硫后烟气水分高，300 mm的同极间距与湿式静电除尘器内部烟气环境及所需的高压供电相匹配，具有较为优越的荷电性能，以及稳定可靠的除尘效率。湿式静电除尘器出口端增设了除雾器装置，这样不仅能进一步降低水汽逃逸，还能确保烟尘长期稳定实现近零排放。除雾装置设置在出口喇叭内，分为2级除雾器结构，第一级采用两通道单倒钩折流板，第二级采用四通道三倒钩折流板，2级除雾器总阻力≤210 Pa。

SO₂排放控制：原脱硫系统SO₂排放指标低于35 mg/m³，脱硫系统未做改造。

NO$_x$ 排放控制：1、2 号锅炉进行低氮燃烧改造，主要为一、二次风喷口及挡板改造。3、4 号锅炉原分离燃尽风保持不变，水冷套、箱壳、喷口等均利旧，主燃烧器箱壳不动，水冷套摆动机构及执行机构利旧；更换全部煤粉喷口、喷管（A 层微油点火燃烧器除外）、弯头；更换部分二次风喷口，更改二次风喷口偏转角度；更换 A 层微油点火燃烧器，部分二次风喷口加装热电偶，监测燃烧器壁温；优化炉内流场结构，以抑制 NO$_x$ 的生成。1、2 号机组实施宽负荷脱硝技术改造（将锅炉原有省煤器约 40% 的受热面，从 SCR 入口移至出口烟道），保证 30% 负荷以上时，脱硝系统能够有效投入。通过低氮燃烧器与 SCR 脱硝装置耦合，实现 NO$_x$ 近零排放。

Hg 排放控制：主要采用各污染物控制单元协同脱汞，实现汞排放浓度远低于 0.03 mg/m³。

表 5-8　河北沧东电厂近零排放设计指标

	项目	1 号机组	2 号机组	3 号机组	4 号机组
除尘	除尘器入口烟尘浓度/(g/m³)	8.3	8.3	8.3	8.3
	除尘器出口烟尘浓度/(mg/m³)	≤20	≤20	≤20	≤20
	脱硫系统出口烟尘（含石膏等）浓度/(mg/m³)	≤25	≤25	≤25	≤25
	总排口烟尘浓度/(mg/m³)	≤3	≤3	≤3	≤3
脱硫	吸收塔进口 SO$_2$ 浓度/(mg/m³)	1650	1650	1650	1650
	总排口 SO$_2$ 浓度/(mg/m³)	≤35	≤35	≤35	≤35
脱硝	低氮燃烧后 NO$_x$ 浓度/(mg/m³)	≤200	≤200	≤150	≤150
	总排口 NO$_x$ 浓度/(mg/m³)	≤50	≤50	≤35	≤35

三、1000 MW 等级燃煤机组

（一）山东寿光电厂新建 2×1000 MW 机组

山东寿光电厂一期两台新建 1000 MW 超超临界燃煤近零排放机组，

锅炉为东方锅炉（集团）股份有限公司 DG3002.8/29.3-II1 超超临界参数变压直流炉、一次再热、平衡通风、露天布置、固态排渣、全钢构架、全悬吊结构 II 型锅炉，设计和校核煤种均为神府东胜煤，煤质分析见表5-9，设计锅炉效率为94.45%，汽轮机蒸汽参数为28MPa/600℃/620℃。

表5-9　山东寿光电厂煤质分析

名称	符号	单位	设计煤种	校核煤种
全水分	M_t	%	18.5	17.9
空气干燥基水分	M_{ad}	%	10.66	9.33
收到基灰分	A_{ar}	%	10.24	15.1
干燥无灰基挥发分	V_{daf}	%	35.61	34.68
收到基碳	C_{ar}	%	57.33	53.25
收到基氢	H_{ar}	%	3.26	3
收到基氮	N_{ar}	%	0.61	0.58
收到基氧	O_{ar}	%	9.43	9.7
收到基全硫	$S_{t,ar}$	%	0.63	0.47
收到基低位发热量	$Q_{net,v,ar}$	MJ/kg	21.23	20.02
煤中汞	Hg_{ar}	μg/g	0.04	0.03

作为新建机组，其烟气污染物排放设计值为：烟尘≤3 mg/m³，SO₂含量≤10 mg/m³、氮氧化物≤27 mg/m³，详见表5-10，具体技术方案如下。

表5-10　山东寿光电厂1、2号机组近零排放设计指标

项目		1号机组	2号机组
除尘	除尘器入口烟尘浓度/(g/m³)	12.56	12.56
	除尘器出口烟尘浓度/(mg/m³)	≤20	≤20
	脱硫系统出口烟尘（含石膏等）浓度/(mg/m³)	≤10	≤10
	总排口烟尘浓度/(mg/m³)	≤3	≤3
脱硫	吸收塔进口 SO₂浓度/(mg/m³)	1458	1458
	总排口 SO₂浓度/(mg/m³)	≤10	≤10
脱硝	低氮燃烧后 NOₓ浓度/(mg/m³)	≤180	≤180
	总排口 NOₓ浓度/(mg/m³)	≤27	≤27

除尘系统设计方案：每台机组配制两台浙江天洁环境科技股份有限公司生产的三室五电场静电除尘器，两级低温省煤器，除尘器入口烟尘浓度12.56 g/m³，除尘效率99.87%，除尘器出口烟尘浓度<20 mg/m³，电除尘器所有电场采用高频电源，配高压隔离开关柜15套，左右中各5套，电源为交流380 V，三相四线，50 Hz。同时在脱硫吸收塔出口与烟囱之间，每台机组加装两台浙江菲达环保科技股份有限公司生产的双室一电场湿式静电除尘器，确保烟尘排放浓度≤3 mg/m³。湿式静电除尘器的冲洗水包括循环水和补水，从集电极流下的水在灰斗收集进入废水箱内沉淀下来，上层澄清水作为循环水回用，由循环泵打入湿式静电除尘器里进行喷淋，沉淀在底部的废水作为脱硫工艺水或排放到废水处理厂。湿式静电除尘器耗水量不超过17.1 t/h。

脱硫系统设计方案：脱硫工艺采用湿式石灰石-石膏法，一炉一塔方式，该项目由北京博奇电力科技有限公司设计和承建。每座吸收塔设置5层喷淋、3层屋脊式除雾器和1层管式除雾器，每层喷淋对应一台浆液循环泵，单台浆液循环泵流量14500 m³/h；氧化风机采用单机高速离心风机，流量9450 m³/h；浆池沿环向设置5台侧进式搅拌器；脱硫公用系统按两台机一个单元设计，脱硫系统吸收剂采用粒径≤20 mm的石灰石颗粒，石灰石浆液制备采用湿式球磨机制浆方式。脱硫系统硫分按设计煤种硫分为0.63%计算，脱硫塔入口SO_2浓度为1458 mg/m³，脱硫效率不低于99.32%，设计工况下烟囱入口SO_2排放浓度≤10 mg/m³。不设GGH装置、不设置增压风机、不设置烟气旁路，脱硫系统与机组同步运行，利用引风机克服烟气阻力。

脱硝系统设计方案：锅炉采用低氮燃烧技术控制锅炉出口NO_x排放浓度小于180 mg/m³；脱硝工艺采用SCR法，SCR反应器设置双反应器，SCR催化剂采用2+1层布置方式，初始催化剂的装设的脱硝效率不低于85%，氨的逃逸率不大于3 ppm，SO_2/SO_3转化率小于1%。脱硝系统采用尿素热解法制备脱硝还原剂，脱硝尿素热解系统采用薄壁管（3 mm）的管式气气换热器，布置在锅炉低过水平段上部，利用从空预器冷一次风管道引接冷空气至锅炉低温过热器烟气区域内，在气气换热器内经高温烟气加热至650℃后，再从气气换热器引出送入尿素热解炉中加热和分解雾化后的尿素溶液。系统按照两台锅炉所需的还原剂储存与制备系统的容量建设一个公用还原剂制备、储存及供应区域。

Hg排放控制：主要采用各污染物控制单元协同脱汞，实现汞排放浓度远低于0.03 mg/m³。

（二）辽宁绥中电厂3号1000 MW机组

辽宁绥中电厂二期3号国产1000 MW超超临界燃煤机组于2010年投产，锅炉是由东方锅炉（集团）股份有限公司生产的DG 3030/26.25-Ⅲ1超超临界变压运行直流炉、单炉膛、对冲燃烧、一次再热、平衡通风、半露天布置、固态排渣、全钢构架、全悬吊结构布置Ⅱ型锅炉。锅炉设计煤种为70%神混煤+30%准格尔煤，煤质分析见表5-11。采用两台三室四电场静电除尘器，烟气脱硫工程采用石灰石-石膏湿法烟气脱硫工艺，预留了脱硝装置。

表5-11　辽宁绥中电厂煤质分析

名称	符号	单位	设计煤种
全水分	M_t	%	14.4
空气干燥基水分	M_{ad}	%	6.79
收到基灰分	A_{ar}	%	17.01
干燥无灰基挥发分	V_{daf}	%	36.55
收到基碳	C_{ar}	%	54.04
收到基氢	H_{ar}	%	3.04
收到基氮	N_{ar}	%	0.68
收到基氧	O_{ar}	%	9.99
收到基全硫	$S_{t,ar}$	%	0.84
收到基低位发热量	$Q_{net,ar}$	MJ/kg	20.52

　　为实现近零排放,开展了除尘、脱硫和脱硝技术改造,近零排放设计指标详见表5-12。具体方案如下。

　　除尘系统改造方案:除尘装置为浙江菲达环保科技股份有限公司生产的双室五电场静电除尘器。对电除尘器的一、二电场进行高频电源改造,采用24台国产高频电源,电源容量为1400 mA/80 kV,后4个电场36台控制器仍采用工频电源的控制方式。通过除尘器高频电源改造,除尘器出口烟尘浓度低于30 mg/m³。

　　脱硫系统改造方案:采用北京清新环境技术股份有限公司的脱硫除尘一体化技术,保持吸收塔直径不变,在吸收塔烟气入口上方,拆除最下层喷淋层,安装高效旋汇耦合脱硫装置湍流器,使吸收塔入口、喷淋层下方烟气均流并同时产生湍流效果,增加吸收塔内烟气停留时间、增加烟气与浆液的接触面积,提升吸收塔整体脱硫效率,避免烟气偏流短路现象,同时增加液气比。在原有最上面喷淋层上方增设两层喷淋层,流量为10500 m³/h,改造后吸收塔内共有五层喷淋层。在原有除雾器上方增设一级板式除雾器和一级管式除雾器,降低吸收塔出口净烟气的液滴和颗粒物浓度。

　　脱硝系统改造方案:锅炉进行低氮燃烧器燃烧优化,尾部采用选择性催化还原脱硝工艺,SCR反应器结构按3层催化剂设计,布置在省煤器后、空气预热前,脱硝效率超过80%。

　　Hg排放控制:主要采用各污染物控制单元协同脱汞,实现汞排放浓度远低于0.03 mg/m³。

表 5-12　辽宁绥中电厂 3 号机组近零排放设计指标

	项目	3 号机组
除尘	除尘器入口烟尘浓度/(g/m³)	15
	除尘器出口烟尘浓度/(mg/m³)	≤30
	脱硫系统出口烟尘(含石膏等)浓度/(mg/m³)	≤5
	总排口烟尘浓度/(mg/m³)	≤5
脱硫	吸收塔进口 SO₂ 浓度/(mg/m³)	1953
	总排口 SO₂ 浓度/(mg/m³)	≤35

续表

项目		3 号机组
脱硝	低氮燃烧后 NO_x 浓度/(mg/m^3)	≤315
	总排口 NO_x 浓度/(mg/m^3)	≤50

第二节　不同等级燃煤机组改造前后污染物排放

以河北三河电厂 4 号 300 MW 机组、河北定州电厂 2 号 600 MW 机组、辽宁绥中电厂 3 号 1000 MW 机组为例，对比不同等级燃煤机组近零排放改造前后烟尘、SO_2、NO_x 排放浓度的在线监测数据，如图 5-1、图 5-2、图 5-3 所示（王树民和刘吉臻，2016a）。

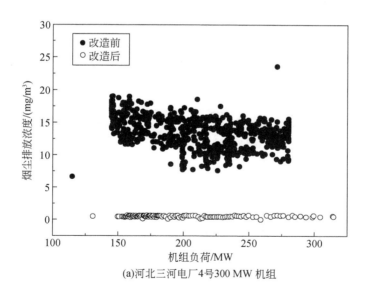

(a)河北三河电厂 4 号 300 MW 机组

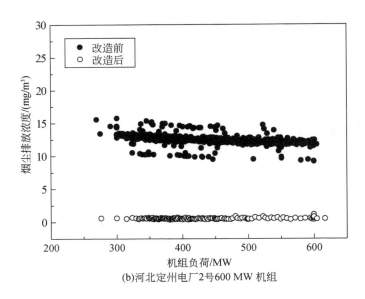

(b)河北定州电厂2号600 MW 机组

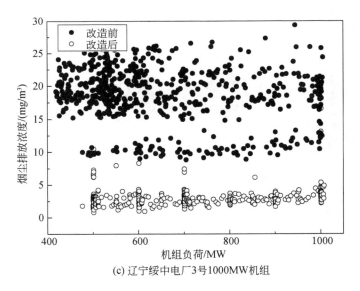

(c) 辽宁绥中电厂3号1000MW机组

图 5-1 不同等级机组烟尘排放浓度

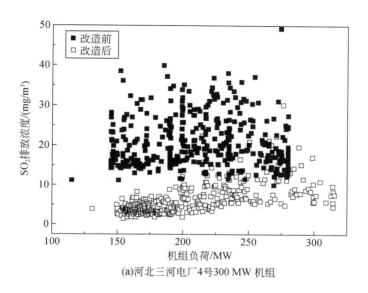

(a)河北三河电厂4号300 MW 机组

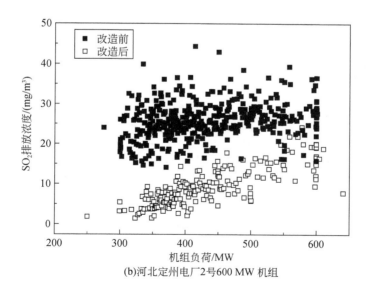

(b)河北定州电厂2号600 MW 机组

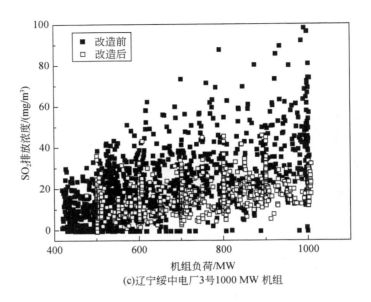

(c)辽宁绥中电厂3号1000 MW 机组

图 5-2　不同等级机组 SO_2 排放浓度

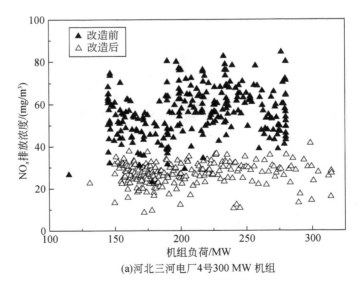

(a)河北三河电厂4号300 MW 机组

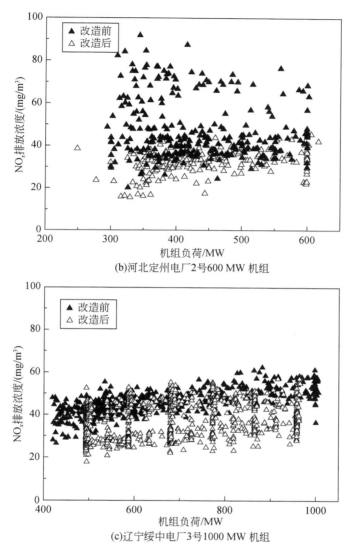

(b)河北定州电厂2号600 MW 机组

(c)辽宁绥中电厂3号1000 MW 机组

图 5-3　不同等级机组 NO$_x$排放浓度

　　从图中可看出，不同等级燃煤机组在近零排放改造后，烟尘、SO$_2$、NO$_x$排放浓度都大幅下降。改造前，河北三河电厂4 号 300 MW 机组不同负荷下烟尘排放浓度一般为 10 ~ 20 mg/m^3，河北定州电厂 2 号 600 MW 机组不同负荷下烟尘排放浓度一般为 10 ~ 15 mg/m³，辽宁绥中电厂 3 号 1000 MW 机组不同负荷下烟尘排放浓度一般为 10 ~ 25 mg/m³。

　　上述机组近零排放改造后，烟尘排放浓度都有较大幅度的下降，河北三河电厂 4 号 300 MW 机组、河北定州电厂 2 号 600 MW 机组在 1 mg/m³ 左右，辽宁绥中电厂 3 号 1000 MW 机组排放浓度低于 5 mg/m³，大多数工况下在 2 mg/m³ 左右，仅是改造前的 1/10；三台机组 SO₂ 排放浓度在改造前基本在 10 ~ 40 mg/m³，辽宁绥中电厂 3 号机组略微偏高，改造后 SO₂ 排放浓度基本维持在 20 mg/m³ 以下，约为改造前的 1/2；河北三河电厂 4 号机组、河北定州电厂 2 号机组 NOₓ 排放浓度在改造前在 40 ~ 80 mg/m³，辽宁绥中电厂 3 号机组 NOₓ 排放浓度在改造前在 30 ~ 60 mg/m³，改造后三台机组 NOₓ 排放浓度基本在 40 mg/m³ 以下，约为改造前的 1/2。改造前污染物排放随负荷波动较大，改造后波动幅度较小，基本稳定在近零排放限值范围内。

第三节　不同等级燃煤机组不同负荷污染物排放

一、300 MW 等级燃煤机组

（一）浙江舟山电厂新建 4 号 350 MW 机组

　　2014 年 6 月 25 日，浙江舟山电厂新建 4 号 350 MW 国产超临界燃煤机组投产，经浙江省环境监测中心测试，烟尘、SO₂、NOₓ 排放浓度分别为 2.46 mg/m³、2.76 mg/m³、19.8 mg/m³，不到燃气发电机组排放限值的一半，是中国首台通过环保验收的近零排放新建燃煤机组。图 5-4 为浙江舟山电厂 4 号机组大气污染物实际排放数据。可以看出，不同负荷烟尘排放浓度基本为 2 ~ 3 mg/m³，SO₂ 排放浓度基本上在 5 mg/m³ 左右，二者随负荷的变化不明显。通过和后续其他电厂机组的对比会发现，海水脱硫后 SO₂ 浓度值较低，脱硫效果明显优于石灰石-石膏法脱硫工艺。NOₓ 排放浓度基本处于 15~35 mg/m^3，随负荷的增加略有增加。

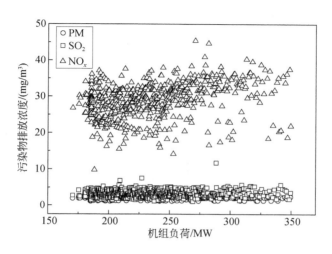

图 5-4　浙江舟山电厂 4 号 350 MW 超临界机组不同负荷污染物排放浓度

（二）河北三河电厂 2×350 MW 机组+2×300 MW 机组

河北三河电厂全厂四台机组燃用煤种相同，2013 年以来相继实施了近零排放改造，1、2、4 号机组湿式静电除尘器有所区别，其中 1 号机组采用纤维织物极板湿式静电除尘器，2、4 号机组采用金属极板湿式静电除尘器，3 号机组没有安装湿式静电除尘器。图 5-5 显示了河北三河电厂近零排放改造后不同负荷四台机组烟尘、SO$_2$ 及 NO$_x$ 排放特征。由图可见，不同负荷范围内的烟尘、SO$_2$ 及 NO$_x$ 排放浓度基本低于 5 mg/m^3、20 mg/m^3、40 mg/m^3，4 号机组通过优化湿式静电除尘器的极配方式和内部流场，更是实现烟尘排放长期小于 1 mg/m^3。随着运行负荷的增加，烟尘、SO$_2$、NO$_x$ 基本稳定在近零排放限值范围内。

机组实际运行过程中，随着负荷的增加，燃煤量增加，污染物生成总量增加，但静电除尘器和湿式静电除尘器等设备的综合除尘效率已经很高，烟尘排放浓度变化不明显；由于 SO$_2$ 的生成量增加，其排放浓度有一定的增加；对于 NO$_x$，低负荷时 SCR 催化剂反应温度低，催化氧化转化效率低，但随着负荷增加，烟气温度升高，SCR 脱硝效率提高，从而使 NO$_x$排放浓度有所降低，这会抵消负荷增加引起燃料增加导致的 NO$_x$浓度升高，所以 NO$_x$浓度变化不明显。

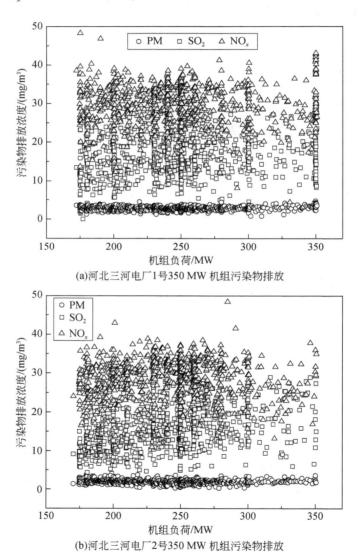

(a)河北三河电厂1号350 MW 机组污染物排放

(b)河北三河电厂2号350 MW 机组污染物排放

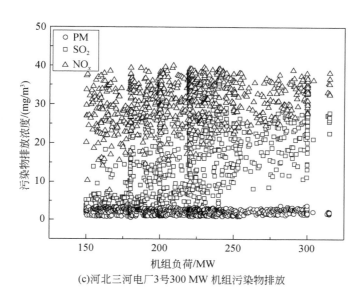

(c)河北三河电厂3号300 MW 机组污染物排放

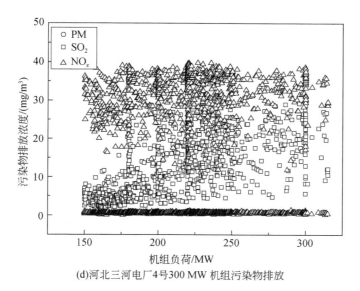

(d)河北三河电厂4号300 MW 机组污染物排放

图 5-5 河北三河电厂四台 300 MW 等级亚临界机组不同负荷污染物排放浓度

二、600 MW 等级燃煤机组

（一）河北定州电厂 2×600 MW 机组+2×660 MW 机组

河北定州电厂 1、2 号 600 MW 亚临界机组分别于 2015 年 12 月和 2016 年 3 月完成近零排放改造，改造内容主要包括低氮燃烧改造、SCR 脱硝提效改造、常规电除尘器改造为低低温三相电源电除尘器、脱硫除尘一体化技术改造，并新增了金属极板湿式静电除尘器。

图 5-6 为定州电厂 1、2 号机组近零排放改造后的污染物排放情况，从图中可以看到，两台机组在不同负荷均达到了近零排放要求。监测期间，不同负荷范围内的烟尘排放浓度低于 1 mg/m³、SO_2 排放浓度低于 20 mg/m³、NO_x 排放浓度基本低于 40 mg/m³。随着运行负荷的增加，烟尘和 NO_x 排放随负荷的变化不明显，基本稳定在近零排放限值范围内，而 SO_2 排放浓度则与机组负荷存在较为明显的正相关性。

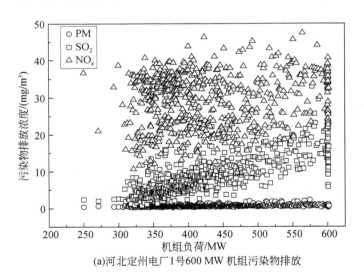

(a)河北定州电厂1号600 MW 机组污染物排放

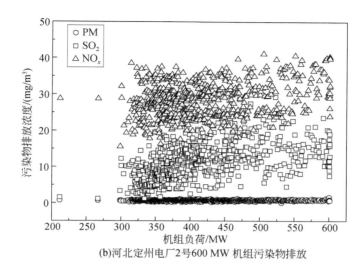

(b)河北定州电厂2号600 MW 机组污染物排放

图 5-6　河北定州电厂600 MW 亚临界机组不同负荷污染物排放浓度

河北定州电厂3、4 号660 MW 超临界机组分别于 2014 年 12 月和 2015 年 1 月完成近零排放改造，主要开展了低氮燃烧改造，分级省煤器宽负荷脱硝技术改造、常规电除尘器改造为低低温三相电源电除尘器、脱硫提效改造，并新增了金属极板湿式静电除尘器。

图 5-7 为定州电厂3、4 号机组近零排放改造后的污染物排放情况，从图中可以看到，两台机组在不同负荷均能实现大气污染物近零排放。监测期间，3、4 号机组不同负荷范围内的烟尘排放浓度低于 3 mg/m³、SO_2 排放浓度低于 30 mg/m³、NO_x 排放浓度基本低于 35 mg/m³。随着运行负荷的增加，烟尘排放随负荷的变化不明显，基本稳定在近零排放限值范围内，SO_2 和 NO_x 排放随负荷增加略有增加。与图 5-6 对比发现，定州电厂3、4 号机组脱硝技术改造效果略好于 1、2 号机组，特别是宽负荷脱硝技术的应用提高了低负荷时 SCR 脱硝催化剂的催化氧化活性。

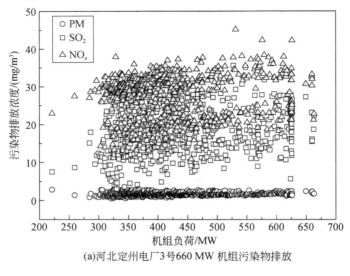

(a)河北定州电厂3号660 MW 机组污染物排放

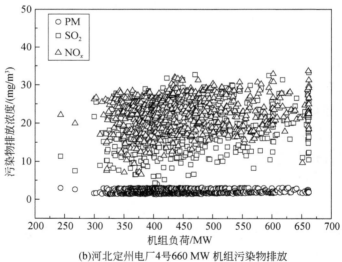

(b)河北定州电厂4号660 MW 机组污染物排放

图 5-7　河北定州电厂 660 MW 超临界机组不同负荷污染物排放浓度

（二）河北沧东电厂 2×600 MW 机组+2×660 MW 机组

河北沧东电厂 1、2 号 600 MW 亚临界机组分别于 2016 年 2 月和 2016

年3月完成近零排放改造，改造内容主要包括低氮燃烧改造、采用分级省煤器改造保证宽负荷脱硝，对电除尘器开展了高频电源改造，并增加了湿式静电除尘器。

图5-8为沧东电厂1、2号机组近零排放改造后的污染物排放情况，

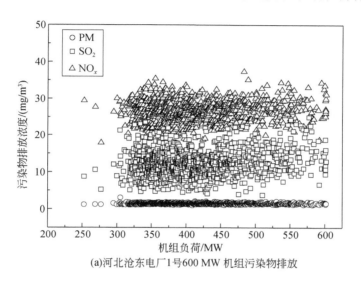

(a)河北沧东电厂1号600 MW机组污染物排放

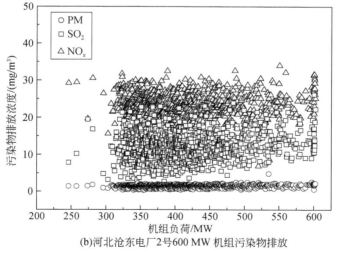

(b)河北沧东电厂2号600 MW机组污染物排放

图5-8　河北沧东电厂600 MW亚临界机组不同负荷污染物排放浓度

从图中可以看到，相关技术的实施能实现大气污染物的近零排放。不同负荷范围内的烟尘、SO_2、NO_x 排放浓度基本低于 3 mg/m^3、20 mg/m^3、35 mg/m^3。运行中随着负荷增加，烟尘和 NO_x 排放随负荷的变化不明显，基本稳定在近零排放限值范围内，SO_2 排放随负荷增加略有增加。

河北沧东电厂3、4 号机组为 660 MW 超临界机组，分别于 2015 年 11 月和 2015 年 10 月完成近零排放改造，改造内容主要包括低氮燃烧改造、SCR 脱硝提效改造，对电除尘器开展了高频电源改造，并增加了湿式静电除尘器。

图 5-9 为沧东电厂3、4 号机组近零排放改造后的污染物排放情况，从图中可以看到，两台机组在不同负荷均能实现大气污染物近零排放。监测期间，不同负荷范围内的烟尘、SO_2、NO_x 排放浓度基本低于 3 mg/m^3、20 mg/m^3、30 mg/m^3。运行中随着负荷增加，烟尘和 NO_x 排放随负荷的变化不明显，基本稳定在近零排放限值范围内，SO_2 排放随负荷增加略有增加。对比图 5-8 可发现，沧东电厂四台机组运行负荷对烟尘、SO_2、NO_x 排放浓度的影响规律较为一致。

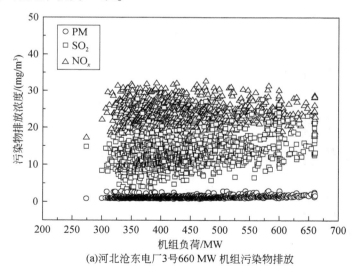

(a)河北沧东电厂3号660 MW 机组污染物排放

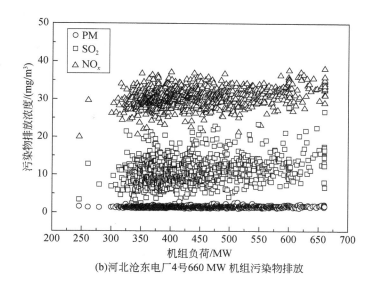

(b)河北沧东电厂4号660 MW机组污染物排放

图5-9　河北沧东电厂660 MW超临界机组不同负荷污染物排放浓度

三、1000 MW 等级燃煤机组

（一）山东寿光电厂新建 2×1000 MW 机组

山东寿光电厂1、2号1000 MW超超临界新建机组采用相同的近零排放技术方案，除尘系统集成低温省煤器+高效电除尘（高频电源）、脱硫协同除尘和湿式静电除尘技术，脱硫系统采用单塔双回路石灰石-石膏湿法脱硫工艺，脱硝系统采用低氮燃烧耦合 SCR 脱硝技术。两台机组分别于 2016 年 7 月 31 日和 11 月 26 日投产发电，经山东省环境监测中心站测试，1 号机组烟尘、SO_2、NO_x 排放浓度分别为 <1 mg/m^3、2 mg/m^3、18 mg/m^3，2 号机组烟尘、SO_2、NO_x 排放浓度分别为 <1 mg/m^3、<2 mg/m^3、16 mg/m^3。图5-10为该电厂两台机组大气污染物的排放情况，从图中可以看到，不同负荷的大气污染物排放浓度远低于近零排放限值。监测期间，烟尘排放浓度低于 1 mg/m^3，SO_2 排放浓度低于 10 mg/m^3，NO_x 排放浓度低

于 20 mg/m³, 污染物减排效果显著。相比而言, SO_2 和 NO_x 排放浓度与机组负荷存在一定正相关性, 这是由于高负荷对应的污染物生成量更大, 保证相同排放浓度需提高脱硫效率和脱硝效率, 增加 WFGD 和 SCR 的运行控制难度。

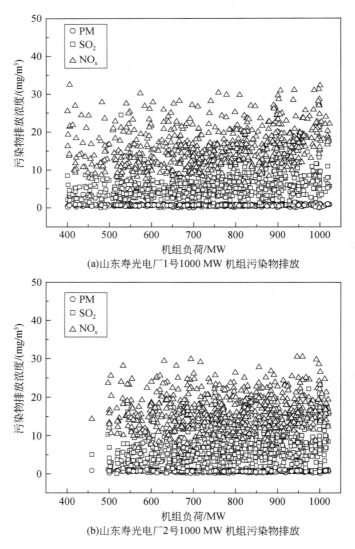

(a)山东寿光电厂1号1000 MW 机组污染物排放

(b)山东寿光电厂2号1000 MW 机组污染物排放

图 5-10　山东寿光电厂1000 MW 超超临界新建机组不同负荷污染物排放浓度

（二）辽宁绥中电厂 3 号 1000 MW 机组

辽宁绥中电厂 3 号 1000 MW 超超临界机组于 2015 年 11 月完成近零排放改造。图 5-11 为该机组近零排放改造后的污染物排放情况，从图中可以看到，3 号机组在不同负荷均能实现大气污染物近零排放。监测期间，3 号机组不同负荷范围内的烟尘排放浓度低于 5 mg/m³、SO_2 排放浓度低于 25 mg/m³、NO_x 排放浓度基本低于 50 mg/m³，且机组运行负荷的变化对烟尘、SO_2、NO_x 排放浓度的影响较小，基本稳定在近零排放限值范围内。

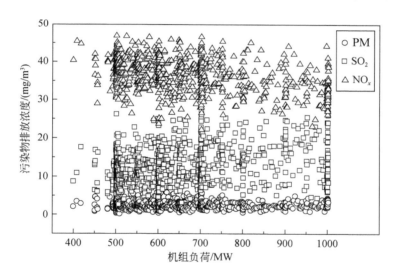

图 5-11　辽宁绥中电厂 3 号 1000 MW 超超临界机组不同负荷污染物排放浓度

第四节　不同等级燃煤机组长周期运行污染物排放

2014 年 6 月，浙江舟山电厂 4 号机组作为全国首台近零排放新建燃煤机组投产，目前已稳定运行超过 4 年。为深入探究燃煤机组大气污染物近零排放控制技术的可靠性，选择实现近零排放并运行 3~4 年的不同容量燃煤机组，研究其大气污染物的长周期排放特征。

一、300 MW 等级燃煤机组

300 MW 等级燃煤机组以浙江舟山电厂新建 4 号机组和河北三河电厂 1、2、4 号机组为例。浙江舟山电厂 4 号机组自 2014 年 6 月 25 日投产实现近零排放以来，截至 2017 年 12 月底，除 2014 年 10 月检修停机外，烟尘、SO_2 和 NO_x 排放浓度月均值和日均最大值都不超过近零排放标准限值，实现稳定排放，详见图 5-12。其中烟尘月均最大值为 2.9 mg/m^3，月均最小值为 1.6 mg/m^3，日均最大值 4.0 mg/m^3，日均最小值 1.0 mg/m^3；尽管机组投产初期烟尘月均值变化不大，但其日均最小值、日均最大值波动明显；2014 年底以后，月均值、日均最小值、日均最大值变化趋势基本一致。SO_2 月均最大值为 5.7 mg/m^3，月均最小值为 1.2 mg/m^3，日均最大值 17 mg/m^3，日均最小值 0.5 mg/m^3；总体上 SO_2 浓度很低，除偶有日均最

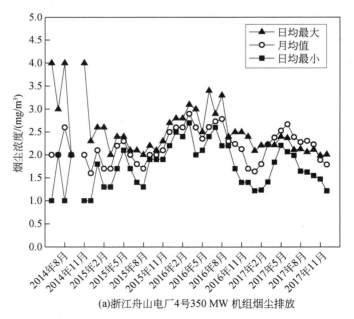

(a)浙江舟山电厂4号350 MW 机组烟尘排放

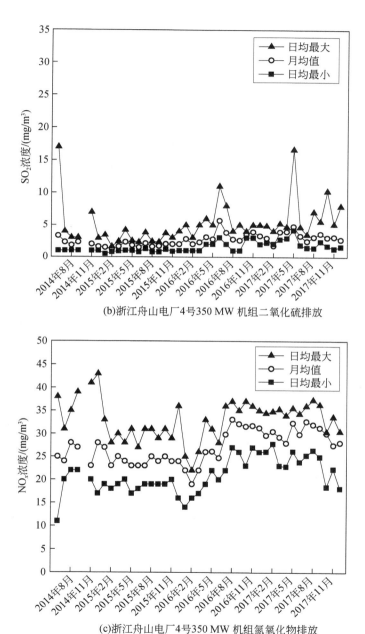

(b)浙江舟山电厂4号350 MW 机组二氧化硫排放

(c)浙江舟山电厂4号350 MW 机组氮氧化物排放

图5-12 浙江舟山电厂4 号350 MW 机组污染物长周期排放浓度

大值较大外，其余月均值、日均最小值都很小，变化趋势也基本一致。NO_x月均最大值为 33.1 mg/m^3，月均最小值为 19 mg/m^3，日均最大值 43 mg/m^3，日均最小值 11 mg/m^3；与烟尘类似，2014 年 6 月至 2014 年 12 月 NO_x月均值变化不大，但其日均最小值、日均最大值波动明显，这是由于新建机组投产初期环保设施控制系统运行调整较为频繁。

　　河北三河电厂 1 号机组自 2014 年 7 月 20 日实现大气污染物近零排放以来，截至 2017 年 12 月底，除 2016 年 4、5 月检修停机外，烟尘、SO_2和NO_x排放浓度月均值和日均最大值都不超过近零排放标准限值，实现稳定排放，详见图 5-13。实际机组运行中，污染物的排放浓度受负荷波动、煤质变化、污染物控制措施变动等因素影响，运行曲线都要在一定范围内波动。统计期间，烟尘月均最大值为 3.5 mg/m^3，月均最小值为 1.9 mg/m^3，日均最大值 5.0 mg/m^3，日均最小值 0.8 mg/m^3。SO_2月均最大值为 21 mg/m^3，月均最小值为 11.5 mg/m^3，日均最大值 26 mg/m^3，日均最小值 6 mg/m^3；

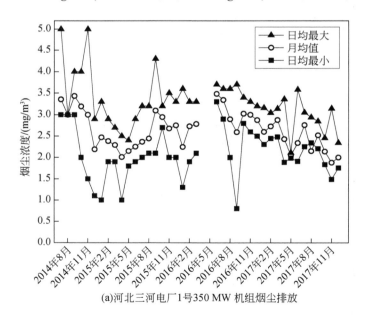

(a)河北三河电厂1号350 MW 机组烟尘排放

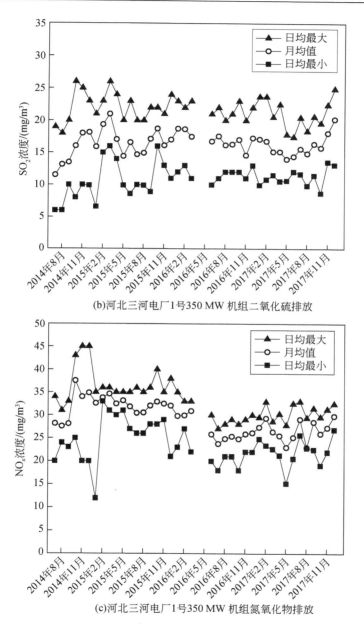

(b)河北三河电厂1号350 MW 机组二氧化硫排放

(c)河北三河电厂1 号350 MW 机组氮氧化物排放

图 5-13　河北三河电厂 1 号 350 MW 机组污染物长周期排放浓度

NO$_x$月均最大值为 37.5 mg/m³，月均最小值为 23 mg/m³，日均最大值 45 mg/m³，日均最小值 12 mg/m³。2014 年 8 月、2014 年 9 月到 11 月、2015 年 9 月烟尘月均值和日均最大值相对较大，其他日期烟尘月均值和日均极值变化幅度并不太大；SO$_2$ 月均值、日均最小值、日均最大值变化趋势基本一致；NO$_x$ 排放除了 2014 年 9 月到 2015 年 1 月日均最小值较低、日均最大值较高外，其他月均值、日均最小值、日均最大值变化趋势也基本一致。

河北三河电厂 2 号机组自 2014 年 11 月 20 日实现大气污染物近零排放以来，截至 2017 年 12 月底，烟尘、SO$_2$ 和 NO$_x$ 排放浓度月均值和日均最大值都不超过近零排放标准限值，实现稳定排放，详见图 5-14。其中烟尘月均最大值为 2.95 mg/m³，月均最小值为 1.1 mg/m³，2014 年 11 月出现过日均最大值达 5.0 mg/m³，一般情况低于 3 mg/m³，日均最小值 0.4 mg/m³。SO$_2$ 月均最大值为 22.4 mg/m³，月均最小值为 9 mg/m³，日均最大值 28 mg/m³，日均最小值 6 mg/m³。NO$_x$月均最大值为 33.7 mg/m³，月均最

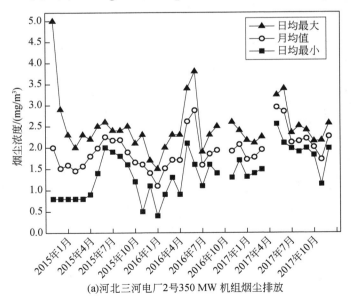

(a)河北三河电厂2号350 MW 机组烟尘排放

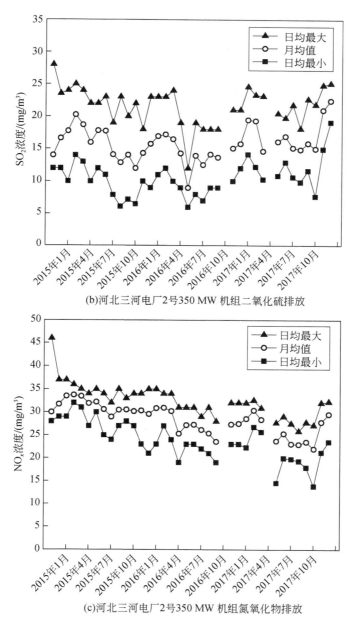

(b)河北三河电厂2号350 MW 机组二氧化硫排放

(c)河北三河电厂2号350 MW 机组氮氧化物排放

图 5-14 河北三河电厂 2 号 350 MW 机组污染物长周期排放浓度

小值为 22 mg/m³，日均最大值 46 mg/m³，日均最小值 13.8 mg/m³。烟尘月均值、日均最小值、日均最大值变化趋势一致；SO_2 月均值、日均最小值、日均最大值变化趋势基本一致；NO_x 排放月均值、日均最小值、日均最大值变化趋势也基本一致，随着运行时间的推移，日均最小值、日均最大值有一定的下降趋势，说明 SCR 脱硝装置控制 NO_x 的排放尚存挖潜空间。

河北三河电厂 4 号机组自 2015 年 7 月实现近零排放以来，截至 2017 年 12 月底，除 2016 年 4 月和 2017 年 5 月停机检修外，烟尘、SO_2 和 NO_x 排放浓度月均值和日均最大值都不超过近零排放标准限值，实现稳定排放，详见图 5-15。其中烟尘月均最大值为 0.86 mg/m³，月均最小值 0.4 mg/m³，日均最大值 1.2 mg/m³，日均最小值 0.2 mg/m³；烟尘月均值、日均最小值、日均最大值变化趋势一致，不同月份变化不大。SO_2 月均最大值为 23.5 mg/m³，月均最小值为 5 mg/m³，日均最大值 26.3 mg/m³，日均最小值 2 mg/m³；SO_2 月均值、日均最小值、日均最大值变化趋势基本一致，但不同月份波动较大。NO_x 月均最大值为 37.5 mg/m³，月均最小值为 19.6 mg/m³，日

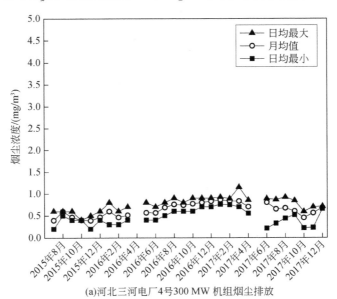

(a)河北三河电厂4号300 MW 机组烟尘排放

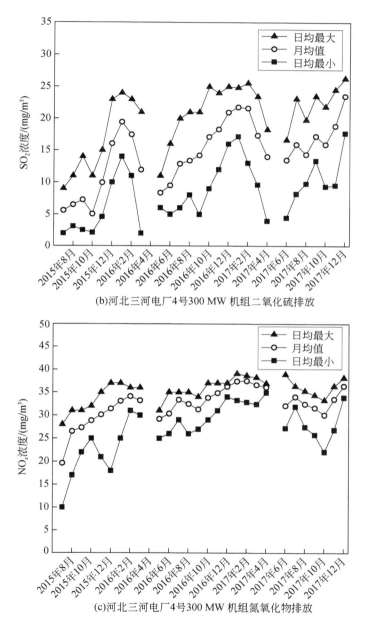

(b)河北三河电厂4号300 MW 机组二氧化硫排放

(c)河北三河电厂4号300 MW 机组氮氧化物排放

图5-15　河北三河电厂4号300 MW 机组污染物长周期排放浓度

均最大值 39.1 mg/m³；日均最小值 10 mg/m³；NO$_x$ 的排放除 2015 年年底外，月均值、日均最小值、日均最大值变化趋势也基本一致，2017 年之前，随着运行时间的推移，这些数值有一定的上升趋势，但在 2017 年趋于稳定，且总体上呈现出下降趋势。

二、600 MW 等级燃煤机组

600 MW 等级燃煤机组以河北定州电厂 3、4 号机组，河北沧东电厂 4 号机组为例。河北定州电厂 3 号机组自 2014 年 12 月完成近零排放改造以来，截至 2017 年 12 月底，烟尘、SO$_2$ 和 NO$_x$ 排放浓度月均值和日均最大值都不超过近零排放标准限值，实现稳定排放，详见图 5-16。其中烟尘月均最大值为 2.7 mg/m³，月均最小值为 1.1 mg/m³，日均最大值 3.0 mg/m³，日均最小值 0.6 mg/m³，烟尘浓度波动很小，月均值、日均最小值、日均最大值比较接近，同时其随时间变化的趋势也较为一致。SO$_2$ 月均最大值为 22 mg/m³，月均最小值为 5 mg/m³，日均最大值 26 mg/m³，日均最小值 1 mg/m³，月均值、日均最小值、日均最大值偏离程度较大，但三者随时

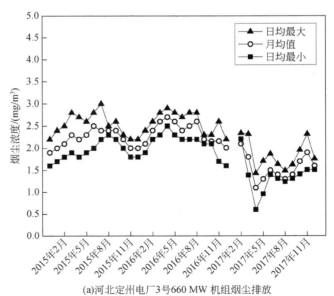

(a)河北定州电厂 3 号 660 MW 机组烟尘排放

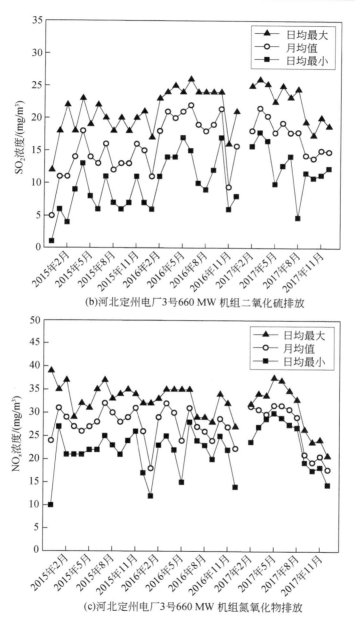

(b)河北定州电厂3号660 MW 机组二氧化硫排放

(c)河北定州电厂3号660 MW 机组氮氧化物排放

图 5-16　河北定州电厂 3 号 660 MW 机组污染物长周期排放浓度

间变化的趋势也较为一致。NO_x 月均最大值为 32 mg/m³，月均最小值为 18 mg/m³，日均最大值 39 mg/m³，日均最小值 10 mg/m³，相对而言，NO_x 日均最小值、日均最大值偏离月均值较大，但其随时间变化的趋势也较为一致。

河北定州电厂 4 号机组自 2015 年 1 月完成近零排放改造以来，截至 2017 年 12 月底，烟尘、SO_2 和 NO_x 排放浓度月均值和日均最大值都不超过近零排放标准限值，实现稳定排放，详见图 5-17。其中烟尘月均最大值为 2.9 mg/m³，月均最小值为 1.7 mg/m³，日均最大值 3.1 mg/m³，日均最小值 1.1 mg/m³，除少数几个月烟尘日均最大值偏离较大外，其余时间日均最大、日均最小和月均值变化都很接近且变化趋势一致。SO_2 月均最大值为 23 mg/m³，月均最小值为 12 mg/m³，日均最大值 30 mg/m³，日均最小值 5 mg/m³，4 号机组的 SO_2 日均最大、日均最小和月均值的变化波动都很大，而且没有一致的变化趋势，可能运行过程中某些参数变化较大，需要关注具体的运行过程。NO_x 月均最大值为 34 mg/m³，月均最小值为 16.5 mg/m³，日均最大值 40 mg/m³，日均最小值 13.6 mg/m³；除偶有波动，NO_x 日均最大、日均最小和月均值变化都比较接近且变化趋势一致。

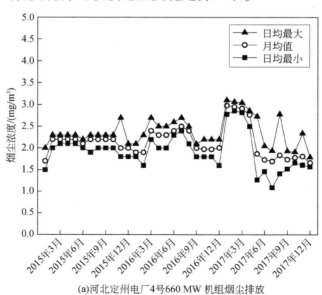

(a)河北定州电厂 4号 660 MW 机组烟尘排放

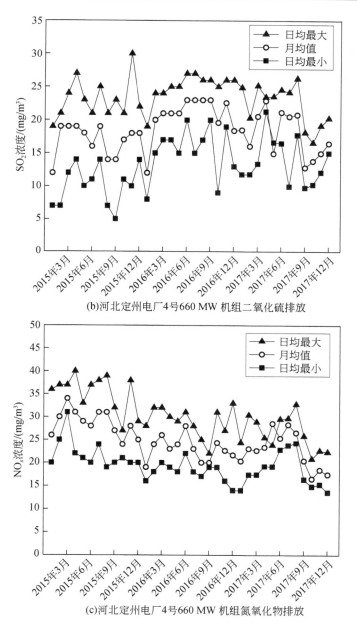

(b)河北定州电厂4号660 MW 机组二氧化硫排放

(c)河北定州电厂4号660 MW 机组氮氧化物排放

图 5-17　河北定州电厂 4 号 660 MW 机组污染物长周期排放浓度

河北沧东电厂4号机组自2015年10月完成近零排放改造以来，截至2017年11月底，烟尘、SO₂和NOₓ排放浓度月均值和日均最大值都不超过近零排放标准限值，实现稳定排放，详见图5-18。其中烟尘月均最大值为2 mg/m³，月均最小值为1.2 mg/m³，日均最大值2.5 mg/m³，日均最小值0.9 mg/m³，4号机组烟尘排放日均最大、日均最小和月均值变化都很低，统计期间变化不大。SO₂月均最大值为15 mg/m³，月均最小值为8.2 mg/m³，日均最大值20.8 mg/m³，日均最小值3.9 mg/m³，2015年11月到12月、2016年12月、2017年4月对应的日均最大值、日均最小值和月均值都比较低，总体上相对稳定。NOₓ月均最大值为33 mg/m³，月均最小值为24.3 mg/m³，日均最大值42 mg/m³，日均最小值18 mg/m³，2015年10月到12月对应的日均最大值和日均最小值偏离较大，这与近零排放机组投运初期SCR脱硝装置运行调整不及时有关，其余统计期间NOₓ的排放比较稳定。

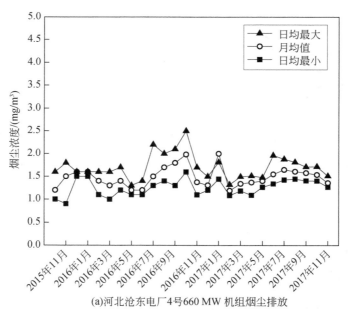

(a)河北沧东电厂4号660 MW机组烟尘排放

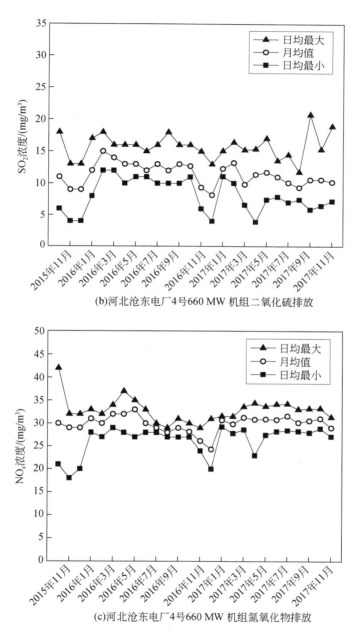

(b)河北沧东电厂4号660 MW 机组二氧化硫排放

(c)河北沧东电厂4 号660 MW 机组氮氧化物排放

图 5-18　河北沧东电厂4 号660 MW 机组污染物长周期排放浓度

三、1000 MW 等级燃煤机组

1000 MW 等级燃煤机组以山东寿光电厂新建 1、2 号机组和辽宁绥中电厂 3 号机组为例。山东寿光电厂 1 号机组自 2016 年 7 月 31 日投产实现近零排放以来，截至 2017 年 12 月底，除 2017 年 5 月检修停机外，烟尘、SO_2 和 NO_x 排放浓度月均值和日均最大值都不超过近零排放标准限值，实现稳定排放，详见图 5-19。其中烟尘月均最大值为 0.88 mg/m³，月均最小值为 0.53 mg/m³，机组投产第 2 个月出现过日均最大值 3.4 mg/m³，一般情况低于 1.25 mg/m³，日均最小值 0.11 mg/m³；SO_2 月均最大值为 9.07 mg/m³，月均最小值为 3.71 mg/m³，日均最大值 13.65 mg/m³，日均最小值 1.35 mg/m³；NO_x 月均最大值为 19.8 mg/m³，月均最小值为 11.22 mg/m³，日均最大值 24.1 mg/m³，日均最小值 5.71 mg/m³。

山东寿光电厂 2 号机组自 2016 年 11 月 26 日投产实现近零排放以来，截至 2017 年 12 月底，烟尘、SO_2 和 NO_x 排放浓度月均值和日均最大值都不超过近零排放标准限值，实现稳定排放，详见图 5-20。其中烟尘月均最大值为 0.96 mg/m³，月均最小值为 0.46 mg/m³，日均最大值 1.32 mg/m³，日均最小值 0.2 mg/m³；SO_2 月均最大值为 9.45 mg/m³，月均最小值为 3.14 mg/m³，日均最大值 16.7 mg/m³，日均最小值 0.71 mg/m³；NO_x 月均最大值为 20.07 mg/m³，月均最小值为 11.97 mg/m³，日均最大值 23.96 mg/m³，日均最小值 10.06 mg/m³。

由图 5-19 和图 5-20 还可看出，山东寿光电厂两台新建机组烟尘、SO_2、NO_x 排放浓度月均值、日均最大值和日均最小值比较接近，变化趋势基本保持一致，且在 2017 年下半年更是呈现出下降趋势。两台机组烟尘、SO_2、NO_x 排放浓度月均值可控制在 1 mg/m³、10 mg/m³、20 mg/m³ 以内，说明环保设施组合长期运行稳定性较高。同时，烟尘、SO_2、NO_x 日均最小值可低至 0.11 mg/m³、0.71 mg/m³、5.71 mg/m³，说明近零排放机组环保设施的性能尚存潜力可挖；日均最大值并未远高于 1 mg/m³、

10 mg/m^3、20 mg/m^3，说明大气污染物极少出现连续多个小时高浓度排放。但针对 NO_x 的排放，两台机组均出现多个月份日均最大值高于 20 mg/m^3，这是由 SCR 脱硝控制系统大延迟、大滞后特性所造成，导致运行调整不及时。

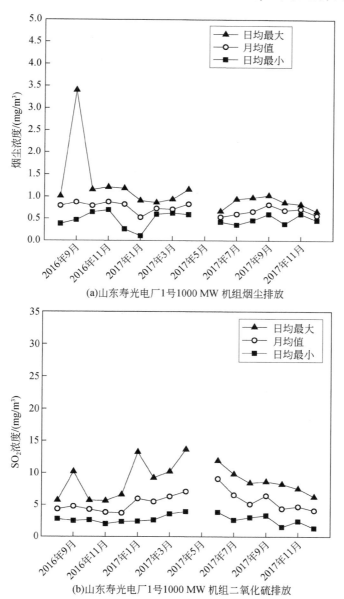

(a)山东寿光电厂1号1000 MW 机组烟尘排放

(b)山东寿光电厂1号1000 MW 机组二氧化硫排放

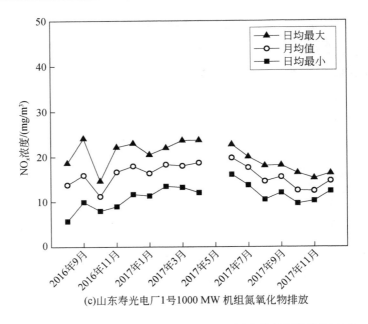

(c)山东寿光电厂1号1000 MW 机组氮氧化物排放

图 5-19　山东寿光电厂 1 号 1000 MW 机组污染物长周期排放浓度

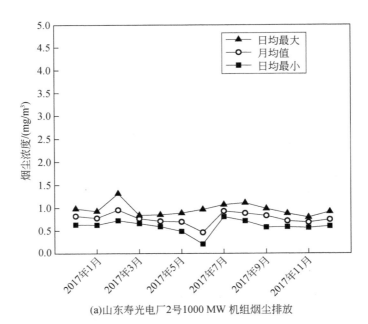

(a)山东寿光电厂2号1000 MW 机组烟尘排放

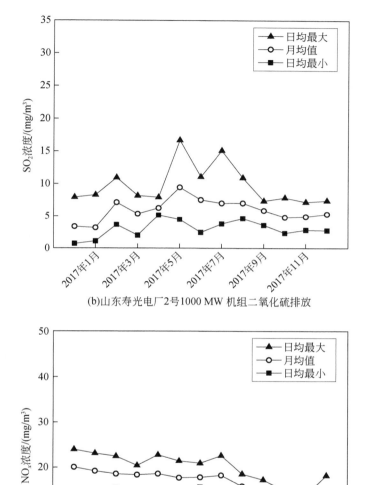

(b)山东寿光电厂2号1000 MW 机组二氧化硫排放

(c)山东寿光电厂2号1000 MW 机组氮氧化物排放

图5-20　山东寿光电厂2号1000 MW 机组污染物长周期排放浓度

辽宁绥中电厂 3 号机组于 2015 年 9 月完成环保改造，10 月、11 月开展性能试验，探索最佳运行工况，烟尘、SO_2 和 NO_x 排放均达到了辽宁省排放要求。从 2015 年 12 月开始，截至 2017 年 12 月底，每月烟尘、SO_2 和 NO_x 排放浓度均值都不超过近零排放标准限值，详见图 5-21。其中烟尘月均最大值为 4 mg/m³，月均最小值为 1.5 mg/m³，日均最大值 5.9 mg/m³，日均最小值 0.6 mg/m³；统计期间烟尘变化范围较大，2015 年底和 2017 年底排放浓度较高。SO_2 月均最大值为 19 mg/m³，月均最小值为 7 mg/m³，日均最大值 25 mg/m³，日均最小值 3 mg/m³；SO_2 对应日均最大、日均最小值偏离较大。NO_x 月均最大值为 45 mg/m³，月均最小值为 29 mg/m³，日均最大值 48 mg/m³，日均最小值 28 mg/m³；2016 年 4 月以后，除了 2017 年 4～6 月，NO_x 月均值、日均最大值、日均最小值相对比较稳定。

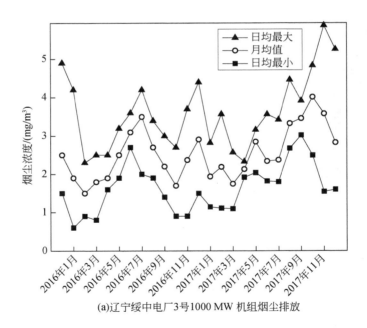

(a)辽宁绥中电厂 3 号 1000 MW 机组烟尘排放

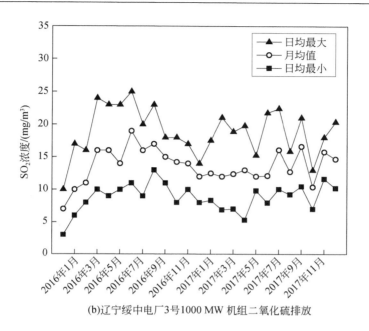

(b)辽宁绥中电厂3号1000 MW 机组二氧化硫排放

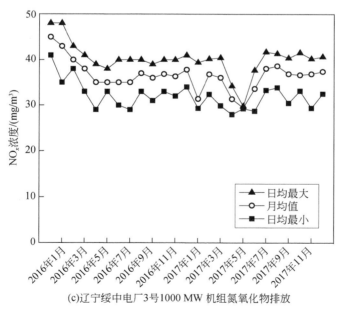

(c)辽宁绥中电厂3号1000 MW 机组氮氧化物排放

图 5-21　辽宁绥中电厂 3 号 1000 MW 机组污染物长周期排放浓度

第五节　近零排放燃煤机组煤质变化影响

本章所研究的近零排放燃煤机组主要以神华煤为燃料，煤种及煤质情况见表 5-13，尽管煤质存在较大波动（全水分 M_t 为 8.2%~22.2%、灰分 A_{ar} 为 5.68%~26.2%、硫分 S_{ar} 为 0.16%~1.86%、挥发分 V_{daf} 为 24.57%~44.84%、热值 $Q_{net,ar}$ 为 17.39~24.68 MJ/kg），导致机组锅炉出口大气污染物浓度发生一定变化，但经大气污染物控制设备脱除，烟尘、SO_2、NO_x 排放浓度的变化相对较小，基本稳定在近零排放限值范围内。

表 5-13　近零排放燃煤机组煤质分析

电厂	煤种	全水分 M_t/%	灰分 A_{ar}/%	硫分 S_{ar}/%	挥发分 V_{daf}/%	热值 $Q_{net,ar}$/(MJ/kg)
浙江舟山电厂	神混煤：准格尔煤=7:3	8.20~20.37	7.35~23.10	0.19~0.73	26.99~41.45	18.69~24.68
河北三河电厂	神混煤：准格尔煤=7:3	11.00~20.53	7.29~26.20	0.21~1.86	24.57~40.75	19.09~23.82
河北定州电厂	神混煤：石炭煤=8:2	11.00~19.60	10.71~22.84	0.27~0.66	26.28~31.98	19.15~24.23
河北沧东电厂	神混煤：石炭煤=8:2	10.60~21.0	7.21~25.84	0.16~0.85	30.25~44.84	17.39~24.47
山东寿光电厂	神混煤：石炭煤=8:2	11.40~20.00	10.40~19.38	0.31~0.79	26.68~39.96	20.28~22.86
辽宁绥中电厂	神混煤：石炭煤=6:4	10.50~22.20	5.68~20.29	0.26~0.70	34.44~40.96	19.16~24.43

注：本表所涉及比例为质量百分比。

以河北定州电厂 600 MW 机组和河北沧东电厂 660 MW 机组为例，考察两台机组实现近零排放后长周期运行下每日的煤质变化情况，图 5-22 和图 5-23 显示了煤中灰含量和硫含量。由图可见，统计期内，灰和硫的含量在一定范围内变动，灰含量最大值是最小值的 2 倍多，硫含量最大值是最小值的 3 倍多。尽管如此，通过现场对环保设施做出及时的运行调整，依然可以稳定实现大气污染物近零排放。

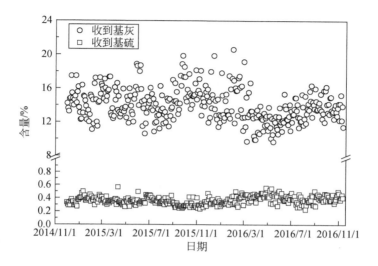

图 5-22　河北定州电厂煤中灰及硫含量

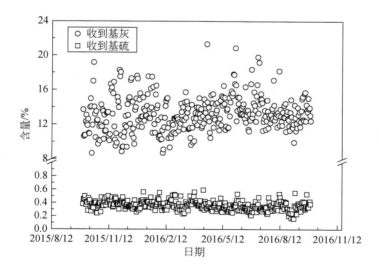

图 5-23　河北沧东电厂煤中灰及硫含量

第六节　近零排放燃煤机组重金属汞污染减排特性

重金属汞具有毒性强、易挥发、在生物食物链中富集等特点，存在于大气、水和土壤中，严重威胁到人类健康。中国是汞污染严重的国家，对全球人为汞排放的贡献率为 30% ~ 40%（UNEP，2013），燃煤电厂是我国人为源大气汞污染的主要排放源，严格控制其大气汞排放具有重要现实意义。

汞作为一种易挥发痕量元素，在煤燃烧过程中几乎全部释放，随着烟气冷却经历一系列复杂的物理化学变化，以气相元素汞（Hg^0）、气相氧化态汞（Hg^{2+}）和颗粒相汞（Hg^p）三种形态存在于燃煤烟气中。Hg^p 可通过除尘装置（如 ESP）捕获；Hg^{2+} 化合物易溶于水，可被湿法脱硫系统（WFGD）中喷淋浆液吸收；Hg^0 难溶于水，难以在 ESP 和 WFGD 中得到有效捕获，只有 SCR 能够促进其氧化，是汞污染减排的关键（Zhao et al.，2017）。殷立宝等（2013）研究发现，现有大气污染物控制设备（APCDs）可协同脱除烟气汞污染，但由于燃煤烟气中存在大量具有较大电离能的 Hg^0，借助常规污染物控制单元很难实现高效协同脱除。近年来，随着燃煤电厂近零排放技术的创新实践，燃煤机组除尘、脱硫、系统得到了升级改造，这对汞污染物的减排具有正面效应（宋畅等，2017）。

目前，我国燃煤电厂汞及其化合物排放限值执行《火电厂大气污染物排放标准》（GB 13223-2011）中规定的 30 μg/m³（环境保护部和国家质量监督检验检疫总局，2011），在煤电企业全面实施近零排放或超低排放环保升级改造的背景下，现有 APCDs 的协同控制一般能够满足现行汞排放标准要求，但难以实现重金属汞污染深度稳定脱除，即脱汞效率 ≥ 90%。随着全国人大常委会批准的《关于汞的水俣公约》于 2017 年 8 月 16 日正式生效（中华人民共和国环境保护部，2017），作为缔约国之一，我国所面临的汞减排形势十分严峻，未来燃煤电厂汞排放控制要求必将逐步向美国等发达国家的先进标准看齐（US EPA，2012a）。

一、环保设施组合协同脱汞效果研究

为研究近零排放机组环保设施组合（APCDs）对重金属汞的协同脱除效果，采用美国烟气汞排放监测标准方法（EPA Method 30B）在河北三河电厂1/2/4号机组、河北定州电厂2号机组、山东寿光电厂2号机组、江苏徐州电厂2号机组上开展测试研究（干基标准状态、6% O_2），其中三河电厂2号机组总排口测点设置在 WFGD 和 WESP 之间。测试期间煤质和燃料配比保持稳定，机组负荷稳定在85%以上，每台机组烟气汞排放浓度平行采样3次取平均值，测试结果如表5-14所示。三河、定州、寿光电厂5台机组入炉煤均为神华煤，汞含量为0.029~0.05 mg/kg，平均值为0.043 mg/kg，约为中国煤平均汞含量（0.15~0.22 mg/kg）的20%~30%（王书肖等，2016），徐州电厂2号机组燃用混煤（神混煤：石炭煤=1:2），不属于典型神华煤，与中国煤平均水平相当。由表5-14可见，6台机组锅炉出口汞浓度为4.46~19.87 $\mu g/m^3$，与入炉煤汞含量正相关；6台机组汞排放浓度为0.51~2.89 $\mu g/m^3$，远低于江苏、河北、重庆等地燃煤机组超低排放技术改造前1.93~14.7 $\mu g/m^3$的排放水平，且低于同行业近零排放或超低排放燃煤机组0.65~4.6 $\mu g/m^3$的排放浓度（钱莲英等，2016）。同时，三河电厂4号机组改造前汞排放浓度为1.87 $\mu g/m^3$（试验期间入炉煤汞含量为0.049 mg/kg），明显高于该机组实现近零排放后的排放水平。由此可见，燃煤机组大气污染物控制单元设备提效能够显著降低烟气汞的排放浓度，重金属汞在烟气净化过程中的协同控制规律如表5-15所示，主要表现为：①SCR的提效可降低气相汞（Hg^0 和 Hg^{2+}）中元素汞的份额，促进后续设备对气相 Hg^0 和 Hg^{2+} 的协同脱除；②ESP前加装低温省煤器（LTE）可降低烟气温度，使得气相 Hg^{2+} 的物质状态发生转变，进而吸附或凝结在飞灰表面，形成颗粒相汞（Hg^p）；③ESP的提效能够提高 Hg^p 的捕获效率，并促进气相 Hg^0 和 Hg^{2+} 的吸附脱除；④WFGD的提效能够有效洗涤脱除气相 Hg^{2+}；⑤WESP 的增设能够进一步强化对气相 Hg^0 和 Hg^{2+} 的脱除效果。

表 5-14　近零排放机组气相总汞浓度

电厂	机组	容量 /MW	煤中汞含量 /（mg/kg）	环保设施组合	锅炉出口汞浓度 /（μg/m³）	汞排放浓度 /（μg/m³）	脱除效率 /%
三河	1 号	350	0.029	SCR+LTE+ESP+WFGD+WESP	4.46	0.51	88.6
	2 号	350	—	SCR+LTE+ESP+WFGD	5.17	1.22	76.4
	4 号	300	0.049	SCR+LTE+ESP+WFGD+WESP	6.17	0.52	93.1
定州	2 号	600	0.044	SCR+ESP+WFGD+WESP	5.87	1.45	75.3
寿光	2 号	1000	0.05	SCR+LTE+ESP+WFGD+WESP	7.58	0.52	93.1
徐州	2 号	1000	0.154	SCR+ESP+WFGD	19.87	2.89	85.3
平均值			0.065		8.19	1.2	84.9

表 5-15　近零排放机组现有 APCDs 对气相汞的协同脱除

现有 APCDs	Hg^0	Hg^{2+}
SCR	催化氧化 Hg^0	少量吸附转化为颗粒相（Hg^P）
LTE	促进 Hg^0 向 Hg^{2+} 转化	促进 Hg^{2+} 在飞灰上吸附或凝结
ESP	少量 Hg^0 被飞灰吸附氧化脱除	飞灰吸附脱除 Hg^{2+} 和 Hg^P
WFGD	存在 Hg^0 的二次释放	喷淋浆液洗涤脱除 Hg^{2+}
WESP	高能电子引入促进 Hg^0 的氧化	有效吸收或吸附脱除 Hg^{2+} 和 Hg^P

大量研究表明（殷立宝等，2013；Wang et al.，2010），未实施超低排放技术改造时，中国燃煤电厂环保设施运行管理水平与发达国家尚存差距，致使我国 APCDs 组合协同脱汞性能不及国外。Pudasainee 等（2012）通过实测研究发现，安装 SCR+ESP+WFGD 组合的燃煤电厂综合脱汞效率为 82.6%±8.1%。根据本研究监测结果，近零排放机组 APCDs 组合协同脱汞效率为 75.3%～93.1%（平均值 84.9%），与国际先进煤电机组的协

同控制水平相当。由表 5-14 还可发现，环保设施组合中存在 WESP 的机组表现出更为优越的协同脱汞性能，这是由于 WESP 中高能电子的引入能够促进气相 Hg^0 的氧化和气相 Hg^{2+} 的脱除，同时 WESP 还能较好地捕获富集在亚微米级细颗粒上的 Hg^p。综上分析可知，燃煤机组近零排放技术很大程度上补齐了 APCDs 协同脱汞效率较低的短板，基本达到国际先进煤电机组的协同控制水平。

二、汞污染专门控制技术研究与实践

气相 Hg^0 化学性质稳定、扩散能力强，从燃煤电厂排放到大气后很难进行集中处理，为此，国内外研究者们致力于控制燃煤烟气中 Hg^0 的排放（Wang et al.，2014）。燃烧后脱汞技术运行稳定性好、控制效率高、可调整性强，在燃煤机组烟气处理系统上应用专门脱汞技术最有发展前景，可充分结合 APCDs 的协同控制效应，降低脱汞工艺的操作难度和运行费用。

世界上最为严格的汞排放标准（美国 EPA 新法规 MATS）已于 2012 年 4 月 16 日正式实施（US EPA，2012a），为应对严苛的汞排放要求，美国燃煤电厂大量应用专门脱汞技术。截至 2015 年 4 月底，美国已有 310 台机组安装了活性炭喷射（ACI）脱汞装置（Glesmann and Mimna，2015）。然而，该技术存在运行成本高、影响飞灰利用等问题。基于中国国情，当前经济发展水平决定了活性炭喷射（ACI）脱汞技术很难在燃煤机组上大规模推广应用。因此，开发具有自主知识产权、低成本、高效的专门脱汞技术显得尤为重要。

在中国，燃煤飞灰价格低廉，经改性处理有潜力代替商业脱汞活性炭（Wang et al.，2016；Gu et al.，2015）。为实现低成本深度稳定地控制燃煤电厂汞污染排放，从燃煤电厂循环经济角度出发，提出了具有自主知识产权的飞灰吸附剂一体化在线改性及喷射（OMAI）脱汞技术思路，如图 5-24 所示。利用燃煤电厂 ESP 的飞灰作为汞吸附剂原料，就地通过机械和化学作用进行改性处理以提高表面活性，直接喷射到 ESP 前烟道中，实现烟气中汞污染物的吸附氧化脱除。神华集团应用上述烟气脱汞技术路线，与华北电力大学开展大量工程应用研究。2015 年 12 月，依托河北三河电厂 4 号机组（SCR+LTE+ESP+WFGD+WESP）开展飞灰吸附剂喷射脱汞工程示范，首次在 300 MW 燃煤机组上建设工业规模的改性飞灰专门脱汞系统，一体化脱汞技术效果和美国活性炭脱汞技术相当。2017 年，依托江苏徐州电厂 2 号机组（SCR+ESP+WFGD）开展 1000 MW 燃煤机组烟气脱汞技术工程实践，并于 2017 年 11 月 29 日上午 10：28 顺利通过 168 h 试运，成为世界首个可以投入商业运行的飞灰吸附剂喷射脱汞系统。两台示范机组工程实践表明，新增飞灰吸附剂喷射脱汞系统后，气相汞的整体脱除效率达到 90% 以上的深度脱除水平，第三方监测结果表明，汞排放浓度可低至 0.29 $\mu g/m^3$，在 APCDs 组合协同控制的基础上进一步减排 38%，OMAI 脱汞成本仅为国际主流活性炭喷射（ACI）脱汞技术的 10%～15%。

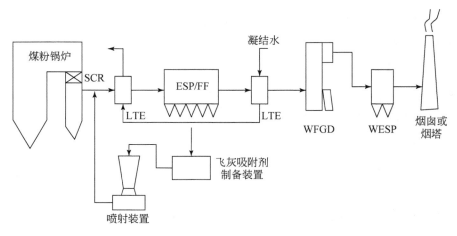

图 5-24　飞灰吸附剂一体化改性及喷射脱汞系统示意图

针对江苏徐州电厂 2 号机组，采用 30B 法和 OHM 法开展试验研究，包括 4 个试验工况，如表 5-16 所示。

表5-16　汞脱除试验工况

工况	吸附剂	喷射率/(kg/h)	取样方法
1	无	—	30B、OHM
2	机械改性飞灰（MMA）	416	30B
3	溴化机械改性飞灰（BMMA）	416	30B
4	溴化机械改性飞灰（BMMA）	208	30B、OHM

图5-25 是未喷射吸附剂的工况 1 时不同测试点汞浓度情况，通过 OHM 和 30B 法对汞进行了测试，其中 30B 法主要测试气相汞（Hg^0 和 Hg^{2+}），总体上 OHM 法和 30B 法测试的汞浓度值对应一致。基于 30B 方法，该电厂汞排放浓度为 2.6 $\mu g/m^3$，现有 APCDs 的整体脱汞效率为 87.9%。基于 OHM 方法，该电厂汞排放浓度为 3.5 $\mu g/m^3$，现有 APCDs 的整体脱汞效率为 86.3%，两种方法取样计算得到的整体脱汞效率差在 2% 以内，是可接受的。

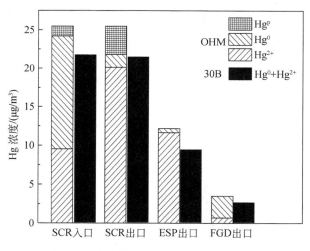

图5-25　未喷射吸附剂时不同点位汞浓度

OMAI 脱汞试验研究中，开展了喷射机械改性飞灰吸附剂（MMA）和溴化机械改性飞灰吸附剂（BMMA）的对比，分别对应运行工况 2 和运行工况 3。MMA 和 BMMA 都是在电厂现场制备。机械改性飞灰是通过改性机对原始飞灰机械破碎后获得。BMMA 是在此基础上添加了强化的 NaBr 溶液。改性前，原始飞灰比表面积为 1.77 m²/g，Br 含量为 932 mg/kg。改性后，改性飞灰比表面积为 1.90 m²/g，Br 含量为 1234 mg/kg。利用扫描电镜对改性前后飞灰的形貌特征进行分析，如图 5-26 所示，不同于原始飞灰的光滑表面，改性后飞灰产生了新鲜的破碎表面。由于这些原因，化学和物理方面的作用导致飞灰增强了吸附脱汞的能力。

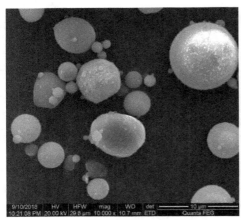

(a) 原始飞灰（10μm尺度）　　　　　　(b) 改性飞灰（10μm尺度）

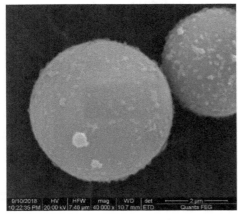
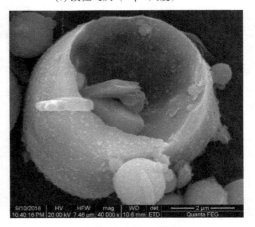

(c) 原始飞灰（2μm尺度）　　　　　　(d) 改性飞灰（2μm尺度）

图 5-26　飞灰改性前后的表面形貌

通过 30B 法对 OMAI 脱汞试验工况下不同点位汞浓度进行了测试。从图 5-27 中可以发现喷射 MMA 最终汞排放浓度为 1.69 μg/m³，汞吸附脱除效率为 84.0%，总汞脱除效率为 90.5%；喷射 BMMA 最终汞排放浓度为 1.15 μg/m³，汞吸附脱除效率为 90.40%，总汞脱除效率为 94.8%。文献报道 365 MW 燃煤机组中活性炭吸附脱汞效率为 65%～95%（Brown et al.，2009），表明 OMAI 脱汞方法具有和 ACI 脱汞相当的效果。这两种工况与运行工况 1 相比，发现 BMMA 后整体脱汞效率最高，无喷射时其值最低。与无喷射的运行工况 1 相比，工况 2 减排率（MMA，416 kg/h）为 35.5%，工况 4（BMMA，208 kg/h）减排率为 51.2%，工况 3（BMMA，416 kg/h）减排率为 56.1%。

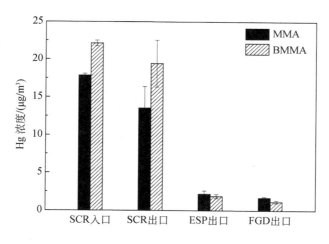

图 5-27　喷射吸附剂时不同点位汞浓度

第七节　近零排放燃煤机组 PM$_{2.5}$ 和 SO$_3$ 减排规律

区域环境空气污染监测发现，我国不同地区雾霾的严重程度和大气环境中细颗粒物（PM$_{2.5}$）浓度显著相关（Zheng et al.，2016）。燃煤电厂对大气 PM$_{2.5}$ 具有重要贡献，燃煤 PM$_{2.5}$ 具有难以高效脱除、易于富集重金属和有机污染物等特点，已成为我国燃煤电厂大气污染防治工作的攻关重点和技术难点（王树民等，2016）。燃煤电厂烟气中 SO_3 作为 $PM_{2.5}$ 的前体物，可形成亚微米级的硫酸雾气溶胶，提高一次 $PM_{2.5}$ 的排放浓度，并对大气环境中二次 $PM_{2.5}$ 的形成产生贡献，加重大气雾霾，故 SO_3 减排工作同样值得关注。

针对燃煤电厂 $PM_{2.5}$ 和 SO_3 的排放，国内外主要采用现有 APCDs 进行协同控制。目前，在我国燃煤电厂，烟气 SCR 脱硝过程为保持较高的脱硝效率，一般会提高 NH_3 还原剂的喷入量。该过程容易造成 NH_3 逃逸，与燃烧产生和催化氧化形成的 SO_3 在烟气处理系统中发生反应，生成硫酸铵盐，如硫酸氢铵（ABS），容易黏附在飞灰表面并沾污空预器冷端受热面，导致空预器堵塞、结垢、腐蚀（姜烨等，2013；顾永正和王树民，2017）。除尘设备中，静电除尘器主要是利用颗粒荷电原理来捕集烟尘，除尘效率可达99.9%，然而由于反电晕和二次扬尘等问题，对烟尘中危害较大的 $PM_{2.5}$ 脱除效果却不够理想（贺晋瑜等，2015）。低低温静电除尘器通过增设低温省煤器降低烟气温度，促进 SO_3 凝结并黏附在飞灰表面，实现 SO_3 的协同脱除（郦建国等，2014）。湿法脱硫协同除尘技术在高效喷淋和高效除雾器配合作用下，烟尘协同脱除效率可达80%，但由于逃逸浆液液滴中夹带石灰石和石膏颗粒，可能增加脱硫后烟气中 $PM_{2.5}$ 的质量浓度（武亚凤等，2017）。WESP 可以减少反电晕和二次扬尘等问题，且不受烟尘比电阻影响，对烟尘的脱除效率能够稳定在80%以上，同时也可以较为有效地脱除 $PM_{2.5}$、SO_3、重金属等非常规污染物（于敦喜和温昶，2016）。

近零排放工程实践表明，通过分步多级高效除尘技术的集成应用，可实现复杂烟气环境下烟尘的深度脱除，使得烟尘排放浓度低于 5 mg/m^3 乃至 1 mg/m^3，这对 $PM_{2.5}$ 和 SO_3 排放特征会产生重要影响。本节在不同容量的近零排放机组上开展了现场手工监测，研究不同环保设施对 $PM_{2.5}$、SO_3 的减排效果和脱除规律。

一、环保设施组合协同脱除 PM$_{2.5}$效果研究

为研究近零排放机组 PM$_{2.5}$的减排特性，以河北三河电厂 2 号机组、河北定州电厂 4 号机组、山东寿光电厂 1 号和 2 号机组为研究对象，根据《固定污染源排气中颗粒物测定与气态污染物采样方法》（GB/T 16157-1996）和美国《固定污染源颗粒物测试方法》（EPA Method 5I）（US EPA，1996），采用大流量采样仪、旋风分离器和惯性撞击采样器进行 PM$_{2.5}$的采集，对采样前后的滤膜进行称重，计算出机组烟气中 PM$_{2.5}$的质量浓度（干基标准状态、6% O$_2$）。测试期间煤质、燃料配比机组负荷保持稳定，测试结果如表 5-17 所示。

从表 5-17 可以看出，4 台机组 WESP 出口 PM$_{2.5}$排放浓度为 0.09～2.92 mg/m^3，WFGD 对 PM$_{2.5}$的脱除作用较小，脱除效率为 10.4%～14.21%；WESP 对 PM$_{2.5}$的脱除性能明显更好，脱除效率为 51.61%～98.37%。WFGD 协同除尘过程中，烟尘/颗粒物主要由脱硫浆液液滴来捕集，浆液淋洗时细颗粒因粒径极小无法得到充分接触洗涤，随烟气离开吸收塔的概率相对较大，同时脱硫浆液逃逸液滴穿过除雾器后可蒸发形成固体颗粒（Mylläri et al.，2016）。因此，WFGD 对 PM$_{2.5}$协同脱除作用受到新增细颗粒的抵消，从而表现出相对较差的脱除性能。对于 WESP 来说，高湿度环境有利于 PM$_{2.5}$表面形成黏附水膜，在液桥力的作用下容易发生凝并长大，从而提高脱除效率。由表 5-17 还可发现，河北定州电厂 4 号机组 PM$_{2.5}$排放浓度受负荷影响并不明显，且 WFGD 和 WESP 对 PM$_{2.5}$的脱除规律基本一致，说明不同运行工况下高效除尘技术协同脱除 PM$_{2.5}$的性能较为稳定。随着燃煤电厂大气污染物排放标准日趋严格，近零排放燃煤机组加装 WESP 可提高烟尘尤其是细颗粒物（PM$_{2.5}$）深度脱除的稳定性。

表 5-17　湿法脱硫和湿式静电除尘器对 PM$_{2.5}$脱除效果

机组	容量/MW	负荷/%	WFGD入口/(mg/m³)	WESP入口/(mg/m³)	WESP出口/(mg/m³)	WFGD脱除效率/%	WESP脱除效率/%
河北三河电厂 2 号	350	100	—	5.53	0.09	—	98.37
河北定州电厂 4 号	660	100	7.67	6.58	2.92	14.21	55.62
		75	6.25	5.6	2.71	10.4	51.61
山东寿光电厂 1 号	1000	100	0.31	0.58	0.21	—	63.79
山东寿光电厂 2 号	1000	100	0.54	0.52	0.11	3.7	78.85

二、环保设施组合协同脱除 SO$_3$效果研究

为研究近零排放机组低低温静电除尘器对 SO$_3$的脱除效果，在低温省煤器投运和未投运工况下，依据《燃煤烟气脱硫设备性能测试方法》（GB/T 21508-2008）（国家质量监督检验检疫总局和国家标准化管理委员会，2008），对河北三河电厂 4 号机组 ESP 入口和出口烟气中 SO$_3$浓度进行测试（干基标准状态、6% O$_2$），数据见表 5-18。从表中可以看出，低温省煤器投运后，烟气中 SO$_3$浓度从 15.35 mg/m³降到 8.27 mg/m³，SO$_3$脱除效率从 25.88%提高到 46.12%，表明低低温静电除尘器对 SO$_3$具有较好的脱除效果。低温省煤器投运后，ESP 入口烟气温度由 120～150℃降至 90℃左右，气态 SO$_3$可凝结成液态硫酸雾，由于该区域烟气中烟尘浓度很高，硫酸雾极易附着在烟尘表面，进而有效地被 ESP 脱除。

表 5-18　低低温静电除尘器对 SO$_3$脱除效果

SO$_3$浓度	低温省煤器未投运	低温省煤器投运
入口/(mg/m³)	16.81	15.35
出口/(mg/m³)	12.46	8.27
脱除效率/%	25.88	46.12

基于近零排放机组，进一步考察 WFGD 和 WESP 对 SO_3 的协同脱除效果，在河北三河电厂 2 号机组、河北定州电厂 4 号机组、山东寿光电厂 2 号机组上开展 SO_3 测试研究（干基标准状态、6% O_2）。测试期间煤质、燃料配比机组负荷保持稳定，测试结果如表 5-19 所示。3 台机组 WESP 出口 SO_3 排放浓度仅为 1.04 ~ 3.79 mg/m³，且基本不受负荷影响，远低于德国、新加坡、美国马里兰州等国家和地区燃煤电厂 SO_3 排放标准规定的 10 mg/m³ 浓度限值（高翔，2016）。从表 5-19 还可以看出，烟气流过 WFGD，SO_3 浓度出现一定程度下降，脱除效率为 16.21% ~ 52.25%。从 WESP 入口到出口，WESP 对 SO_3 同样具有一定脱除效果，脱除效率为 1.26% ~ 42.23%。研究表明，ESP 后烟气温度决定了 SO_3 气溶胶和硫酸雾以亚微米级为主，不利于脱硫浆液的洗涤脱除和荷电脱除（潘丹萍等，2016；赵磊和周洪光，2016b）。此外，近零排放机组 WFGD 入口和 WESP 入口处 SO_3 浓度明显低于文献报道值（李壮等，2018），SO_3 气溶胶和硫酸雾扩散至石灰石表面或电极水膜层中的传质推动力较小，不利于吸收脱除。

表 5-19 湿法脱硫和湿式静电除尘器对 SO_3 脱除效果

机组	容量 /MW	负荷 /%	WFGD 入口 /(mg/m³)	WESP 入口 /(mg/m³)	WESP 出口 /(mg/m³)	WFGD 脱除效率 /%	WESP 脱除效率 /%
河北三河电厂 2 号	350	100	—	6.56	3.79	—	42.23
河北定州电厂 4 号	660	100	2.53	2.12	1.34	16.21	36.79
		75	2.04	1.63	1.04	20.10	36.20
山东寿光电厂 2 号	1000	100	3.33	1.59	1.57	52.25	1.26

本章基于大量燃煤电厂近零排放技术研究与工程实践，通过分析常规大气污染物烟尘、SO_2、NO_x 和 Hg、$PM_{2.5}$、SO_3 等非常规污染物的排放数据，获得了不同等级近零排放燃煤机组长周期运行的常规大气污染物排放规律，以及非常规污染物的减排规律。总体来看，不同等级燃煤机组近零排放技术改造后污染物减排效果显著，且随负荷波动幅度减小；不同负荷

烟尘排放较为稳定，SO_2排放随负荷有一定增加，NO_x排放随负荷波动较大，低负荷或高负荷工况下NO_x排放均出现过高值；长周期运行时，机组在不同负荷、不同煤质范围内污染物排放浓度有一定变化，但变化幅度相对较小，烟尘、SO_2、NO_x排放浓度均稳定低于 5 mg/m³、35 mg/m³、50 mg/m³。研发的飞灰吸附剂一体化在线改性及喷射脱汞技术能够实现燃煤烟气中 Hg 的低成本深度稳定脱除，且近零排放技术对$PM_{2.5}$和SO_3具有较好的协同脱除效果。实践表明，燃煤电厂大气污染物近零排放技术路线可行，关键技术和设备成熟可靠，污染物排放指标先进，具有很好的推广应用价值。

第六章 近零排放技术新的试验研究

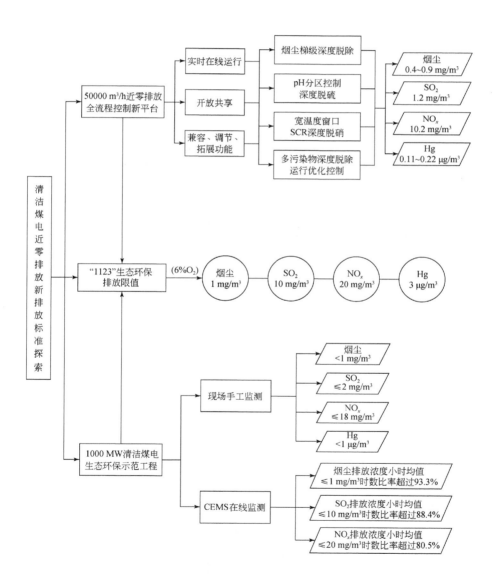

实践永无止境，创新永无止境。煤电近零排放的创新实践是一个不断发展的过程，近零排放技术进步推动了煤电清洁化的大规模实践，通过建设实时在线运行的近零排放全流程控制新平台，开展近零排放技术新的试验研究和新的排放标准探索，还可推动煤电常规大气污染物和汞等非常规污染物的持续减排，向中国现行燃煤电厂大气污染物排放标准规定排放浓度限值降低 1 个数量级的近零排放"1123"新排放限值迈进，为尽早"提高污染排放标准"和实现"人民对美好生活的向往"提供新的技术支撑。

第一节　近零排放全流程控制新平台
（50000 m^3 /h 烟气中试平台）

2017 年 4 月，依托笔者主持的国家科技支撑计划课题"大型燃煤电站近零排放控制关键技术及工程示范"（2015BAA05B02），在河北三河电厂建成了世界首个基于实际燃煤烟气的 50000 m^3/h 近零排放全流程控制中试平台。中试平台通过理念创新，集成应用了宽温度窗口脱硝催化剂、湿式机电耦合除尘、改性飞灰脱汞、碱基喷射 SO_3 脱除等创新技术，实现多污染物排放控制设备的模块化功能组合，研究了多污染物深度脱除过程中相互影响规律，形成了多系统、多装备、多污染物高效协同控制的近零排放中试平台。目前，中试平台通过开展多污染物近零排放全流程控制关键技术研究，烟尘排放浓度 0.4 ~ 0.9 mg/m^3，SO_2 排放浓度 1.2 mg/m^3，NO_x 排放浓度 10.2 mg/m^3，Hg 排放浓度 0.11 ~ 0.22 $\mu g/m^3$，实现了排放水平的新跨越。

一、中试平台的设计理念

中试平台的设计理念超前，从规划之初，就秉承"开放共享，美好生活"的宗旨，结合行业发展需求，在近零排放基础上开展更加深入的前沿技术研究和探索，建设"产学研"集成创新的在线试验平台，充分发挥中试平台与实际燃煤发电机组一体化运行的独特优势，及其在关键共性技术研发、中间试验、产品测试等方面的作用，实现科研设备及资源的开放共享和优化配置，着力形成基于实际燃煤烟气的技术开发—中试验证—成果应用的科技成果转化机制。

中试平台作为清洁煤电前沿新技术从研究开发向工业应用转化的关键环节和重要载体，将充分发挥其中试验证和 CEMS 仪器仪表性能检测功能，推进具有自主知识产权的烟气污染物近零排放控制新技术和精准在线监测仪器的研发，促进创新成果的产业化。未来，中试平台将根据国家和行业发展需求，通过承担国家级、省部级等科研课题，以及与国内外科研单位、环保企业合作，不断提升煤电清洁化技术的自主创新能力，持续为国家大气污染防治和生态文明建设作贡献。

二、中试平台工艺流程及功能

中试平台额定烟气量 50000 m^3/h，烟气来源于河北三河电厂 3 号 300 MW 机组，其锅炉为额定蒸发量 1025 t/h、压力 18.2 MPa 的亚临界、自然循环、固态排渣汽包炉，省煤器出口额定烟气量为 2309964 m^3/h。中试平台与 3 号机组同步运行，烟气从锅炉省煤器后引出，进入中试平台，经过烟气温度调节系统、SCR 脱硝系统、除尘系统、脱硫系统，净烟气并入机组引风机出口汇流烟道，详见图 6-1。此外，中试平台在烟道不同点位设置了 CEMS 在线监测系统，脱硝入口和出口烟道上主要监测项目为 NO_x、O_2、温度、压力；脱硫入口烟道上主要监测项目为烟尘、SO_2、O_2、温度、压力、流量；总排口烟道上主要监测项目为烟尘、SO_2、NO_x、O_2、温度、压力。

中试平台既可以实现燃煤烟气污染物全流程控制，又能通过污染物脱除设备的模块化组合，实现不同的试验研究目标，具有良好的兼容、调节和拓展功能。通过兼容设计，除尘系统可开展不同类型高效电源（高频、

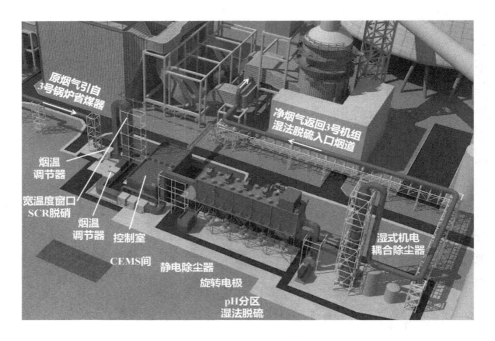

图 6-1　50000 m³/h 近零排放全流程控制中试平台现场布置图

三相、软稳、脉冲）和不同类型 WESP 集尘阳极板（金属极板和纤维织物极板）的研究和对比分析；脱硫系统可开展塔内 pH 分区的研究；脱硝系统可开展不同低温脱硝催化剂和硝汞协同催化剂的研究。通过模块化设计，可以进行多系统组合，具有烟气温度、烟气流量、烟气组分浓度等调节功能。改性飞灰脱汞系统和碱基喷射脱除 SO_3 系统采用模块化设计，可根据试验要求接入中试平台。SCR 脱硝系统前后设置温度调节器，可实现 SCR 前烟气温度在 250 ~ 350℃变化，ESP 前烟气温度在 75 ~ 150℃变化，用于研究低温脱硝催化剂和低低温静电除尘性能。此外，中试平台还设计了新技术研究的拓展接口，电凝并、化学团聚、相变凝聚节水、膜法 CO_2 捕集等装置接口对外开放。

三、中试平台系统特点

(一) 烟温调节系统

中试平台在 SCR 脱硝前设置烟气温度调节器，保证 SCR 脱硝烟温在 250 ~ 350℃ 连续可调，设置烟气旁路。脱硝后第一级烟温调节器使烟气温度在 130 ~ 350℃ 连续可调；脱硝后第二级烟温调节器使烟气温度在 75 ~ 130℃ 连续可调，并设置烟气旁路。

烟温调节器取水方案：烟温调节器水侧取部分原低温省煤器入口凝结水，分别进入 3 台烟温调节器 (并联布置)，吸热后回至原低温省煤器出口母管。

(二) 除尘系统

静电除尘采用五电场低低温静电除尘器，末级电场为旋转电极除尘。除尘器一、二、三、四、五电场灰斗各配一台仓泵，共用一条灰管送至新增的布袋除尘器。

湿式机电耦合除尘器采用机械除尘与电除尘一体化的形式，布置于湿法脱硫吸收塔最上一层喷淋层上部。烟气穿过脱硫喷淋层后，先经过机械除尘除雾，再经过金属极板湿式电除尘。湿式机电耦合除尘器用水量小，冲洗系统间断运行，采用自动控制。一天冲洗 4 次，每次冲洗时间为 3 min。湿式机电耦合除尘器阳极还可采用纤维织物极板，可进一步降低水耗。

(三) 脱硫系统

中试平台应用 pH 分区深度脱硫技术，烟气通过引风机送入湿法脱硫吸收塔，与喷淋的石灰石浆液接触，脱除烟气中的 SO_2。脱硫系统吸收剂取自电厂 1 号石灰石浆液箱，设置 1 台石灰石浆液输送泵，为中试平台吸收塔提供石灰石浆液。吸收塔设置 4 层喷淋，对应 4 台浆液循环泵，最上层循环泵 D 接塔外浆池,其余 3 台循环泵 ABC 接吸收塔主浆池(1 台备用),塔外浆池和主浆池通过管道连通。塔外浆池的浆液停留时间大于主浆池,塔外浆池浆液 pH 回升时间大于主浆池,因此具有更高的 pH。实际运行过程中,高 pH 浆液提高 SO_2 的吸收效率,较低 pH 浆液有利于石灰石的溶解和石膏的氧化结晶,可开展脱硫系统塔内 pH 分区控制试验研究。

脱硫系统还设置一台氧化风机供应吸收塔的氧化空气、一台搅拌器、一台石灰石浆液输送泵、一台石膏排出泵。氧化风机将浆液中未氧化的 HSO_3^- 和 SO_3^{2-} 氧化成 SO_4^{2-}。在氧化浆池内设有搅拌装置,以保证混合均匀,防止浆液沉淀。氧化后生成的石膏通过石膏排出泵排入事故浆液箱。

(四) 脱硝系统

采用研究开发的宽温度窗口 SCR 脱硝技术,SCR 反应器设置两层脱硝催化剂,预留一层催化剂空间,脱硝还原剂采用液氨制备的氨气,直接从电厂氨气管道引接。设置一台稀释风机,通过静态混合器混合后,进入 SCR 反应器。脱硝系统可以在 $250 \sim 350\,℃$ 范围内,开展不同烟气温度工况的脱硝性能试验。

(五) 改性飞灰脱汞系统

中试平台改性飞灰系统主要采用溴化改性飞灰作为吸附剂,喷射到 SCR 后烟道中,吸附烟气中的重金属汞并被除尘器捕集,可开展不同改性飞灰的脱汞试验。

(六) SO_3 脱除模块化系统

SO_3 脱除模块化系统主要由碱液制备及储存,溶液输送及计量,喷枪等系统组成。按照一定浓度配置碱液,通过输送泵增压并经电磁流量计计量后送入喷枪,雾化后喷入烟道,喷入的碱液与烟气中的 SO_3 发生反应,可开展不同碱性吸收剂对 SO_3 的脱除试验。

（七）烟气循环系统

中试平台设置一台引风机，将烟气从河北三河电厂 3 号锅炉省煤器后引出，经脱硝、干式除尘、脱硫、湿式除尘系统后，将净烟气送回 3 号机组脱硫系统前汇流烟道。引风机采用永磁调速，实现烟气流量在 0 ~ 50000 m^3/h 连续可调。

（八）运行控制系统

中试平台运行控制系统采用独立的国产 DCS 系统，按照设备功能组及区域设计，主要具备数据采集和处理、模拟量控制和顺序控制三个功能。同时，中试平台 DCS 系统还控制中试平台和河北三河电厂 3 号机组接口处的阀门及烟气循环量。中试平台除 CEMS 系统带可编程逻辑控制器（PLC）外，其余设备全部纳入中试平台 DCS 控制，但 CEMS 所有监测数据全部接入 DCS 中进行监视、计算及控制（图6-2）。试验过程中，控制室运行人员可在控制室通过显示器和键盘，辅以少量现场操作实现中试平台设备的启停、正常运行监控和事故工况紧急处置。

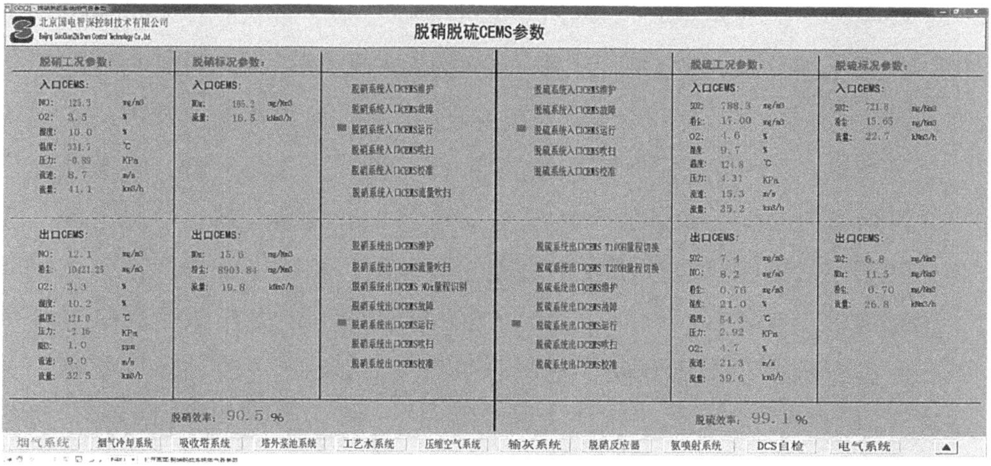

图6-2　50000 m^3/h 近零排放全流程控制中试平台 CEMS 系统

（九）开放共享的中试平台

中试平台制定了《中试平台管理制度》《中试平台区域安全管理规定》《中试平台区域火灾应急处置方案》等管理制度，并纳入河北三河电厂安全生产管控体系严格管理。中试平台与河北三河电厂3号机组同步运行，与国内外高校、研究机构和企业合作开展煤电近零排放新技术研究不受时间限制。

中试平台作为开放性协同创新、集成共享的试验平台，已与浙江大学、华北电力大学、华中科技大学、山东大学等知名高校开展了低温催化剂脱硝、改性飞灰脱汞、碱基喷射脱除 SO_3 等新技术的试验研究，正在与中国环境监测总站建设环保仪器检测平台，开展 CEMS 仪器仪表的现场检测和性能评价，为国家煤电环保技术、污染物排放在线监测水平及相关标准的进步和提升作贡献。

第二节　近零排放中试平台新技术试验研究

煤电近零排放是多种污染物的协同控制过程。在此过程中，多种污染物存在相互耦合关系，例如 SCR 工艺能够实现催化脱硝，但使用的催化剂同时会将 SO_2 氧化为 SO_3，一方面 SO_3 相比 SO_2 有更强的氧化性，对环境的危害更大；另一方面，SO_3 能够实现烟气调质，适当的 SO_3 浓度有利于 ESP 对烟尘的脱除。此外，SCR 脱硝系统中 NH_3 逃逸问题也值得关注。为此，在单项污染物排放控制技术研究的基础上，依托中试平台，深入研究了燃煤电站烟尘、SO_2、NO_x、NH_3、SO_3 等多种污染物在深度脱除过程中的相互影响规律，重点开展了梯级深度除尘、pH 分区控制深度脱硫、宽温度窗口 SCR 深度脱硝、碱基喷射脱除 SO_3、多污染物脱除过程运行优化控制等新技术的试验研究，为煤电大气污染物排放达到不同浓度限值提供解决方案。

一、煤质及入口烟气参数

中试平台烟气的设计煤种为河北三河电厂 3 号机组燃用的 "神混煤：准格尔煤 = 7 : 3"，煤质资料如表 6-1 所示。中试平台设计工况下的入口烟气参数如表 6-2 所示。

表 6-1　中试平台烟气的设计煤质

项目	符号	单位	设计煤种
全水分	M_t	%	16.20
空气干燥基水分	M_{ad}	%	10.29
收到基灰分	A_{ar}	%	12.80
干燥无灰基挥发分	V_{daf}	%	37.05
收到基低位发热量	$Q_{net,ar}$	kJ/kg	21370
收到基碳	C_{ar}	%	56.32
收到基氢	H_{ar}	%	3.40
收到基氧	O_{ar}	%	10.03
收到基氮	N_{ar}	%	0.77
收到基硫	S_{ar}	%	0.49
可磨性指数	HGI		66
煤灰熔融性温度			
变形温度	DT	℃	1330
软化温度	ST	℃	1370
半球温度	HT	℃	1380
流动温度	FT	℃	1410
煤灰成分分析			
二氧化硅	SiO_2	%	41.32
三氧化二铝	Al_2O_3	%	32.09
三氧化二铁	Fe_2O_3	%	5.14
氧化钙	CaO	%	8.00
氧化镁	MgO	%	0.59

项目	符号	单位	设计煤种
氧化钛	TiO_2	%	1.26
三氧化硫	SO_3	%	5.05
氧化钾	K_2O	%	1.01
二氧化锰	MnO_2	%	0.103
氧化钠	Na_2O	%	0.76
五氧化二磷	P_2O_5	%	0.18
氧化锂	Li_2O	%	—

表 6-2　中试平台入口烟气参数

项目	单位	设计煤种（湿基）
烟气量	m^3/h	50000
烟气温度	℃	350
过量空气系数		1.3258
CO_2	Vol%	13.14
O_2	Vol%	4.86
N_2	Vol%	73.6
SO_2	Vol%	0.04
H_2O	Vol%	8.36

二、烟尘梯级深度脱除规律研究

中试平台烟尘的梯级深度脱除由 2 个除尘环节、3 种装置组成，分别为低低温静电除尘器单项脱除和湿法脱硫吸收塔、湿式机电耦合除尘器协同脱除。

对于一次除尘，开展了烟气温度和电场投运情况对 ESP 除尘效果的影响规律研究，试验期间，ESP 入口烟尘浓度 8 ~ 15 g/m^3。ESP 五个电场全部运行，ESP 入口烟气温度由 130℃降至 80℃，ESP 出口烟尘浓度逐渐降低，可控制在 3.8 ~ 4.7 mg/m³，除尘效率提升至 99.95% ~ 99.96%。ESP 入口烟气温度控制在 120℃左右，关闭 ESP 第五电场，ESP 出口烟尘浓度平均值为 8.02 mg/m³；关闭 ESP 第四、五电场，ESP 出口烟尘浓度平均值为 29.94 mg/m³；关闭 ESP 第三、四、五电场，ESP 出口烟尘浓度平均值为 129.97 mg/m³。可见，ESP 运行工况调整对一次除尘效果的影响较为明显。

对于二次除尘，开展了湿法脱硫吸收塔、湿式机电耦合除尘器两个装置的协同脱除试验。ESP 入口烟气温度控制在 120℃左右，静电除尘器和湿式机电耦合除尘器运行，脱硫系统四台 ABCD 循环泵运行，湿法脱硫吸收塔–湿式机电耦合除尘系统协同除尘效率为 83.25% ~ 95.34%；三台循环泵 ACD 运行，协同除尘效率仍可保持在 83.15% ~ 96.11%；两台循环泵 AC 运行，协同除尘效率降至 73.5% ~ 96.95%。相比而言，ABCD 四台循环泵运行时协同除尘效率比 AC 两台循环泵运行时提高 10 个百分点，表明脱硫系统循环泵运行方式对烟尘协同脱除效果的影响较大。进一步研究湿式机电耦合除尘器的协同除尘效果（图 6-3），关闭湿式机电耦合除尘器电源，在机械除尘作用下，总排口烟尘浓度在 1 mg/m³ 左右；当湿式机

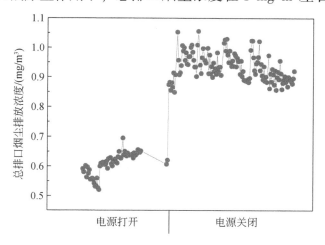

图 6-3 湿式机电耦合除尘器的除尘特性

电耦合除尘器电源正常运行时，总排口烟尘浓度降低约0.35 mg/m³。由此可见，湿式机电耦合除尘器带电运行与不带电运行相比，二次除尘环节协同除尘效率可从86.1%提高到90.8%，增加4.7个百分点。

试验过程中，湿式机电耦合除尘器平均电耗为2.23 kW，静电除尘器第四、五电场平均电耗分别为4.06 kW、3.63 kW。研究表明，总排口烟尘浓度随湿式机电耦合除尘器二次电压的减少而增加，在65～70 kV时，能耗小而烟尘排放浓度较低。因此，运行过程中，需要综合考虑总排口烟尘浓度指标，通过调节二次电压可降低除尘系统能耗。

三、pH分区控制深度脱硫影响规律研究

在湿法脱硫吸收塔强化传质基础上，重点研究塔内pH分区控制方法。中试平台100%负荷条件下（烟气量50000 m³/h），开启不同循环泵，得到pH分区控制时塔外浆池和主浆池浆液pH差值随主浆池pH的变化规律，如图6-4所示。在相同的主浆池浆液pH条件下，BD两台循环泵运行时的pH差值低于ABD三台循环泵运行工作，这是由于三台循环泵ABD运行时，主浆池的浆液停留时间短，浆液pH回升慢，因而导致其与塔外浆池浆液pH值的差值相对较大。

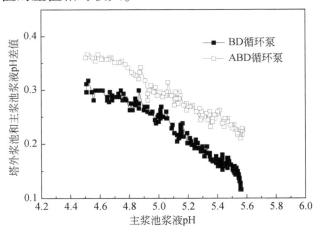

图6-4　pH差值随主浆池pH的变化规律

为探究负荷、喷淋组合、浆液 pH 等运行方式对 SO_2 深度脱除的影响规律，进一步在中试平台上开展试验研究。

1. 负荷的影响

主浆池浆液 pH 为 5.0，运行 3 台循环泵 ABD，脱硫入口 SO_2 浓度为 $700 \sim 800 \ mg/m^3$ 时，研究中试平台不同负荷工况对脱硫效率和出口 SO_2 浓度的影响。由图 6-5 可见，随着中试平台烟气负荷的增加，脱硫效率由 50% 负荷时的 99.97% 降低到 100% 负荷时的 99.26%，出口 SO_2 浓度由 50% 负荷时的 $0.2 \ mg/m^3$ 增加到 100% 负荷时的 $5.7 \ mg/m^3$。中试平台烟气负荷的增加意味着烟气量的增加，造成液气比的减小和烟气流速的增大。液气比减小不利于 SO_2 的高效吸收；烟气流速增大虽然会增大喷淋密度，强化气液接触，但同时也会减小塔内气液接触时间。因此，烟气量增加对脱硫性能起负作用的因素占据了主导，从而表现出脱硫性能随负荷增加而变差的规律。

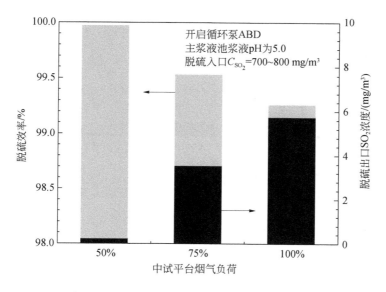

图 6-5　不同负荷对 pH 分区控制脱硫性能的影响

2. 喷淋组合的影响

中试平台100%负荷条件下（烟气量50000 m³/h），主浆池浆液 pH 为5.5，脱硫入口 SO_2 浓度为900 mg/m³时，运行不同循环泵对脱硫效率和出口 SO_2 浓度的影响如图6-6所示。由图可见，随着循环泵运行数量的增加，脱硫效率由运行2台循环泵 BD 时的93.1%增加到运行4台循环泵 ABCD 时的99.97%，出口 SO_2 浓度由61.76 mg/m³降低到0.2 mg/m³。随着高 pH 喷淋层的投入，塔内气液接触浆液 pH 得到提高，气液传质速率得到增加，有利于提高脱硫效率。此外，喷淋层数的增加还会增大喷淋区的浆液密度，强化气液接触和传质效果，可提高脱硫效率。

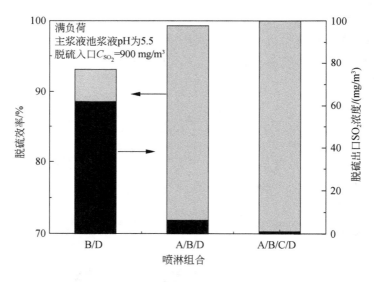

图6-6　喷淋组合对 pH 分区控制脱硫性能的影响

3. 浆液 pH 的影响

中试平台100%负荷条件下（烟气量50000 m³/h），运行3台循环泵 ABD，脱硫入口 SO_2 浓度为800~850 mg/m³时，研究主浆池浆液 pH 对脱硫效率和出口 SO_2 浓度的影响。由图6-7可见，随着主浆池浆液 pH 的增加，脱硫效率由主浆池浆液 pH 为5.0时的98.9%增加到主浆池浆液 pH

为 6.0 时的 99.86%，出口 SO_2 浓度由 9.07 mg/m^3 降低到 0.52 mg/m^3。研究表明，pH 分区脱硫技术可实现高 pH 的深度脱硫，且石灰石可得到充分溶解，表现出脱硫性能与主浆池浆液 pH 正相关的趋势。

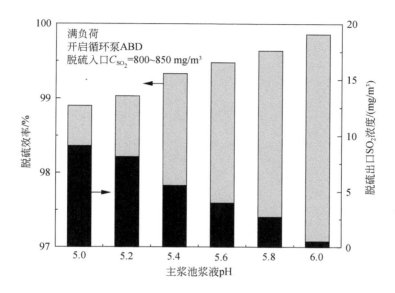

图 6-7　主浆池浆液 pH 对 pH 分区控制脱硫性能的影响

四、宽温度窗口 SCR 深度脱硝及 NH_3 逃逸影响规律研究

开发宽温度窗口 SCR 脱硝技术是实现全负荷深度脱除 NO_x 的重点和难点之一。依托中试平台开展了不同温度下宽温度窗口 SCR 深度脱硝及 NH_3 逃逸影响规律的试验研究。

1. 常温工况

中试平台 100% 负荷条件下运行（烟气量 50000 m^3/h），通过烟温调节器将 SCR 脱硝烟气温度控制在 300 ~ 340℃，SCR 入口 NO_x 浓度在 100 ~ 200 mg/m^3 范围内，以 NO_x 排放浓度低于 20 mg/m^3 为控制目标，SCR 脱硝效率在 80% ~ 94% 范围内调节可满足要求，SO_2/SO_3 转化率均小于 0.8%。

通过手工采样和在线监测对 SCR 出口 NH₃ 逃逸量进行测试，如图 6-8 所示，随着 SCR 脱硝效率的增加，NH₃ 逃逸量总体表现出上升趋势，但基本满足 2.25 mg/m³ 的环保要求。图 6-9 给出了 94% 脱硝效率下的 NH₃ 逃逸情

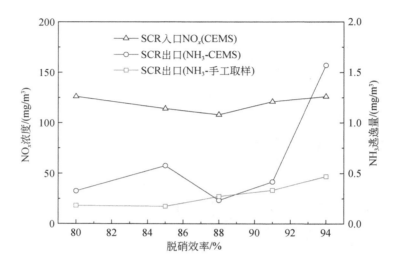

图 6-8　不同脱硝效率对 NH₃ 逃逸量的影响

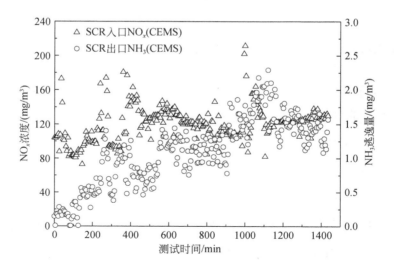

图 6-9　94% 脱硝效率下 NH₃ 逃逸情况

况，基本都小于 2 mg/m³，NH₃逃逸量随运行时间的增加而增加，故高脱硝效率下长周期运行时需加以关注。此外，入口 NO$_x$浓度快速增加时，NH₃逃逸量会明显增加，上升至 2~2.25 mg/m³，这是由 SCR 脱硝控制系统的滞后特性所造成。

2. 低温工况

中试平台100%负荷条件下运行（烟气量50000 m³/h），通过烟温调节器将 SCR 脱硝烟气温度控制在270~290℃范围内，SCR 入口 NO$_x$浓度在100~200 mg/m³范围内。根据试验过程中运行数据，SCR 入口 NO$_x$浓度平均值为113.76 mg/m³，SCR 脱硝效率控制为88%，SCR 出口 NO$_x$浓度稳定在20 mg/m³以内，平均值为13.72 mg/m³。通过在线监测对 SCR 出口 NH₃逃逸量进行测试，如图 6-10 所示，NH₃逃逸量基本控制在0.75 mg/m³以内，平均值为0.49 mg/m³，脱硝系统压差平均值为0.63 kPa。进一步对 SCR 入口、出口的 SO₃浓度进行测试，SO₂/SO₃转化率为0.2%~0.6%（平均值为0.38%）。研究表明，宽温度窗口 SCR 脱硝催化剂具有较强的低温活性，还原剂 NH₃能够有效吸附到表面酸性位点，进而参与到氧化还

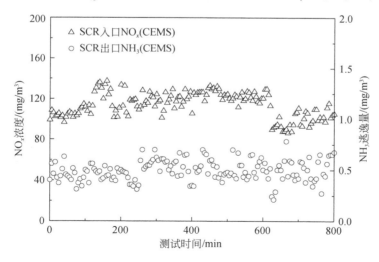

图 6-10　低烟温工况下 NH₃逃逸情况

原反应中，这为解决大型燃煤机组低负荷运行时安全、深度脱硝难题提供工程技术支撑。

五、碱基喷射脱除 SO_3 技术研究

碱基吸收剂喷射技术是控制 SO_3 排放的主要技术手段之一。在 SCR 反应器前后烟道内喷入碱性吸收剂，通过中和反应降低烟气 SO_3 浓度，避免 SO_3 与逃逸 NH_3 生成硫酸氢铵（ABS），从而可减缓空预器堵塞、腐蚀。开发碱基喷射 SO_3 脱除技术，依托中试平台，研究了不同碱性吸收剂对脱除 SO_3 效率的影响，以及吸收剂喷入量对 SO_3 脱除率以及 SCR 脱硝的影响。

开展了 Na_2CO_3、$NaHCO_3$、NaOH 等吸收剂的试验研究，结果表明，吸收剂在近似摩尔比条件下，$NaHCO_3$ 和 NaOH 对 SO_3 的脱除效率高于 Na_2CO_3。$NaHCO_3$ 溶液喷入烟气中后，首先发生液滴的干燥过程，干燥过程中形成的 $NaHCO_3$ 颗粒发生热解反应，伴随着 CO_2 和 H_2O 的释放，热解产物表面会形成多孔结构，促进了其对 SO_3 的吸收。NaOH 的碱性强于 Na_2CO_3，同样显示出较好的 SO_3 脱除性能。综合考虑吸收剂价格和脱除特性，采用 $NaHCO_3$ 做吸收剂更具前景。

研究了不同 $NaHCO_3$ 碱液浓度和不同摩尔比对 SO_3 脱除性能的影响，如图 6-11 所示。由图可见，$NaHCO_3$ 碱液浓度为 3.5% 时，SO_3 脱除效率为 10% ~30%，且随着摩尔比的升高，脱除效率略有降低。由于入口 SO_3 浓度较低且不稳定，高摩尔比的工况时原始 SO_3 浓度进一步降低，减弱了其传质速率，导致脱除效率有一定程度的降低。从图 6-11 中还可发现，相同摩尔比时，随着碱液浓度的增加，SO_3 脱除效率有所提高，但碱液浓度大于3%后的影响较小。在摩尔比相同时，碱液浓度增加则碱液总量减少，对于双流体雾化喷嘴，压缩空气量不变的情况下，碱液量减少则雾化粒径变小，在一定程度上提高了雾化的效果，有利于 SO_3 的吸收脱除。总体上，多组碱液浓度和摩尔比变化的运行工况下，SO_3 脱除效率为 3% ~33%，范围波动较大，最佳工况为碱液浓度 3.5%、摩尔比 3。

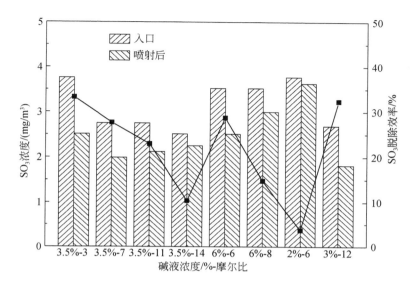

图 6-11 不同 $NaHCO_3$ 碱液浓度和摩尔比对 SO_3 脱除的影响

六、多污染物深度脱除运行优化控制规律研究

依托中试平台，开展了全系统运行优化试验研究，通过多目标运行优化和协同控制，获得多污染物深度脱除优化控制规律。试验期间，中试平台入口烟气中烟尘浓度 $12 \sim 15 \ g/m^3$，SO_2 浓度 $900 \sim 1000 \ mg/m^3$，NO_x 浓度 $150 \sim 200 \ mg/m^3$，ESP 入口烟温 120℃，根据不同排放指标，获得优化的运行参数和匹配规律。

（1）大气污染物排放限值：烟尘为 $5 \ mg/m^3$，SO_2 为 $35 \ mg/m^3$，NO_x 为 $50 \ mg/m^3$（GB 13223-2011 中燃气轮机组排放浓度限值）。对除尘系统进行优化，当吸收塔入口烟尘浓度小于 $27.56 \ mg/m^3$，采用静电除尘器 3 个电场运行+机械除尘除雾器，可实现总排口烟尘浓度小于 $5 \ mg/m^3$；当吸收塔入口烟尘浓度小于 $32 \ mg/m^3$，采用静电除尘器 3 个电场运行+湿式机电耦合除尘器，总排口烟尘浓度小于 $5 \ mg/m^3$。对脱硫系统进行优化，脱硫系统 2 台循环泵运行，液气比>12.4 L/m^3，塔外浆池 pH 约 6.3；脱硫系统 3 台循环泵运行，液气比 18.5 L/m³左右，塔外浆池 pH 约 4.5。SCR 脱硝效率保持在 80% 左右。

（2）大气污染物排放限值：烟尘为 4.5 mg/m³，SO_2 为 20 mg/m³，NO_x 为 30 mg/m³（国家科技支撑计划课题 2015BAA05B02 考核指标）。对除尘系统进行优化，当吸收塔入口烟尘浓度小于 24.81 mg/m³，采用静电除尘器 3 个电场运行+机械除尘除雾器，总排口烟尘浓度小于 4.5 mg/m³；当吸收塔入口烟尘浓度小于 30.24 mg/m³，采用静电除尘器 3 个电场运行+湿式机电耦合除尘器，总排口烟尘浓度小于 4.5 mg/m³。脱硫系统 3 台循环泵运行，液气比 18.5 L/m³左右，塔外浆池 pH 约 5.2。SCR 脱硝效率保持在 85% 左右。

（3）大气污染物排放限值：烟尘为 1 mg/m³，SO_2 为 10 mg/m³，NO_x 为 20 mg/m³（GB 13223-2011 中燃煤发电机组排放浓度限值降低 1 个数量级）。对除尘系统进行优化，当吸收塔入口烟尘浓度小于 19.6 mg/m³，静电除尘器 4 个电场+旋转电极运行，耦合湿法脱硫和湿式机电耦合除尘器，可使总排口烟尘浓度小于 1 mg/m³。脱硫系统 3 台循环泵运行，液气比 18.5 L/m³左右，塔外浆池 pH 约 5.9。SCR 脱硝效率保持在 88% ~91%。

七、中试平台取得的初步研究成果

（1）建成世界首个"开放、共享"的 50000 m³/h "近零排放"全流程控制中试平台，开展了多种新技术、多个运行工况的试验研究，烟尘、SO_2、NO_x 排放浓度小时均值（CEMS 在线监测）分别低于 1 mg/m³、10 mg/m³、20 mg/m³，Hg 排放浓度（现场手工监测）低于 0.3 μg/m³。

（2）通过多装备、全系统协同优化和全过程精准调控，研究掌握了多污染物脱除过程中相互影响和协同控制规律，获得了污染物深度减排、运行成本、系统能耗优化匹配的全过程控制方法，为煤电大气污染物排放达到不同浓度限值提供了解决方案。

（3）开发了湿式机电耦合除尘技术，研究获得了不同烟尘排放浓度下低低温静电除尘、脱硫系统协同除尘、湿式机电耦合除尘的运行优化方案，湿法脱硫吸收塔和湿式机电耦合除尘系统协同除尘效率可达到 83.25% ~ 95.34%。

（4）开发了塔内 pH 分区控制脱硫技术，研究获得了喷淋组合、浆液 pH 等运行方式对 SO_2 深度脱除的影响规律。

（5）研究掌握了宽温度窗口（270 ~ 340℃）SCR 深度脱硝及 NH_3 逃逸的影响规律，低温工况下（270 ~ 290℃）SCR 出口 NO_x 浓度稳定在 20 mg/m³ 以内，为解决燃煤电站全负荷脱硝提供技术支撑。

（6）开发了碱基吸收剂喷射脱除 SO_3 技术，研究掌握了吸收剂浓度、摩尔比以及烟气温度等对 SO_3 脱除的影响规律，获得了关键工艺参数，形成了优化的燃煤机组烟气 SO_3 脱除设计方案。

第三节　近零排放 "1123" 新排放标准探索

通过煤电近零排放工程实践和近零排放新技术的试验研究，在山东寿光电厂建成了 1000 MW 清洁煤电生态环保示范工程，两台机组分别于 2016 年 7 月和 11 月投产发电。工程建设期间针对环保设施组合逐系统进行方案优化，努力实现大气污染物的深度脱除；投产后通过多装备全系统协同优化和全过程精准调控，经山东省环境监测中心站现场测试，1 号机组烟尘、SO_2、NO_x 排放浓度分别为 <1 mg/m³、2 mg/m³、18 mg/m³，2 号机组烟尘、SO_2、NO_x 排放浓度分别为 <1 mg/m³、<2 mg/m³、16 mg/m³。结合中试平台的研究和山东寿光电厂的实践，进一步降低了煤电污染物排放，为提高煤电大气污染物排放标准奠定了坚实的技术理论和工程实践基础。

图 6-12 给出了 2017 年 1 ~ 12 月山东寿光电厂两台机组大气污染物 CEMS 数据。由图可见，烟尘、SO_2、NO_x 排放浓度小时均值总体上分别低于 1 mg/m³、10 mg/m³、20 mg/m³，排放水平优于美国先进燃煤电厂

（Williams，2014）。进一步对排放数据进行统计，如表6-3所示。2017年1~12月，山东寿光电厂1号机组烟尘、SO_2、NO_x排放浓度年平均值分别为0.69 mg/m^3、5.87 mg/m^3、16.09 mg/m^3，2号机组烟尘、SO_2、NO_x排放浓度年平均值分别为0.76 mg/m^3、6.31 mg/m^3、16.11mg/m^3；两台机组烟尘、SO_2、NO_x排放浓度小时均值≤1 mg/m^3、10 mg/m^3、20 mg/m^3的时数比率分别超过93.3%、88.4%、80.5%。可以看出，通过近零排放新技术的研究和应用，以及煤电机组环保设备运行维护精细化管理，可实现机组长周期在远低于近零排放限值的环保指标下安全稳定清洁运行。

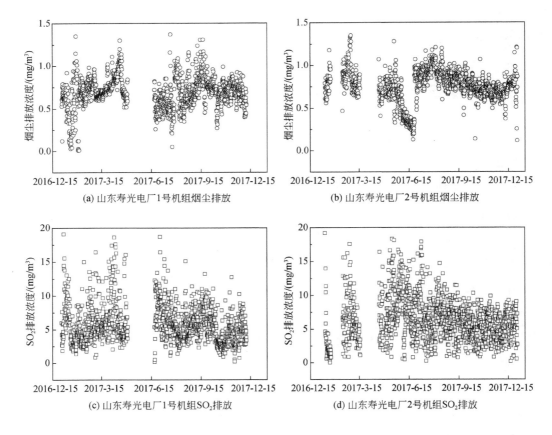

(a) 山东寿光电厂1号机组烟尘排放

(b) 山东寿光电厂2号机组烟尘排放

(c) 山东寿光电厂1号机组SO_2排放

(d) 山东寿光电厂2号机组SO_2排放

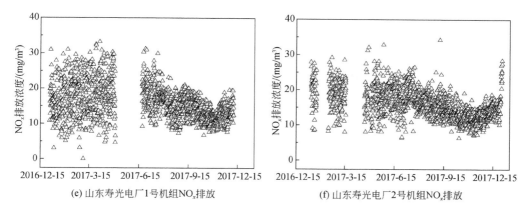

(e) 山东寿光电厂1号机组NO$_x$排放　　　(f) 山东寿光电厂2号机组NO$_x$排放

图 6-12　2017 年山东寿光电厂大气污染物排放浓度

表 6-3　2017 年山东寿光电厂大气污染物排放统计

项目		单位	1 号机组	2 号机组
统计小时数		h	6973	7074
烟尘	平均浓度	mg/m³	0.69±0.18	0.76±0.19
	排放浓度小时均值≤1 mg/m³时数比率	%	95.5	93.3
SO$_2$	平均浓度	mg/m³	5.87±3	6.31±3.39
	排放浓度小时均值≤10 mg/m³时数比率	%	91.3	88.4
NO$_x$	平均浓度	mg/m³	16.09±5.03	16.11±4.32
	排放浓度小时均值≤20 mg/m³时数比率	%	80.5	81.4

　　针对山东寿光电厂 1、2 号机组，采用 30B 测试方法，研究分析了机组现有环保设施组合对重金属汞的协同脱除特性。在现有环保设施组合协同控制作用下，山东寿光电厂 1、2 号机组汞排放浓度分别为 0.9 μg/m³ 和 0.52 μg/m³。大量研究统计表明，中国原煤中汞含量符合对数正态分布，是一种正偏态分布，说明大部分原煤中汞含量低于统计的平均值。按照神华煤汞含量与中国煤平均汞含量比例为 20% ~30% 计算，我国燃煤机组烟气中初始汞浓度一般小于 30 μg/m³，近零排放机组现有 APCDs 协同控制作用下汞排放浓度可小于 5 μg/m³，如果达到 90% 以上的脱汞效率，汞排

放浓度则可低至 3 μg/m³。针对燃用西南地区高汞煤的机组，烟气中初始平均汞浓度一般较高，可选择应用 OMAI 等专门脱汞技术。考虑到燃煤电厂是我国大气汞排放的主要来源之一，加之又掌握了低成本且高效的 OMAI 脱汞技术，为加快推进生态文明建设，对其加以严格控制，实现重金属汞污染深度脱除是我国今后更好地履行《关于汞的水俣公约》的关键，可以将燃煤电厂汞排放限值收紧至 3 μg/m³。

基于中试平台创新技术研究和山东寿光电厂创新实践，笔者提出在当前清洁煤电近零排放技术条件下更加契合生态环保排放要求的燃煤发电大气污染物新排放限值，即在基准氧含量6%的情况下，烟尘、SO_2、NO_x 和汞及其化合物的排放浓度限值分别为 1 mg/m³、10 mg/m³、20mg/m³ 和 3 μg/m³（简称"1123"生态环保排放标准）（王树民等，2018）。

第七章　近零排放的经济社会效益

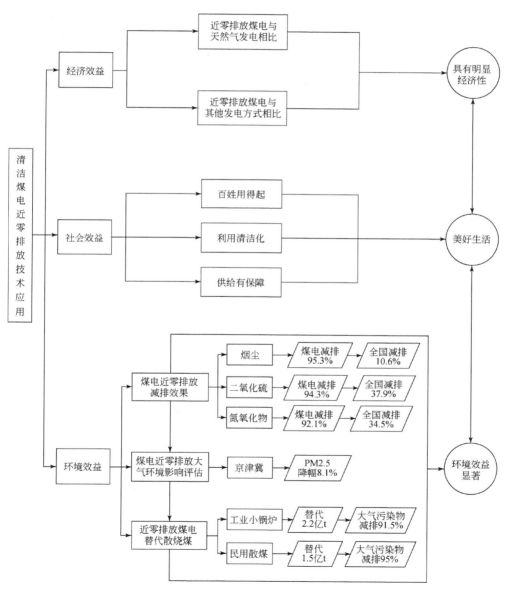

当今世界正处在大发展大变革大调整时代，各国之间日益成为相互依存、休戚与共的"人类命运共同体"，致力于建设"持久和平、普遍安全、共同繁荣、开放包容、清洁美丽的世界"。在 2015 年 9 月的联合国发展峰会上，联合国 193 个会员国一致通过了《2030 年可持续发展议程》，新议程呼吁各国采取行动，为到 2030 年实现 17 项可持续发展目标而努力，而可持续发展目标中的首要目标是在全世界消除一切形式的贫困，其任务之一就是消除"能源贫困"。可持续发展目标中的第七项目标是确保人人获得负担得起的、可靠的、可持续的现代能源。煤电是世界上的电力装机容量主体和电量主体，大力发展近零排放的清洁煤电，进而提供"百姓用得起、利用清洁化、供给有保障"的清洁能源、现代能源，对于中国乃至世界解决能源贫困问题以及生态环境保护、经济社会可持续发展、人民生活水平的不断提高，都具有重要的现实意义和长远影响。

第一节 燃煤电厂近零排放的环境效益

一、煤电近零排放的减排效果探讨

中国燃煤机组近零排放技术的成功实践始于 2014 年，本节分别以近零排放实施前 2013 年全国和煤电的烟尘、SO_2、NO_x 排放量为基准，分析煤电近零排放的减排效果。中国 2013 年全口径废气中烟尘、SO_2、NO_x 排放量分别为 1278 万 t、2044 万 t、2227 万 t，其中，煤电烟尘、SO_2 和 NO_x 排放量分别为 142 万 t、820 万 t、834 万 t。如果中国燃煤电厂均实现近零排放，成为清洁煤电，则 2013 年全国煤电烟尘、SO_2 和 NO_x 排放量将仅为 6.6 万 t、46 万 t、66 万 t，对应的减排比例将分别达到 95.3%、94.3%、92.1%，煤电减排量对全国全口径排放的减排贡献率分别达到 10.6%、37.9%、34.5%。从数据分析看，煤电近零排放的减排效果显著，详见表 7-1。

表 7-1　2013 年中国排放量及煤电近零排放的减排效果 （单位：万 t）

分类	烟尘	SO_2	NO_x
全国排放量	1278	2044	2227
煤电排放量	142	820	834
煤电"近零排放"排放量	6.6	46	66
煤电"近零排放"减排量	135.4	774	768
煤电近零排放后煤电减排比例	95.3%	94.3%	92.1%
煤电减排量对全国减排的贡献	10.6%	37.9%	34.5%

注：煤电近零排放后烟尘、SO_2、NO_x 排放量为全社会发电量乘以相关排放绩效。

分区域来看，2013 年京津冀、长三角、珠三角区域的煤炭消费空间密度达到 0.18 万 ~ 0.31 万 t/km^2，是全国平均水平的 4 ~ 8 倍，详见表 7-2。高煤炭消费空间密度带来了高污染。

表 7-2　2013 年京津冀、长三角、珠三角区域煤炭消费空间密度

区域	面积/万 km^2	煤炭消费量/万 t	煤炭消费空间密度/(万 t/km^2)
京津冀	21.8	38961	0.18
长三角	21.07	63453	0.30
珠三角	5.6	17107	0.31
全国	960	410000	0.04

注：京津冀煤炭消费量为北京、天津、河北消费量；长三角煤炭消费量为上海、江苏、浙江、安徽消费量；珠三角煤炭消费量为广东煤炭消费量。

为此，京津冀、长三角、珠三角区域也是压减煤炭消费总量、提高电煤占比，并推进煤电减排的重点区域，按照上述区域燃煤电厂全部实现近零排放测算，在 2013 年煤电的烟尘、SO_2、NO_x 排放量上，京津冀地区将分别减排约 96.3%、93.3%、91.6%，详见表 7-3；长三角地区将分别减排约 95.0%、87.2%、87.2%，详见表 7-4；珠三角地区将分别减排约 95.6%、88.2%、89.3%，详见表 7-5。

表7-3 京津冀区域燃煤电厂近零排放的减排效果 （单位：万t）

项目	京津冀区域			
	2013年排放量	"近零排放"排放量	"近零排放"减排量	"近零排放"减排比例
烟尘	13.4	0.5	12.9	96.3%
SO_2	56.7	3.8	52.9	93.3%
NO_x（以NO_2计）	64.3	5.4	58.9	91.6%

表7-4 长三角区域燃煤电厂近零排放的减排效果 （单位：万t）

项目	长三角区域			
	2013年排放量	"近零排放"排放量	"近零排放"减排量	"近零排放"减排比例
烟尘	33.9	1.7	32.2	95.0%
SO_2	92.3	11.8	80.5	87.2%
NO_x（以NO_2计）	130.4	16.7	113.7	87.2%

表7-5 珠三角区域燃煤电厂近零排放的减排效果 （单位：万t）

项目	珠三角区域			
	2013年排放量	"近零排放"排放量	"近零排放"减排量	"近零排放"减排比例
烟尘	18.2	0.8	17.4	95.6%
SO_2	49.2	5.8	43.4	88.2%
NO_x（以NO_2计）	76.9	8.2	68.7	89.3%

二、煤电近零排放的大气环境影响评估

大气环境中细颗粒物（$PM_{2.5}$）对人类健康和能见度的影响较大，我国以$PM_{2.5}$为特征污染物的灰霾污染问题日益突出。2012年，环境保护部颁布了《环境空气质量标准》（GB 3095–2012），首次将$PM_{2.5}$作为污染物项目。2013年，国务院印发了《大气污染防治行动计划》（国发〔2013

37号），重点管控环境空气中 $PM_{2.5}$ 的质量浓度。作为我国大气污染的重要来源，燃煤电厂排放的烟尘直接贡献大气环境中一次 $PM_{2.5}$；排放的 SO_2、NO_x 等气态污染物可转化为硫酸盐、硝酸盐，贡献大气环境中二次 $PM_{2.5}$，同时还可贡献大气环境中 SO_2 和 NO_2。为评估清洁煤电近零排放的环境效益，探究燃煤电厂执行近零排放标准对环境空气质量的改善效果，本节选择近年来灰霾频发、环境压力较大的京津冀区域作为研究对象。

神华集团北京低碳清洁能源研究所研究团队以中国多尺度排放清单模型（MEIC）中 2012 年 11 月到 2013 年 2 月京津冀区域煤电行业污染真实排放数据为基准情景，采用 GEOS-Chem 模式对燃煤机组全部达到近零排放标准限值的情景进行模拟分析。结果表明（Liu et al.，2017），京津冀区域环境空气中 $PM_{2.5}$ 季平均浓度下降 7.7 $\mu g/m^3$，减小了 8.1%；北京市环境空气中 $PM_{2.5}$ 季平均浓度下降 7.9 $\mu g/m^3$，减小了 7.8%。可见，京津冀区域燃煤电厂实现近零排放对于环境空气质量的改善效果较为明显。

依托笔者主持的国家科技支撑计划课题（2015BAA05B02），神华集团联合环境保护部环境工程评估中心选取京津冀区域北京市和煤电排放源密集的石家庄市、保定市作为典型研究对象，以各市 2013 年执行的国家或地方排放标准为基准情景，采用双向耦合 WRF-CMAQ 模式对 2013 年典型城市燃煤机组烟尘、SO_2、NO_x 排放浓度分别达到 4.5 mg/m^3、20 mg/m^3、30 mg/m^3 近零排放情景的环境影响进行模拟分析，该情景考虑了 2013 年基准年中北京市燃煤机组全部关停或改燃气机组。值得提及的是，神华集团京津冀区域 22 台近零排放燃煤机组实际排放水平优于该情景中近零排放指标。环境影响模拟结果如表 7-6 所示（徐海红等，2017），北京市环境空气中 $PM_{2.5}$、SO_2、NO_2 月平均浓度分别下降 15.86 $\mu g/m^3$、5.25 $\mu g/m^3$、5.99 $\mu g/m^3$，降幅分别为 8.86%、12.25%、9.35%；石家庄市环境空气中 $PM_{2.5}$、SO_2、NO_2 月平均浓度分别下降 15.42 $\mu g/m^3$、8.49 $\mu g/m^3$、6.95 $\mu g/m^3$，降幅分别为 7.23%、11.95%、16.06%；保定市环境空气中 $PM_{2.5}$、SO_2、NO_2 月平均浓度分别下降 15.04 $\mu g/m^3$、5.32 $\mu g/m^3$、

3. 73 μg/m³，降幅分别为 6. 62% 、9. 32% 、9. 45% 。由此可见，京津冀区域典型城市燃煤电厂在近零排放情景下均表现出较为明显的环境空气质量改善效果。

表 7-6　京津冀典型城市燃煤电厂近零排放情景下环境影响模拟结果

环境空气污染物	北京市			石家庄市			保定市		
	基准情景/(μg/m³)	近零排放情景/(μg/m³)	降幅/%	基准情景/(μg/m³)	近零排放情景/(μg/m³)	降幅/%	基准情景/(μg/m³)	近零排放情景/(μg/m³)	降幅/%
PM$_{2.5}$	178.96	163.1	8.86	213.33	197.91	7.23	226.89	211.85	6.62
SO$_2$	48.89	43.64	10.74	71.01	62.52	11.95	57.04	51.72	9.32
NO$_2$	64.04	58.05	9.35	43.25	36.3	16.06	39.53	35.8	9.45

注：燃煤电厂大气污染物 NO$_x$ 排放量以 NO$_2$ 计。

针对京津冀作为"首都圈"改善环境空气质量的迫切需要，"大气十条"实施 5 年来，通过国家的政策要求以及煤电等行业的共同努力，京津冀等重点区域环境空气中 PM$_{2.5}$、SO$_2$、NO$_2$ 浓度持续向好。根据 2013 ～ 2017 年国家和地方环保部门环境空气质量状况公报，从 2017 年京津冀、北京市、天津市、河北省环境空气中 PM$_{2.5}$ 平均浓度来看，分别较 2013 年降低 39.6% 、35.2% 、35.4% 、39.8% ；从 SO$_2$ 平均浓度来看，分别较 2013 年降低 63.7% 、69.8% 、72.9% 、63.5% ；从 NO$_2$ 平均浓度来看，分别较 2013 年降低 7.8% 、17.9% 、7.4% 、7.8% ，详见表 7-7。针对 PM$_{2.5}$，与《环境空气质量标准》（GB 3095-2012）规定的二级浓度限值 35 μg/m³ 相比，京津冀区域环境空气中 PM$_{2.5}$ 年平均浓度仍超标 1 倍左右，更是远高于世界卫生组织（WHO）提出的过渡时期目标-3（IT-3）15 μg/m³ 和空气质量指导值（AQG）10μg/m³，必须清醒地认识到大气污染防治特别是 PM$_{2.5}$ 的治理具有长期性。因此，为进一步改善我国环境空气质量，各行各业应积极行动起来，采取因地制宜、多措并举的系统规划和具体行动，持续推进大气污染物减排。煤电企业在建设运营过程中，更是有责任、有

义务开展清洁煤电近零排放，长期坚持控制燃煤大气污染物的排放，实现
煤炭清洁高效利用，为持续改善京津冀等重点区域环境空气质量作出积极
贡献。

表 7-7　京津冀区域环境空气中 $PM_{2.5}$、SO_2、NO_2 浓度变化趋势

地区	污染物	2013 年	2014 年	2015 年	2016 年	2017 年
京津冀	$PM_{2.5}$	106	93	77	71	64
	SO_2	69	52	38	31	25
	NO_2	51	49	46	49	47
北京市	$PM_{2.5}$	89.5	85.9	80.6	73	58
	SO_2	26.5	21.8	13.5	10	8
	NO_2	56	56.7	50	48	46
天津市	$PM_{2.5}$	96	83	70	69	62
	SO_2	59	49	29	21	16
	NO_2	54	54	42	48	50
河北省	$PM_{2.5}$	108	95	77	70	65
	SO_2	74	55	41	34	27
	NO_2	51	48	46	49	47

注：数据来源于 2013 ~ 2017 年中国、天津市、河北省环境状况公报。

三、近零排放煤电替代散烧煤的减排效果探讨

近年来，散烧煤对雾霾的贡献受到人们广泛关注。在我国 2015 年煤
炭消费结构中，散烧煤年消费量为 7 亿 ~ 8 亿 t，主要用于工业领域的工业
小锅炉、小窑炉和民用领域的农村生产生活，约占煤炭消费总量的 20%
（中华人民共和国中央人民政府，2016）。

从散烧煤消费主要来源工业小锅炉用煤来看，中国工业锅炉的特点是
数量多、容量小、燃煤为主，污染物排放强度大。根据《2017 年中国散
煤综合治理调研报告》（中国煤控项目散煤治理课题组，2017），截至
2015 年底，我国在用工业锅炉约 57 万台，燃煤工业锅炉约 46 万台，其中
10 蒸吨及以下燃煤小锅炉占燃煤工业锅炉总数的 46%，容量占比约 30%；

35 蒸吨及以下燃煤小锅炉占比 91.7%，容量占比约 48%，耗煤量约 2.2 亿 t。表 7-8 给出了我国燃煤工业锅炉（65 蒸吨及以下）和燃煤发电锅炉大气污染物排放浓度限值。由表可见，折算到相同氧含量进行比较，燃煤工业小锅炉的大气污染物排放限值明显宽松于燃煤电厂，更是达到煤电近零排放标准限值的 10 倍左右。研究显示（翟一然等，2012；高天明等，2017），燃煤工业锅炉颗粒物、SO_2、NO_x 排放因子分别约为 1.5 kg/t、8.5 kg/t、1.8 kg/t，据此推算出中国 2015 年燃煤工业小锅炉大气污染物（颗粒物/烟尘、SO_2、NO_x）排放总量约为 260 万 t。如果燃煤工业小锅炉大气污染物达到近零排放标准限值，按照工业锅炉每燃烧 1 kg 煤产生的标准状态下干烟气量 10～12 m³（取 11 m³）计算，则中国 2015 年工业小锅炉颗粒物、SO_2、NO_x 排放量分别为 1.2 万 t、8.4 万 t、12.1 万 t，大气污染物排放总量为 21.7 万 t，总减排量约为 238 万 t，减排比例高达 91.5%。因此，加强燃煤工业小锅炉综合治理力度意义重大，一方面，可以采用近零排放煤电替代燃煤工业小锅炉，优先淘汰 10 蒸吨及以下的小容量锅炉；另一方面，对于不具备热电联产集中供热条件的地区，以污染物排放控制为核心，因地制宜地推进燃煤工业小锅炉近零排放改造，从而显著减少工业小锅炉大气污染物排放总量。

表 7-8　中国燃煤工业锅炉和燃煤发电锅炉大气污染物排放浓度限值

（环境保护部和国家质量监督检验检疫总局，2011，2014）　（单位：mg/m³）

项目	燃煤工业锅炉（基准氧含量9%）			燃煤发电锅炉（基准氧含量6%）		
	在用	新建	重点地区特别排放限值	重点地区特别排放限值	超低排放	近零排放
颗粒物/烟尘	80	50	30	20	10	5
SO_2	400	300	200	50	35	35
NO_x	400	300	200	100	50	50

从散烧煤消费主要来源农村生产生活用煤来看，未经过洁净化处理，直接用于燃烧，致使大气污染物的直接、低空排放，大量使用民用散烧

煤，会给环境造成很严重的污染。环境保护部华北督查中心 2013 年的研究表明，京津冀区域的农民生活和农业生产消费煤炭量占京津冀区域总耗煤量的 11%，但其烟尘排放量占环境总排放量的 23.2%，SO_2 排放量占环境总排放量的 15.2%。2016 年 1 月，中国环境保护部在京津冀区域散煤燃烧污染控制与管理技术交流会上指出，京津冀区域目前每年燃煤散烧量超过 3600 万 t，占京津冀煤炭用量的十分之一，但对煤炭污染物排放量的贡献总量却达一半左右。2015 年底中国农村人口数为 6.03 亿，按照中国冬季供暖区域为秦岭-淮河一线以北的 14 个省份进行统计，中国冬季需要供暖的农村人口数为 1.88 亿人，按照中国平均家庭户规模 3.1 人/户计算（国家统计局，2016），中国冬季需要供暖的农村家庭为 6075 万户。按照每户每个取暖季燃用散烧煤 2.52 t 计算，中国北方农村居民每个取暖季燃用的散烧煤预计 1.53 亿 t（王树民，2017a）。研究显示（潘涛等，2016），直接烧 1 t 散煤的大气污染物（颗粒物、SO_2、NO_x）排放量超过 16.5 kg，据此推算出 1.53 亿 t 散烧煤的大气污染物排放总量约为 250 万 t，这是农村居民的"生存排放"，可以采用清洁、安全、高效的替代方式。如果中国北方农村全部实现近零排放煤电替代散烧煤取暖，燃用 1.53 亿 t 煤的发电量约为 0.37 万亿 kW·h，基本满足 6075 万户农村家庭的取暖需求，则烟尘（颗粒物）、SO_2、NO_x 排放总量仅为 11.5 万 t，减排比例高达 95%。

由此可见，通过大幅度提高煤炭用于发电的比例，推进煤炭集中清洁高效利用，积极实施民用散煤"以电代煤"以及燃煤工业小锅炉清洁煤电替代，并将煤电近零排放技术推广应用到未淘汰的工业小锅炉上，解决散烧煤污染问题，燃煤大气污染物排放总量将大幅度降低，这将推动解决我国区域性 $PM_{2.5}$ 污染问题（郝吉明，2016），对形成节约资源和保护环境的空间格局、产业结构、生产方式、生活方式具有重要意义。

第二节　燃煤电厂近零排放的经济效益

燃煤电厂近零排放经济性分析一般包括项目投产前的初投资费用和投产后的运行费用等，初投资主要有土地、土建、设备及安装等，运行成本主要包括燃料成本、人工成本及检修维护成本等，最终将体现在销售电价的差别上。本节通过分析工程造价、检修维护成本、售电完全成本、销售电价，系统研究近零排放煤电与气电的经济性（王树民和刘吉臻，2016b）。

一、工程造价

全国 2015 年 60 万等级及以上煤电机组参考动态投资在 3500 元/kW 左右，而 300 MW 等级燃气轮机组参考动态投资在 3000 元/kW 左右（电力规划设计总院，2016）。由于燃气发电机组建设周期短，约为同容量煤机的 70%、占地面积仅为燃煤机组的 40%、人员配置不到常规燃煤机组的 20% 等因素，燃煤机组工程造价要高于燃气机组。

表 7-9 是神华集团燃气电厂实际投资情况。从工程建设实践来看，北京燃气热电厂 950 MW "二拖一" 燃气-蒸汽联合循环供热机组于 2015 年 8 月建成投产，工程造价 3532 元/kW。浙江余姚燃气电厂 780 MW "二拖一" 多轴联合循环燃气发电机组于 2007 年 8 月建成投产，工程造价 2836 元/kW。神华集团京津冀区域 22 台燃煤机组平均容量 450 MW，受这些机组相继在 1978~2010 年间建成投产等因素影响，工程造价平均为 3955 元/kW，其中包含近零排放改造平均投入 260 元/kW。神华集团京津冀区域近零排放燃煤机组平均工程造价水平较北京燃气热电厂和浙江余姚燃气电厂工程造价分别高出 423 元/kW 和 1119 元/kW。

表 7-9　神华集团燃气电厂实际投资情况

项目	北京燃气电厂	浙江余姚燃气电厂
装机容量/万 kW	95	78

续表

项目	北京燃气电厂	浙江余姚燃气电厂
建筑工程费/亿元	6.9691	2.672
设备购置费/亿元	15.4413	12.054
安装工程费/亿元	1.8355	2.08
其他费用/亿元	7.9092	3.183
建设期贷款利息/%	1.4032	2.13
项目动态投资/亿元	33.5583	22.119

二、维护成本

中国是世界上燃煤发电应用技术最为先进的国家之一，目前我国燃煤机组在设计、设备制造、工程建设、发电技术和检修维护等方面均比较成熟。而中国的燃气轮机研发起步较晚，2001 年，中国国家发展改革委发布了《燃气轮机产业发展和技术引进工作实施意见》，决定以市场换取技术的方式，进行技术引进，通过我国主要汽轮机厂与国外企业合作，生产燃气轮机并研发燃气蒸汽联合循环发电技术。目前，中国燃机的部分关键技术仍未取得突破，部分热通道部件仍需进口，维护检修工作仍很大程度上依赖于设备厂商。京津冀区域 22 台燃煤发电机组的单位容量检修费用平均在 65 元/kW 左右，而北京燃气热电厂年检修费用为 89 元/kW 左右，浙江余姚燃气电厂年检修费用为 84 元/kW 左右。京津冀区域近零排放燃煤发电机组较北京燃气热电厂和浙江余姚燃气电厂机组的检修费用分别低 24 元/kW 和 19 元/kW。

三、售电完全成本

神华集团 2015 年京津冀区域燃煤电厂平均售电完全成本为 0.24 元/(kW·h)，北京燃气热电厂、浙江余姚燃气电厂售电完全成本分别为 0.55 元/kW·h、0.71 元/(kW·h)。2015 年神华集团京津冀区域燃煤发电的燃料成本为 0.16 元/(kW·h)，仅为北京燃气热电厂、浙江余姚燃气电厂燃料成本的 38% 和 30%。在一次能源中，天然气是热量高、污染小的高品质清洁能源，尽管从目前的燃料价格水平来看，燃煤发电具有明显的成本优势，但目前天然气价格呈下行趋势，如果在未来工业用天然气价格降至 1 元/m³，燃气发电的燃料成本达到 0.2 元/(kW·h)，而煤炭价格维持在 0.09 元/大卡（1 大卡 = 4.186 kJ）的水平，则燃气发电与燃煤发电的燃料成本基本持平。

四、销售电价

目前，电力销售中主要采用标杆电价结算。2004 年，中国首次公布了各省燃煤机组发电的标杆上网电价水平，并在以后年度根据燃煤成本的变化对发电企业上网电价进行调整。2015 年京津冀区域燃煤机组标杆电价平均为 0.354 元/(kW·h)（含税），其中包含《燃煤发电机组环保电价及环保设施运行监管办法》（发改价格〔2014〕536 号）中给予安装除尘、脱硫、脱硝设施的燃煤电厂环保电价加价 2.7 分/(kW·h)（国家发展改革委和环境保护部，2014）。

按照中国国家发展改革委、环境保护部、国家能源局联合印发的《关于实行燃煤电厂超低排放电价支持政策有关问题的通知》（发改价格〔2015〕2835 号），2016 年 1 月 1 日以前已经并网运行的现役机组，统购上网电量加价 1 分/(kW·h)（含税）（国家发展改革委等，2015）。中国煤电清洁化的成功实践也得益于国家促进绿色发展的价格机制。表 7-10 给出了神华集团京津冀区域近零排放燃煤机组 2015 年电价情况，目前区域内 22 台燃煤机组均已落实了 1 分/(kW·h)（含税）的超低排放电价。尽管如此，这 22 台燃煤机组的平均销售电价也仅为 0.365 元/(kW·h)。

表 7-10　神华集团京津冀区域近零排放燃煤机组 2015 年电价情况

序号	电厂	机组	装机容量/MW	上网电价/[元/(kW·h)]
1	河北三河电厂	1#	350	0.3634
2		2#	350	
3		3#	300	
4		4#	300	

续表

序号	电厂	机组	装机容量/MW	上网电价/[元/(kW·h)]
5	天津盘山电厂	1#	530	0.3514
6		2#	530	
7	河北定州电厂	1#	600	0.3497
8		2#	600	
9		3#	660	
10		4#	660	
11	河北沧东电厂	1#	600	0.3497
12		2#	600	
13		3#	660	
14		4#	660	
15	天津大港电厂	1#	328.5	0.3514
16		2#	328.5	
17		3#	328.5	
18		4#	328.5	
19	河北秦皇岛电厂	1#	215	0.3634
20		2#	215	
21		3#	320	
22		4#	320	

表 7-11 是北京燃气热电厂 2015 年电价情况。北京市燃机执行单一制电价，市燃气公司统买统卖天然气。北京燃气热电厂核准时，国家发改委核定电价为 0.8485 元/(kW·h)（含税），由于 2015 年 11 月 20 日起北京市天然气售价由 3.22 元/m³ 下调至 2.51 元/m³，按照北京市财政局通知的调价原则计算，北京燃气热电厂 2015 年 11 月 20 日后电价调整为 0.7046 元/(kW·h)，根据调整前后电价水平综合计算，其 2015 年平均电价为 0.78 元/(kW·h)。

表 7-11　神华集团北京燃气热电厂 2015 年电价情况　　　［单位：元/（kW·h）］

11 月 20 日前	11 月 20 日后	全年
0.8485	0.7046	0.78

表 7-12 为浙江余姚燃气电厂 2015 年电价情况。浙江省物价局 2015 年 6 月 12 日出台了《关于我省天然气发电机组试行两部制电价的通知》（浙价资〔2015〕135 号），决定自 2015 年 1 月 1 日起对燃气发电机组试行两部制电价，即电量电价和容量电价。其中电量电价在 1 月 1 日~3 月 31 日执行 0.73 元/（kW·h），4 月 1 日起执行 0.67 元/（kW·h），而每年容量电价为 360 元/kW。浙江省物价局 2015 年 12 月 2 日下发了《关于调整燃气发电机组上网电价的通知》（浙价资〔2015〕240 号），决定 11 月 20 日起将电量电价调整为 0.54 元/（kW·h），容量电价暂不作调整。浙江省 2015 年执行燃机两部制电价政策以来，除供热量较为稳定的燃机企业外，其余均为全面亏损状态，其中 9F、9E 机组容量电价仅弥补固定成本的 70% 左右，电量电价基本能够覆盖燃料成本，6F、6B 机组的固定成本及燃料成本均无法得到有效弥补，热电联产机组的"以热定电"政策无法执行。根据调整前后电价水平综合计算，浙江余姚燃气电厂 2015 年平均电价为 0.8153 元/（kW·h）。神华集团京津冀区域近零排放燃煤电厂较北京燃气热电厂、浙江余姚燃气电厂的销售电价分别低 0.415 元/（kW·h）和 0.45 元/（kW·h）。综合考虑燃煤发电与燃气发电在工程造价、检修费用、环保投入、售电完全成本、销售电价等方面差异，近零排放燃煤发电的经济性优于燃气发电，详见表 7-13。

表 7-12　神华集团浙江余姚燃气电厂 2015 年电价情况

项目	3 月 31 日前	4 月 1 日~11 月 19 日	11 月 20 日后	全年
售电量/（亿 kW·h）	4.399	8.944	4.209	17.552
电量电价/［元/（kW·h）］	0.73	0.67	0.54	0.6538
综合平均电价/［元/（kW·h）］	0.8911	0.8717	0.6167	0.8153

注：余姚燃气电厂每年容量电价为 360 元/kW，根据余姚燃气电厂 2015 年全年上网电量情况折算。

表 7-13　神华集团京津冀区域近零排放燃煤发电与燃气发电综合对比表

项目	单位	京津冀 22 台燃煤机组平均	北京燃气热电厂	浙江余姚燃气电厂	对比结果
装机容量	万 kW	45	95	78	—
工程造价	元/kW	3955	3532	2836	↑ 423 ~ 1119
检修维护费用	元/(kW·a)	65	89	84.41	↓ 19 ~ 24
售电完全成本	元/(kW·h)	0.24	0.55	0.71	↓ 0.31 ~ 0.47
其中：燃料成本	元/(kW·h)	0.16	0.42	0.53	↓ 0.26 ~ 0.37
销售电价	元/(kW·h)	0.365	0.78	0.815	↓ 0.415 ~ 0.45

根据中国国家发展改革委公布的 2017 年全国电价（含税）水平，燃煤发电与太阳能发电、风电、气电、核电等发电方式相比，也具有明显的经济性，见表 7-14。

表 7-14　不同类型发电方式的电价（含税）水平统计

类型	电价/[元/(kW·h)]
煤电	0.28 ~ 0.45
水电	0.2 ~ 0.4
核电	0.43
气电	0.61 ~ 0.80
陆上风电	0.47 ~ 0.60
光伏发电	0.8 ~ 0.98
光热发电	1.15

五、燃煤电厂 CO_2 减排的成本测算

高碳能源向低碳能源转换是能源发展的重要方向（张玉卓，2008），

燃煤电厂开展二氧化碳减排将是发展趋势。碳捕集、利用与封存（CCUS）作为一种重要的温室气体（GHG）减排技术（谢和平等，2012），包括二氧化碳捕集、运输、利用与封存四个环节，被认为是能够大幅减少来自化石燃料燃烧使用的温室气体排放的技术，从而受到了广泛关注。国际能源署（IEA）预测，为了控制全球气温上升稳定在2℃内，CCUS技术至少能够为全球在2010～2050年间的碳减排贡献19%。为进一步研究燃煤电厂 CO_2 捕集后的技术经济指标，分别选取地处煤炭基地的陕西锦界电厂600 MW亚临界燃煤机组和地处东南沿海的广东台山电厂1000 MW超超临界燃煤机组进行碳捕集成本分析，并与天然气联合循环机组进行比较。

燃煤电厂 CO_2 捕集主要有3条技术路线：燃烧前捕集、燃烧后捕集和富氧燃烧技术，3种技术有着各自的适应性和优缺点（Kanniche et al.，2010）。燃烧后碳捕集技术适应于燃煤发电厂，是未来可以实现规模化减排的碳捕集技术。目前，燃烧后 CO_2 捕集技术主要采用化学吸收法，国外有百万吨级工程示范运行经验，技术相对成熟，但由于燃煤电厂烟气体积流量大、 CO_2 分压小，脱碳过程能耗较大，同时设备投资和运行成本较高，CO_2 捕集综合成本高（Lackner，2015；Bücker et al.，2005；Abu-Zahra et al.，2007；Figueroa et al.，2008；Rochelle，2009；Hammond et al.，2011）。以陕西锦界电厂600 MW亚临界机组和广东台山电厂1000 MW超超临界机组为例，采用成熟的化学吸收工艺进行 CO_2 捕集，通过系统集成研究，分别计算燃煤机组达到天然气联合循环发电机组碳排放水平和全烟气量碳捕集（CO_2 捕集率为90%）工况下的技术经济指标，详见表7-15。天然气联合循环发电机组选择神华集团最先进的北京燃气热电厂，联合循环供电效率58.9%，机组容量950 MW，CO_2 排放强度412 g/（kW·h），售电完全成本0.55元/（kW·h）。

表 7-15　燃煤发电 CO_2 捕集与天然气联合循环发电成本比较

序号	名称	高效燃煤发电机组			天然气联合循环发电机组
1	机组容量/MW	600（锦界）		1000（台山）	950（北京）
2	供电效率/%	38.91		43.14	58.9
3	CO_2 排放强度/[g/(kW·h)]	926		794	412
4	售电完全成本/[元/(kW·h)]	0.114		0.276	0.55
5	捕集后 CO_2 排放强度/[g/(kW·h)]	92.6	412	79.4	412	—
6	捕集和封存增加总投资/亿元	17.06	10.52	25.23	13.49	
7	年减排 CO_2/万 t	229.47	141.52	339.44	181.45	—
8	CO_2 捕集和封存运维单位成本/(元/吨 CO_2)	300	320	300	320	
9	年增加运行维护成本/亿元	6.88	4.53	10.18	5.81	
10	碳捕集和封存单位电耗/(kW·h/吨 CO_2)	120	120	120	120	
11	折旧年限/年	20	20	20	20	
12	CO_2 捕集系统年运行时间/h	5000	5000	5000	5000	
13	CO_2 捕集后供电效率/%	29	34	33	38	
14	CO_2 捕集和封存增加售电成本/[元/(kW·h)]	0.377	0.21	0.315	0.155	
15	CO_2 捕集和封存后售电完全成本/[元/(kW·h)]	0.491	0.324	0.591	0.431	

研究表明：对于地处煤炭基地的陕西锦界电厂，由于燃料成本较低，CO_2 排放达到高效天然气联合循环发电机组 CO_2 排放水平 [412 g/(kW·h)] 时，售电完全成本约 0.324 元/(kW·h)，全部烟气捕集率为 90% 时，售电完全成本约 0.491 元/(kW·h)；而对于地处东南沿海的广东台山电厂，CO_2 排放达到高效天然气联合循环发电机组 CO_2 排放水平 [412 g/(kW·h)] 时，售电完全成本约 0.431 元/(kW·h)，全部烟气捕集率为 90% 时，售电完全成本约 0.591 元/(kW·h)。燃煤发电机组 CO_2 排放达到高效天然气联合循环发电机组 CO_2 排放水平，售电完全成本低于燃气发电机组，对于煤电一体化项目，实现 90% 的 CO_2 捕集，售电完全成本依然存在一定优势。从增加的售电成本分析，亚临界机组由于效率低，CO_2 排放强度大，达到高效天然气联合循环发电机组 CO_2 排放水平时，增加的售电成本约

0.21元/（kW·h），全部烟气捕集率为90%时，增加的售电成本约0.377元/（kW·h）；而对于超超临界机组，达到高效天然气联合循环发电机组CO_2排放水平时，增加的售电成本约0.155元/（kW·h），全部烟气捕集率为90%时，增加的售电成本约0.315元/（kW·h）。

目前，燃煤电厂CO_2捕集和封存技术尚处于示范阶段，投资和运行维护成本较高，需要开发新型高效吸收剂，并进一步降低全系统能耗，当燃煤电厂实现大规模CO_2捕集和封存后，捕集成本将有较大下降空间。

综合考虑燃煤发电与燃气发电在工程造价、维护成本、售电完全成本、销售电价等方面差异，近零排放煤电的经济性优于气电。中国电力企业联合会统计数据显示，中国2015年底天然气发电装机容量6637万kW。如果按照煤电电价0.35元/（kW·h）、气电电价0.7元/（kW·h）来计算，与等量的煤电用电量相比，实现2015年全社会气电用电量1658亿kW·h，需要全社会多支付580亿元的用电成本。相比核电、风电、太阳能发电等清洁发电方式，清洁煤电仍具有明显的经济性，即使将来通过CCUS，实现"碳近零排放"，清洁煤电仍具有较强的竞争力。

第三节　燃煤电厂近零排放的社会效益

一、煤电近零排放助力排放标准进步

面向未来，深入推进煤电清洁发展是推动煤炭清洁高效利用的必然要求。煤电企业应主动践行"提高污染排放标准"的要求，充分认识到大气污染防治工作具有长期性和艰巨性，充分认识到清洁煤电近零排放是大气污染物持续减排的实践与探索过程。当前阶段提出的近零排放标准是对标燃气轮机组排放限值，今后将随着时代的发展不断进步，进一步向更严、更好的新排放限值迈进。

针对烟尘，通过高效静电除尘、高效脱硫、湿式静电除尘器等技术的集成应用和运行优化控制，可以实现烟尘的深度脱除，在全国范围内，特别是京津冀、长三角、珠三角等重点区域的 300～1000 MW 燃煤机组已实现烟尘排放浓度小于 1 mg/m³，如河北三河电厂 4 号机组，河北定州电厂 1、2 号机组，江苏太仓电厂 7、8 号机组，浙江宁海电厂 1～4 号机组，山东寿光电厂 1、2 号机组，广东惠州电厂 1、2 号机组。针对 SO_2，通过采用深度脱硫技术和运行优化控制，可以实现 SO_2 的深度脱除，全国范围内有大量 300～1000 MW 燃煤机组已实现 SO_2 排放浓度小于 10 mg/m³ 的成功实践。针对 NO_x，控制炉内 NO_x 的生成是关键，对于国内普遍燃用的烟煤，采用高效的低氮燃烧技术，可以将锅炉出口 NO_x 排放浓度控制在 200 mg/m³ 以下；采用全负荷 SCR 深度脱硝技术，并进行 SCR 脱硝系统喷氨精确控制和运行优化，可以实现 NO_x 的深度脱除，河北三河电厂 4 号机组，河北定州电厂 3 号机组，河北沧东电厂 4 号机组，江苏太仓电厂 7、8 号机组，浙江舟山电厂 4 号机组，浙江宁海电厂 4 号机组，广东惠州电厂 1、2 号机组，山东寿光电厂 1、2 号机组等全国重点区域的 300～1000 MW 燃煤机组已实现 NO_x 排放浓度小于 20 mg/m³。通过全系统协同优化和全过程精准调控，河北三河电厂 4 号 300 MW 机组，江苏太仓电厂 2 台 600 MW 机组，已可同时实现烟尘、SO_2、NO_x 排放浓度分别小于 1 mg/m³、10 mg/m³、20 mg/m³，山东寿光电厂 2 台 1000 MW 机组更是长期实现了烟尘、SO_2、NO_x 排放浓度分别小于 1 mg/m³、10 mg/m³、20 mg/m³。

针对重金属汞，通过现有 APCDs 协同控制，全国范围内有大量 300～1000 MW 近零排放或超低排放燃煤机组可实现汞排放浓度小于 3 μg/m³。燃用汞含量相对较低的神华煤时，烟气中初始汞浓度一般小于 7 μg/m³，河北三河电厂 1、2、4 号机组，河北定州电厂 2 号机组，山东寿光电厂 2 号机组等 300～1000 MW 燃煤机组汞排放浓度可小于 1.5 μg/m³；燃用汞含量相对较高的非典型神华煤时，结合 OMAI 等专门脱汞技术，燃煤机组烟气中汞污染物可实现深度脱除，汞排放浓度可稳定控制在 3 μg/m³ 以内。

实践表明，通过清洁煤电大气污染物梯级深度脱除技术的顶层设计、国产化关键技术及装备研发、系统集成优化和工程示范，在"技术上可行、运行上可靠、经济上合理"的前提下，近零排放机组大气污染物排放限值有潜力进一步趋严，进而"提高污染排放标准"，实现美好生活。表7-16显示了清洁煤电大气污染物排放标准的演变过程，与 GB 13223-2011 中燃煤电厂大气污染物排放标准（烟尘、SO_2、NO_x 和汞及其化合物分别对应 30 mg/m^3、100 ~ 400 mg/m^3、100 ~ 200 mg/m^3 和 0.03 mg/m^3）进行对标，"1123"生态环保排放标准总体上减小了 1 个数量级，在煤电环保技术进步和煤电"1123"生态环保排放工程实践的推动下，为国家制定和出台更加严格的燃煤电厂大气污染物排放标准提供实践案例。

表 7-16　清洁煤电大气污染物排放限值

时间	排放标准	烟尘	SO_2	NO_x	汞及其化合物
		mg/m^3			$\mu g/m^3$
2011 ~ 2014 年	GB 13223-2011	30	100 ~ 400	100 ~ 200	30
2014 ~ 2020 年	近零排放/超低排放	5/10	35	50	30
未来	"1123"生态环保排放	1	10	20	3

注：基准含氧量6%。

二、煤电近零排放助力实现美好生活

"十二五"期间，中国居民人均可支配收入实现大幅增长，其中城镇居民和乡村居民人均可支配收入的年均增长率分别达到 9.38% 和 13.17%，能够在一定程度上反映一个国家或地区经济发展水平和人民生活水平的人均生活用电量指标也得到显著改善，2015 年中国全社会用电量 5.55 万亿 kW·h，人均用电量达到 4142 kW·h、人均生活用电量达到 529 kW·h。从与发达国家对比来看，中国的人均用电量仅为德国的 55.1%、日本的 47.1%、韩国的 40.5%，中国的人均生活用电量仅为韩国的 42.7%、德国的 30.5%、日本的 22.2%，与发达国家相比尚存较大差距（国家统计局，2016；刘开俊，2016）。以 2015 年中国农村人均消费支出为基准，对中国农村居民人均生活用电量分别处于中国、德国和日本人均生活用电量水平的三个情景进行分析，如表 7-17 所示。情景 1 是 2015 年中国农村居民的人均生活用电量 529 kW·h，则农村居民人均生活用电消费支出 275 元，占农村居民人均消费支出的 2.98%。情景 2 是 2015 年中国农村居民的人均生活用电量达到德国的 1733 kW·h 水平，则农村居民人均生活用电消费支出将达到 901 元，占全国农村居民人均消费支出的 9.77%。情景 3 是 2015 年中国农村居民的人均生活用电量达到日本的 2384 kW·h 水平，则农村居民人均生活用电消费支出将达到 1240 元，占农村居民人均消费支出的 13.45%（王树民，2017a）。

表 7-17　中国农村居民与德国、日本人均生活用电及支出情况

国家	类别	居民生活 用电销售电价 /[元/(kW·h)]	人均生活 用电量 /(kW·h)	人均生活 用电消费 /元	人均消费 支出/元	人均用电消费 占人均消费支出 比例/%
中国	情景 1	0.52	529	275	9222.6	2.98
	情景 2		1733	901		9.77
	情景 3		2384	1240		13.45
德国	—	2.37	1733	4107	142700	2.88
日本	—	1.48	2384	3528	123600	2.85

注：德国和日本的人均消费支出为家庭最终消费支出与人口数量之比；中国、德国、日本的居民生活用电销售电价为 2013 年居民电价水平。

分析中国人均生活用电水平问题，一方面要看电力供给能力，另一方面要看居民消费能力，主要取决于电价水平。从电力供给能力来看，经过多年的大力发展，当前中国电力总装机容量位居世界第一，已经能够为国家经济社会发展提供有力的电力保障。从电价水平来看，中国煤电、水电的上网电价处于较低水平，其他发电方式受限于资源、技术和装备等方面制约，处于相对较高的发电成本和上网电价，这也导致了全社会用电成本升高，相对过高的用电价格影响了居民，尤其是农村居民的电力消费能力和消费意愿。当前，降低农村居民用电价格是提高居民生活电气化水平的关键，这需要全社会共同努力，多发清洁煤电这样的经济电，实现企业用

电成本和农村居民用电成本降低，促进农村居民生活电气化水平提高，消除中国农村家庭"能源贫困"。

推广电代散烧煤取暖是提高农村居民生活电气化水平的重要方面。以河北省定州市大鹿庄村为例，2015 年大约有农村家庭 1200 户，平均每户供暖面积约为 63 m²，取暖季普遍采用散烧煤取暖，每户每个取暖季用煤量约为 2.52 t，按照煤炭价格 441 元/t（烟煤）计算，整个取暖季需要支付取暖费 1112 元。按照燃煤平均热值 4500 kcal/kg，采暖锅炉供暖效率 40% 计算，每户约 63 m² 供暖面积的平均年供热量为 18.99 GJ，这是农村居民的"生存取暖"，折合户均采暖用电量为 5275 kW·h。如果大鹿庄村实施电代散烧煤取暖，按照当地居民生活用电销售电价 0.52 元/(kW·h) 计算，相应需要支付取暖费 2733 元，是散烧煤取暖的 2.5 倍。考虑到 2015 年全国农村居民人均消费支出 9222.6 元，将 30% 的消费支出用于电取暖，普通农村居民将难以承受。

中国农村居民冬季电代散烧煤取暖要充分考虑其消费能力，如果北方农村推广建设蓄热式电锅炉集中供热系统，在不考虑蓄热式电锅炉集中供热项目投资的前提下，以大鹿庄村 1200 户农村家庭取暖费为依据，对中国北方 6075 万户农村家庭冬季取暖外部支持情况进行情景分析，如表 7-18 所示。情景 1，农村居民电取暖执行 0.3 元/(kW·h) 的用电电价，则农村居民冬季全部实现电代散烧煤取暖时，需要电网企业承担过网费，燃煤电厂按成本电价供电，其他外部支持取暖费 481 亿元。情景 2，农村居民电取暖执行 0.2 元/(kW·h) 的优惠电价，需要电网企业承担过网费，燃煤电厂低于成本电价供电，其他外部支持取暖费 160 亿元。情景 3，农村居民电取暖执行 0.15 元/(kW·h) 的优惠电价，需要电网企业承担过网费，燃煤电厂供电价格进一步低于成本电价，农村居民无需其他外部支持即可实现电代散烧煤后的取暖成本不增加（王树民，2017a）。

表 7-18　不同情景下的中国农村居民冬季电代散烧煤取暖外部支持情况

类别	农村冬季取暖家庭/万户	农村冬季取暖用电量/(kW·h/户)	生活用电销售电价/[元/(kW·h)]	其他外部支持		
				电价/[元/(kW·h)]	取暖费/(元/户)	取暖费总额/亿元
情景1			0.3	0.15	791	481
情景2	6075	5275	0.2	0.05	264	160
情景3			0.15	0	0	0

电代散烧煤取暖是一项民生工程、系统工程，期待相关方对电网改造、房屋保温及项目建设进行投资，使得北方农村居民冬季生活取暖电价维持在 0.2 元/(kW·h) 左右的情景 2 水平，贴近当前农村居民消费能力。在此基础上，提高农村居民生活取暖电气化水平，是推进农村生活方式革命、解决能源贫困问题、实现美好生活的重要路径。

三、煤电近零排放助力经济社会发展

尽管不同国家和地区在不同的发展时期，关注的问题和解决的方法会有不同，但各国处于同一个地球，是"人类命运共同体"，都在关注并推进能源供应安全、环境保护、气候变暖等全球性问题的解决，实现 2030 年世界可持续发展目标。

中国的人口总量占世界人口的 1/5、煤炭储量占世界的 1/5、煤电装机容量占世界的 1/2，"十二五"期间，中国以年均 3.6% 的能源消费增速保障了国内生产总值 7.8% 的增速，其中，年均万元 GDP 电耗为 900 kW·h。按照 2020 年全面建成小康社会的奋斗目标，中国 GDP 总量需由 2010 年的 397983 亿元增加到 2020 年的 795966 亿元，按照中国"十二五"期间万元 GDP 电耗水平计算，要实现"十三五"期间 GDP 增长目标的年均全社会年用电量将达到 7.16 万亿 kW·h，较 2015 年的 5.69 万亿 kW·h 增长 25.8%。能源消费增长是经济社会发展的重要保障。考虑到中国国情在当前和今后相当长的一段时期内还是以煤为主，通过大力推进煤电清洁化利用技术的开发和应用，提供符合中国国情的能源解决方案。中国清洁煤电技术方案的输出，也将会为世界煤炭资源的清洁高效利用以及世界煤炭工业的科学、健康、可持续发展带来机遇。

亚洲拥有大约 40 亿的人口，占世界人口的 3/5、煤炭储量占世界的 3/10，2017 年煤炭在亚洲一次能源消费中占比仍高达 42% 左右。亚洲各国绝大多数仍是发展中国家，其中，东南亚国家拥有超过 6.25 亿的人口，但目前仍有 1/5 左右的人口未用上电，存在不同层次的"能源贫困"，伴随经济的快速发展，对能源尤其是电力的需求增长迅速。同时，伴随工业化、城市化进程的加快，该地区也面临着非常严重的空气污染问题。在未来很长一个时期，煤炭将支撑亚洲新兴国家快速增长的能源需求，在亚洲能源版图中依然扮演着重要角色。因此，发展能够像天然气发电一样清洁的清洁煤电，对东南亚乃至亚洲国家的人民生活品质提高、空气质量改善、保障能源安全等方面都具有重要的意义（IEA，2017）。

"一带一路"沿线 64 个国家大多是新兴经济体和发展中国家，总人口约 32 亿人，占世界人口的 43%，这些国家普遍处于经济发展的上升期，且有着丰富的煤炭储量。伴随中国"一带一路"倡议的深入推进，中国清洁煤电技术方案的输出，将会为"一带一路"沿线国家提供更加符合国情的、科学合理、清洁高效的能源保障方案。

总之，推进化石能源清洁化、可再生能源规模化发展，是当今世界重要的能源发展方向。但从中国和世界能源资源储量及其生产和消费结构来看，化石能源仍占据着重要地位。实现近零排放的清洁煤电，是践行联合国确定的 2030 年世界可持续发展目标，确保人人获得负担得起的、可靠的、可持续的现代能源的重要支撑。未来，还要坚持做到不忘初心、深刻认识煤电清洁化具有的长期性和艰巨性，推动清洁煤电向"1123"生态环保排放的近零排放新标准迈进，并积极推进清洁煤电重金属污染物的深度脱除以及大规模 CO_2 捕集、利用与封存技术的系统集成与示范，实现"碳中和"，致力于向中国乃至世界提供"百姓用得起、利用清洁化、供给有保障"的高品质清洁能源，为全世界消除"能源贫困"，走生产发展、生活富裕、生态良好的文明发展道路，实现人类社会进步和世界经济发展，提供清洁煤电解决方案。

参 考 文 献

安连锁,杨阳,刘春阳,等,2014. 湿法烟气脱硫中石膏旋流器底流夹细的试验研究[J]. 动力工程学报,34(3):236-240.

蔡小峰,李晓芸,2008. SNCR-SCR 烟气脱硝技术及其应用[J]. 电力科技与环保,24(3):26-29.

曹辰雨,李贞,任建兴,等,2013. 燃煤电厂除尘设备除尘性能的分析与比较[J]. 上海电力学院学报,29(4):351-354.

岑可法,倪明江,高翔,等,2015. 煤炭清洁发电技术进展与前景[J]. 中国工程科学,17(9):49-55.

陈国榘,2014. 燃煤电厂烟尘治理技术改进[C]//燃煤电厂除尘新技术应用暨除尘器改造技术交流论文集.

陈招妹,郦建国,王贤明,等,2010. 旋转电极式电除尘器技术研究[J]. 电力科技与环保,26(5):18-20.

崔占忠,龙辉,龙正伟,等,2012. 低低温高效烟气处理技术特点及其在中国的应用前景[J]. 动力工程学报,32(2):152-158.

邓艳梅,彭朝钊,刘俊,等,2016. 电除尘器的脉冲电源研究[J]. 强激光与粒子束,28(5):145-150.

电力规划设计总院,2016. 火电工程限额设计参考造价指标(2015 年水平)[M]. 北京:中国电力出版社.

冯兆兴,安连锁,李永华,等,2006. 空气分级燃烧降低 NO_x 排放试验研究[J]. 中国电机工程学报,26(z1):88-92.

高天明,周凤英,闫强,等,2017. 煤炭不同利用方式主要大气污染物排放比较[J]. 中国矿业,26(7):74-80.

高翔,2016. 超低排放扭转了"煤炭等于污染"的观念. 中国环境报,2016-3-23(3).

高翔,吴祖良,杜振,等,2009. 烟气中多种污染物协同脱除的研究[J]. 环境污染与防治,31(12):84-90.

谷吉林,2007. 旋转喷雾干燥法(SDA)脱硫工艺系统的应用研究[J]. 中国环保产业,(6):38-42.

顾永正,王树民,2017. 燃煤电站脱硝系统氨逃逸及其衍生细颗粒物排放特征综述[J]. 现代化工,37(12):19-23.

广东省环境保护厅,2014. 关于印发广东省大气污染防治行动方案(2014~2017 年)重点任务分解和重点项目清单的通知(粤环〔2014〕12 号)〔EB/OL〕. http://www. gdep. gov. cn/dqwrfz/201403/t20140318_168294. html. 2018-07-31.

国家发展改革委,2012. 关于扩大脱硝电价政策试点范围有关问题的通知(发改价格〔2012〕4095 号)〔EB/OL〕. http://www. ndrc. gov. cn/rdzt/2012xxgkgz/jgsfxxgk/201301/t20130110_522711. html. 2018-07-31.

国家发展改革委,2013. 关于调整可再生能源电价附加标准与环保电价有关事项的通知(发改价格〔2013〕1651 号)〔EB/OL〕. http://www. ndrc. gov. cn/zcfb/zcfbtz/201308/t20130830_556008. html. 2018-07-31.

国家发展改革委,2014. 关于规范天然气发电上网电价管理有关问题的通知(发改价格〔2014〕3009 号)〔EB/OL〕. http://www. ndrc. gov. cn/zcfb/zcfbtz/201308/t20130830_556008. html. 2018-07-31.

国家发展改革委,2015. 关于降低燃煤发电上网电价和一般工商业用电价格的通知(发改价格〔2015〕3105 号)〔EB/OL〕. http://www. ndrc. gov. cn/fzgggz/jggl/zcfg/201512/t20151230_769556. html. 2018-07-31.

国家发展改革委,国家环保总局,2007. 燃煤发电机组脱硫电价及脱硫设施运行管理办法(试行)(发改价格〔2007〕1176 号)〔EB/OL〕. http://www. ndrc. gov. cn/fzgggz/jggl/zcfg/200706/t20070612_140902. html. 2018-07-31.

国家发展改革委,环境保护部,2014. 关于印发《燃煤发电机组环保电价及环保设施运行监管办法》的通知(发改价格〔2014〕536 号)〔EB/OL〕. http://www. ndrc. gov. cn/fzgggz/jggl/zcfg/201404/t20140403_615508. html. 2018-07-31.

国家发展改革委,环境保护部,国家能源局,2014a. 关于印发《煤电节能减排升级与改造行动计划(2014–2020 年)》的通知(发改能源〔2014〕2093 号)〔EB/OL〕. http://www. ndrc. gov. cn/zcfb/zcfbtz/201409/t20140919_626235. html. 2018-07-31.

国家发展改革委,财政部,环境保护部,2014b. 关于调整排污费征收标准等有关问题的通知(发改价格〔2014〕2008 号)〔EB/OL〕. http://www. ndrc. gov. cn/zcfb/zcfbtz/201409/t20140905_624985. html. 2018-07-31.

国家发展改革委,环境保护部,国家能源局,2015. 关于实行燃煤电厂超低排放电价支持政策有关问题的通知(发改价格〔2015〕2835 号)〔EB/OL〕. http://www. ndrc. gov. cn/zcfb/zcfbtz/201512/t20151209_761936. html. 2018-07-31.

国家环境保护局,1991. GB 13223–1991 燃煤电厂大气污染物排放标准〔S〕.

国家环境保护局,1996a. GB 13223–1996 火电厂大气污染物排放标准〔S〕.

国家环境保护局,1996b. GB/T 16157–1996 固定污染源排气中颗粒物测定与气态污染物采样方法[S].

国家环境保护局,1997. GB 3097–1997 海水水质标准[S].

国家环境保护总局,2000. HJ/T 57–2000 固定污染源排气中二氧化硫的测定 定电位电解法[S].

国家环境保护总局,2007. HJ/T 76–2007 固定污染源烟气排放连续监测系统技术要求及检测方法[S]. 北京:中国环境科学出版社.

国家环境保护总局,国家质量监督检验检疫总局,2003. GB 13223–2003 火电厂大气污染物排放标准[S]. 北京:中国环境科学出版社.

国家能源局,2016. 电力发展"十三五"规划(2016—2020)[R].

国家能源局,2017. 2016 年度全国电力价格情况监管通报[EB/OL]. http://zfxxgk. nea. gov. cn/auto92/201712/t20171228_3084. htm. 2018-07-31.

国家统计局,2016. 中国统计年鉴 2016[M]. 北京:中国统计出版社.

国家质量监督检验检疫总局,国家标准化管理委员会,2008. GB/T 21508–2008 燃煤烟气脱硫设备性能测试方法[S].

国网河北省电力公司科学研究院,2015. 神华河北国华定州发电有限责任公司 4 号机组近零排放试验报告[R].

国网能源研究院,2016. 2016 世界能源与电力发展状况分析报告[M]. 北京:中国电力出版社.

国务院,2013. 关于印发大气污染防治行动计划的通知(国发〔2013〕37 号)[EB/OL]. http://www. gov. cn/zwgk/2013-09/12/content_2486773. htm. 2018-07-31.

国务院,2018. 关于印发打赢蓝天保卫战三年行动计划的通知(国发〔2018〕22 号)[EB/OL]. http://www. gov. cn/zhengce/content/2018-07/03/content_5303158. htm. 2018-07-31.

郝吉明,2016. 控制大气污染的治本之策[EB/OL]. http://www. sohu. com/a/69533921 _269768. 2018-07-31.

郝吉明,马广大,王书肖,2010. 大气污染控制工程. 第 3 版[M]. 北京:高等教育出版社.

河北省环境监测中心站,2014. 三河发电有限责任公司 4 号机组环保改造污染物排放监测报告[R].

河北省环境监测中心站,2015. 河北国华定州发电有限责任公司 4 号机组环保改造污染物排放监测报告[R].

河北省环境监测中心站,2016. 河北国华沧东发电有限责任公司 2 号机组环保改造污染物排放监测报告[R].

河北省质量技术监督局,2014. DB 13/2081–2014 工业和民用燃料煤[S].

贺晋瑜,燕丽,雷宇,等,2015. 我国燃煤电厂颗粒物排放特征[J]. 环境科学研究,28(6):862-868.

华北电力科学研究院有限责任公司,2014a. 三河发电有限责任公司 1 号机组环保改造性能试验报告[R].

华北电力科学研究院有限责任公司,2014b. 三河发电有限责任公司 2 号机组环保改造性能试验报告[R].

华北电力科学研究院有限责任公司,2015a. 三河发电有限责任公司 3 号机组环保改造性能试验报告[R].

华北电力科学研究院有限责任公司,2015b. 三河发电有限责任公司 4 号机组环保改造性能试验报告[R].

环境保护部,2009. HJ 543-2009 固定污染源废气 汞的测定 冷原子吸收分光光度法(暂行)[S]. 北京:中国环境科学出版社.

环境保护部,2011. HJ 629-2011 固定污染源废气 二氧化硫的测定 非分散红外吸收法[S]. 北京:中国环境科学出版社.

环境保护部,2012.《污染源自动监控设施现场监督检查办法》(部令 第 19 号)[EB/OL]. http://www. gov. cn/gongbao/content/2012/content_2169164. htm. 2018-07-31.

环境保护部,2013. 关于印发《国家重点监控企业自行监测及信息公开办法(试行)》和《国家重点监控企业污染源监督性监测及信息公开办法(试行)》的通知(环发〔2013〕81 号)[EB/OL]. http://www. gov. cn/gongbao/content/2013/content_2496407. htm. 2018-07-31.

环境保护部,2014a. HJ 693-2014 固定污染源废气 氮氧化物的测定 定电位电解法[S]. 北京:中国环境科学出版社.

环境保护部,2014b. HJ 692-2014 固定污染源废气 氮氧化物的测定 非分散红外吸收法[S]. 北京:中国环境科学出版社.

环境保护部,2017a. HJ 917-2017 固定污染源废气 气态汞的测定 活性炭吸附/热裂解原子吸收分光光度法[S]. 北京:中国环境出版社.

环境保护部,2017b. HJ 75-2017 固定污染源烟气(SO_2、NO_x、颗粒物)排放连续监测技术规范[S]. 北京:中国环境出版社.

环境保护部,2017c. HJ 76-2017 固定污染源烟气(SO_2、NO_x、颗粒物)排放连续监测系统技术要求及检测方法[S]. 北京:中国环境出版社.

环境保护部,国家质量监督检验检疫总局,2011. GB13223-2011 火电厂大气污染物排放标准[S]. 北京:中国环境科学出版社.

环境保护部,国家质量监督检验检疫总局,2012. GB 3095-2012 环境空气质量标准[S]. 北京:中国环境科学出版社.

环境保护部,国家质量监督检验检疫总局,2014. GB 13271-2014 锅炉大气污染物排放标准[S].

北京：中国环境科学出版社.

黄斌,姚强,宋蔷,等,2006. 静电对纤维滤料过滤飞灰颗粒的影响[J]. 中国电机工程学报, 26(24):106-110.

黄三明,2005. 电除尘技术的发展与展望[J]. 环境保护,(7):59-63.

姜烨,高翔,吴卫红,等,2013. 选择性催化还原脱硝催化剂失活研究综述[J]. 中国电机工程学报,33(14):18-31.

蒋健蓉,2015. 这篇文章把世界天然气产业发展史说透了[EB/OL]. http://www.sohu.com/a/20434455_117959. 2018-07-31.

靳江波,李庆,2010. 氨法脱硫技术在燃煤电厂应用前景分析[C]//中国电机工程学会年会论文集. 551-558.

李奎中,莫建松,2013. 火电厂电除尘器应用现状及新技术探讨[J]. 环境工程技术学报,3(3):231-239.

李晓明,王安建,于汶加,2010. 基于能源需求理论的全球CO_2排放趋势分析[J]. 地球学报,31(5):741-748.

李壮,张杨,朱跃,2018. 燃煤机组烟气超低排放改造对细颗粒物的影响[J]. 电力科技与环保,(1):27-31.

郦建国,王自宽,舒英钢,等,2011. 旋转电极式电除尘器的应用与技术经济性分析[C]//第14届中国电除尘学术会议. 91-99.

郦建国,郦祝海,何毓忠,等,2014. 低低温电除尘技术的研究及应用[J]. 中国环保产业,(3):28-34.

梁睿,2010. 美国清洁空气法研究[D]. 青岛:中国海洋大学.

辽宁省环境监测实验中心,2015. 绥中发电有限责任公司3号机组环保改造污染物排放监测报告[R].

凌文,2015. 煤炭开发利用工程演化研究[J]. 科学中国人,(25):78-80.

刘吉臻,吕游,杨婷婷,2012. 基于变量选择的锅炉NO_x排放的最小二乘支持向量机建模[J]. 中国电机工程学报,32(20):102-107.

刘开俊,2016. 关于"十三五"电网规划若干重大问题的思考[EB/OL]. http://www.sgcc.com.cn/xwzx/gsxw/2015/12/2015122201.shtml. 2018-07-31.

吕宏俊,2011. 炉内喷钙-尾部增湿活化脱硫技术应用研究[J]. 中国环保产业,(3):23-25.

吕洪坤,杨卫娟,周志军,等,2008. 选择性非催化还原法在电站锅炉上的应用[J]. 中国电机工程学报,28(23):14-19.

罗朝晖,2007. 选择性非催化还原烟气脱硝技术(SNCR)在循环流化床锅炉上的工程应用[D].

上海:上海交通大学.

麦迪逊,2003. 世界经济千年史[M]. 北京：北京大学出版社.

毛本将,丁伯南,2004. 电子束烟气脱硫技术及工业应用[J]. 环境保护,(9):15-18.

毛春华,2016. 高频电源与三相电源运行特性浅析及组合应用[J]. 中国环保产业,(8):49-53.

潘丹萍,吴昊,姜业正,等,2016. 应用水汽相变促进湿法脱硫净烟气中 $PM_{2.5}$ 和 SO_3 酸雾脱除的研究[J]. 燃料化学学报,44(1):113-119.

潘涛,薛亦峰,钟连红,等,2016. 民用燃煤大气污染物排放清单的建立方法及应用[J]. 环境保护,44(6):20-24.

钱连英,徐哲明,李震宇,等,2016. 燃煤机组超低排放改造对汞的脱除效果研究[J]. 环境科学与管理,41(4):64-67.

山东省环境监测中心站,2016. 神华国华寿光发电有限责任公司 1 号机组污染物排放监测报告[R].

山东省质量技术监督局,2014. DB37/T 2537-2014 山东省固定污染源废气 低浓度颗粒物的测定重量法[S].

山东省质量技术监督局,2015a. DB37/T 2705-2015 固定污染源废气 二氧化硫的测定 紫外吸收法[S].

山东省质量技术监督局,2015b. DB37/T 2704-2015 固定污染源废气 氮氧化物的测定 紫外吸收法[S].

上海锅炉厂有限公司,2012. 台山电厂低氮燃烧改造可行性研究报告[R].

神华北京国华电力有限责任公司,2012a. 国华电力公司环境保护管理规定[R].

神华北京国华电力有限责任公司,2012b. GHFD-09-TB-01-2012 环境保护设施配置标准[S].

神华北京国华电力有限责任公司,2012c. GHFD-09-TB-02-2012 环境保护设施运行维护标准[S].

神华北京国华电力有限责任公司,2012d. GHFD-09-TB-03-2012 污染物在线监测标准[S].

神华集团有限责任公司,2017a. 神华集团公司电力业务环境保护管理规定(试行)[R].

神华集团有限责任公司,2017b. Q/SHJ 0091-2017 燃煤电厂环境保护设施配置标准[S].

神华集团有限责任公司,2017c. Q/SHJ 0092-2017 燃煤电厂环境保护设施运行维护标准[S].

神华集团有限责任公司,2017d. Q/SHJ 0093-2017 燃煤电厂污染物在线监测标准[S].

史文峥,杨萌萌,张绪辉,等,2016. 燃煤电厂超低排放技术路线与协同脱除[J]. 中国电机工程学报,36(16):4308-4318.

世界银行,2018. 世界银行公开数据[EB/OL]. http://data.worldbank.org.cn/. 2018-07-31.

水电站机电技术编辑部,2015. 中国水电 2050 年展望[J]. 水电站机电技术,38(9):4.

宋畅,张翼,郝剑,等,2017. 燃煤电厂超低排放改造前后汞污染排放特征[J]. 环境科学研究, 30(5):672-677.

陶晖,陶岚,2015. 袋式除尘技术在我国燃煤电厂的推广应用[J]. 中国环保产业,(1):15-21.

王春明,2013. 活性炭吸附法脱除烟气中的二氧化硫[J]. 资源节约与环保,(6):161-162.

王晖,宋蔷,姚强,等,2008. 电厂湿法脱硫系统对烟气中细颗粒物脱除作用的实验研究[J]. 中国电机工程学报,28(5):1-7.

王利人,2012. 高压软稳电源节电技术在电厂除尘器上的应用[J]. 能源与节能,(8):98-99.

王书肖,张磊,吴清茹,2016. 中国大气汞排放特征、环境影响及控制途径[M]. 北京:科学出版社.

王树民,2016. 三河电厂燃煤发电近零排放与节能升级创新实践[M]. 北京:中国电力出版社.

王树民,2017a. 关于中国发展清洁煤电的思考[J]. 中国煤炭,43(12):16-21.

王树民,2017b. 燃煤电厂近零排放综合控制技术及工程应用研究[D]. 北京:华北电力大学.

王树民,刘吉臻,2016a. 燃煤电厂烟气污染物近零排放工程实践分析[J]. 中国电机工程学报, 36(22):6140-6147.

王树民,刘吉臻,2016b. 清洁煤电与燃气发电环保性及经济性比较研究[J]. 中国煤炭,42(12): 5-13.

王树民,宋畅,陈寅彪,等,2015. 燃煤电厂大气污染物"近零排放"技术研究及工程应用[J]. 环境科学研究,28(4):487-494.

王树民,张翼,刘吉臻,2016. 燃煤电厂细颗粒物控制技术集成应用及"近零排放"特性[J]. 环境科学研究,29(9):1256-1263.

王树民,余学海,顾永正,等,2018. 基于燃煤电厂"近零排放"的大气污染物排放限值探讨[J]. 环境科学研究,31(6):975-984.

魏宏鸽,徐明华,柴磊,等,2016. 双塔双循环脱硫系统的运行现状分析与优化措施探讨[J]. 中国电力,49(10):132-135.

武亚凤,陈建华,蒋靖坤,等,2017. 燃煤电厂细颗粒物排放粒径分布特征[J]. 环境科学研究, 30(8):1174-1183.

西安热工研究院有限公司,2014. 浙江国华宁海电厂锅炉低氮燃烧器改造后热态调试报告[R].

夏进文,2014. 电除尘技术的发展与研究现状[J]. 科技创新与应用,(25):55-56.

谢广润,陈慈萱,1993. 高压静电除尘[M]. 北京:水利电力出版社.

谢和平,2014. 煤炭行业必须走科学开采道路. 中国能源报,2014-06-16(01).

谢和平,刘虹,吴刚,2012. 中国未来二氧化碳减排技术应向 CCU 方向发展[J]. 中国能源, 34(10):15-18.

谢克昌,2014. 推动能源生产和消费革命,确保国家能源安全[R].

修海明,2013. 燃煤锅炉烟气净化用多品种滤料应用研究及分析[J]. 中国电力,46(11):72-77.

徐海红,莫华,吴家玉,等,2017. 京津冀地区燃煤电站不同污染控制情景下的环境效益分析[J]. 环境工程,35(10):166-170.

烟台龙源电力技术股份有限公司,2012. 宁海电厂低氮燃烧改造可行性研究报告[R].

严陆光,2008. 积极构建我国能源可持续发展体系与发展电力新技术[J]. 电工电能新技术,27(1):1-9.

杨东月,2015. 燃煤电厂烟气综合净化技术研究[D]. 北京:华北电力大学.

杨冬,徐鸿,2007. SCR 烟气脱硝技术及其在燃煤电厂的应用[J]. 电力科技与环保,23(1):49-51.

杨勇平,孙志春,陆遥,等,2010. 国华定州电厂 600 MW 机组脱硫系统除雾器前烟道改造的数值模拟研究[J]. 热力发电,39(10):33-37.

殷立宝,禚玉群,徐齐胜,等,2013. 中国燃煤电厂汞排放规律[J]. 中国电机工程学报,33(29):1-9.

于敦喜,温昶,2016. 燃煤 $PM_{2.5}$ 和 Hg 控制技术现状及发展趋势[J]. 热力发电,45(12):1-8.

翟一然,王勤耕,宋媛媛,2012. 长江三角洲地区能源消费大气污染物排放特征[J]. 中国环境科学,32(9):1574-1582.

张凡,2012. 燃煤电厂颗粒物控制的必要性与达标分析[J]. 环境保护,(9):29-30.

张华东,周宇翔,龙辉,2015. 湿式电除尘器在燃煤电厂的应用条件分析[J]. 中国电力,48(8):13-16.

张建宇,潘荔,杨帆,等,2011. 中国燃煤电厂大气污染物控制现状分析[J]. 环境工程技术学报,1(3):185-196.

张军,张涌新,郑成航,等,2014. 复合脱硫添加剂在湿法烟气脱硫系统中的工程应用[J]. 中国环境科学,34(9):2186-2191.

张守玉,朱廷钰,王洋,等,2004. 活性焦脱除电厂烟气中 SO_2 行为探讨[J]. 电站系统工程,20(1):47-48.

张晓燕,2006. 自主知识产权的旋汇耦合脱硫技术[J]. 电力设备,7(8):104-105.

张玉卓,2008. 从高碳能源到低碳能源——煤炭清洁转化的前景[J]. 中国能源,30(4):20-22.

赵磊,周洪光,2016a. 近零排放机组不同湿式电除尘器除尘效果[J]. 动力工程学报,36(1):53-58.

赵磊,周洪光,2016b. 超低排放燃煤火电机组湿式电除尘器细颗粒物脱除分析[J]. 中国电机工程学报,36(2):468-473.

赵永椿,马斯鸣,杨建平,等,2015. 燃煤电厂污染物超净排放的发展及现状[J]. 煤炭学报,
　　40(11):2629-2640.

《中国电力百科全书》编辑委员会,《中国电力百科全书》编辑部,2014a. 中国电力百科全书(第
　　三版)火力发电卷[M]. 北京:中国电力出版社.

《中国电力百科全书》编辑委员会,《中国电力百科全书》编辑部,2014b. 中国电力百科全书(第
　　三版)综合卷[M]. 北京:中国电力出版社.

浙江省环境保护厅,2017a. 关于征求地方环境保护标准《燃煤电厂大气污染物排放标准》(征求
　　意见稿)意见的函(浙环便函〔2017〕249 号)[EB/OL]. http://www.zjepb.gov.cn/art/2017/8/
　　28/art_1385790_13471085.html. 2018-07-31.

浙江省环境保护厅,2017b. 关于印发浙江省 2017 年大气污染防治实施计划的通知(浙环函
　　〔2017〕153 号)[EB/OL]. http://www.zj.gov.cn/art/2017/5/22/art_12895_292947.html. 2018-
　　07-31.

浙江省环境监测中心,2014. 神华国华舟山发电有限责任公司 4 号机组污染物排放监测报告
　　[R].

中国电力企业联合会,2015. 2015 及中长期中国电力工业展望[R].

中国电力企业联合会,2016. 中国电力行业年度发展报告 2015[R].

中国电力企业联合会,2017. 中国煤电清洁发展报告[R].

中国工程院,2015. "推动能源生产和消费革命战略研究重大项目"咨询报告[R].

中国环境监测总站,2015. 三河发电有限责任公司 4 号机组环保改造低浓度科研监测报告[R].

中国煤控项目散煤治理课题组,2017. 中国散煤综合治理调研报告 2017[R].

中国能源研究会,2016. 中国能源展望 2030[R].

中国气象局,2018. 2017 年大气环境气象公报[R].

中华人民共和国国家统计局,2018. 中华人民共和国 2017 年国民经济和社会发展统计公报[EB/
　　OL]. http://www.stats.gov.cn/tjsj/zxfb/201802/t20180228_1585631.html. 2018-07-31.

中华人民共和国国土资源部,2015. 中国矿产资源报告[M]. 北京:地质出版社.

中华人民共和国环境保护部,2014. 2013 年中国环境状况公报[EB/OL]. http://www.zhb.
　　gov.cn/hjzl/zghjzkgb/lssj/2013nzghjzkgb/. 2018-07-31.

中华人民共和国环境保护部,2017.《关于汞的水俣公约》生效公告[EB/OL]. http://www.mep.
　　gov.cn/gkml/hbb/bgg/201708/t20170816_419736.htm. 2018-07-31.

中华人民共和国计划委员会,中华人民共和国基本建设委员会,中华人民共和国卫生部,
　　1973. GBJ 4-73 工业"三废"排放试行标准[S]. 北京:中国建筑工业出版社.

中华人民共和国全国人民代表大会,2014. 中华人民共和国环境保护法[EB/OL]. http://

www. gov. cn/zhengce/2014-04/25/content_2666434. htm. 2018-07-31.

中华人民共和国全国人民代表大会,2015. 中华人民共和国大气污染防治法[EB/OL]. http://
www. npc. gov. cn/npc/xinwen/2015-08/31/content_1945589. htm. 2018-07-31.

中华人民共和国全国人民代表大会,2016. 中华人民共和国环境保护税法[EB/OL]. http://
www. npc. gov. cn/npc/xinwen/2016-12/25/content_2004993. htm. 2018-07-31.

中华人民共和国生态环境部,2018. 2017 中国生态环境状况公报[EB/OL]. http://www. mee.
gov. cn/gkml/sthjbgw/qt/201805/t20180531_442212. htm. 2018-07-31.

中华人民共和国中央人民政府,2016. 《关于推进电能替代的指导意见》解读[EB/OL]. http://
www. gov. cn/zhengce/2016-05/23/content_5075942. htm. 2018-07-31.

中国石油集团经济技术研究院,2016. 2050 年世界与中国能源展望报告[R].

周军,2007. 袋式除尘器的除尘效率研究[D]. 成都:西南交通大学.

周英彪,郑瑛,2000. 炉内喷钙及尾部增湿活化脱硫的中间试验研究[J]. 热能动力工程,15(5):
492-494.

朱晨曦,郑迎九,周昊,2016. SNCR+SCR 烟气联合脱硝工艺在电站锅炉中的应用[J]. 中国电力,
48(2):164-169.

朱环,2012. 基于能源消费的上海 NO_x 排放源与减排费用效果分析[J]. 环境科学研究,25(8):
947-952.

ABU-ZAHRA M R M,NIEDERER J P M,FERON P H M,et al. ,2007. CO_2 capture from power plants
[J]. International Journal of Greenhouse Gas Control,1(2):135-142.

ASTM,2002. D6784-02 Standard test method for elemental,oxidized,particle-bound and total mercury
in flue gas generated from coal-fired stationarysources (Ontario Hydro Method) [S]. West
Conshohocken: ASTM.

BP,2016. BP 世界能源统计年鉴 2015[EB/OL]. https://www. bp. com/zh_cn/china/reports-and-
publications/_bp_2015. html. 2018-07-31.

BROWN T, LISSIANSKI V, 2009. First full-scale demonstration of mercury control in Alberta[J]. Fuel
Processing Technology, 90(11):1412-1418.

BSI, 2002. ISO 12141-2002 Stationary source emissions—Determination of mass concentration of
particulate matter(dust) at low concentrations—Manual gravimetric method[S].

BÜCKER D,HOLMBERG D,GRIFFIN T,2005. Post-combustion CO_2 separation technology summary
[C]//Carbon Dioxide Capture for Storage in Deep Geologic Formations-Result From the CO_2 Capture
Project I. Netherlands: Elsevier:537-559.

EC,2010. 2010/75/EC Directive 2010/75/EC on industrial emissions(integrated pollution prevention and control)[S].

FIGUEROA J D, FOUT T, PLASYNSKI S, et al. ,2008. Advances in CO₂ capture technology—The U. S. department of energy's carbon sequestration program[J]. International Journal of Greenhouse Gas Control,2(1):9-20.

GERMAN, 2004. 13ᵗʰ BImSchv German Regulation concerning Mercury-Immission protection (Air quality control)[S].

GLESMANN S,MIMNA R,2015. The state of U. S. mercury control in response to MATS[EB/OL]. http://www. powermag. com/the-state-of-u-s-mercury-control-in-response-to-mats/. 2018-07-31.

GU Y Z,ZHANG Y S,LIN L R,et al. ,2015. Evaluation of elemental mercury adsorption by fly ash modified with ammonium bromide [J]. Journal of Thermal Analysis & Calorimetry, 119 (3): 1663-1672.

HAMMOND G P,ONDO AKWE S S, WILLIAMS S,2011. Techno-economic appraisal of fossil-fuelled power generation systems with carbon dioxide capture and storage[J]. Energy,36(2):975-984.

IEA,2016. World energy balances (2016 edition) [EB/OL]. http://www. oecd-ilibrary. org/energy/ data/iea-world-energy-statistics-and-balances _ enestats-data-en; jsessionid = 13n84kjktaruf. x-oecd-live-03. 2018-07-31.

IEA,2017. Southeast Asia Energy Outlook 2017[EB/OL]. http://www. iea. org/southeastasia/. 2018-07-31.

KANNICHE M,GROS-BONNIVARD R,JAUD P, et al. ,2010. Pre-combustion, post-combustion and oxy-combustion in thermal power plant for CO₂ capture[J]. Applied Thermal Engineering,30(1): 53-62.

KIM H J, HAN B, KIM Y J, et al. ,2011. Fine particle removal performance of a two-stage wet electrostatic precipitator using a nonmetallic pre-charger[J]. Journal of the Air & Waste Management Association,61(12):1334-1343.

LACKNER K S,2015. Carbonate chemistry for sequestering fossil carbon[J]. Social Science Electronic Publishing,27(1):193-232.

LIN G Y,TSAI C J,CHEN S C,et al. ,2010. An efficient single-stage wet electrostatic precipitator for fine and nanosized particle control[J]. Aerosol Science & Technology,44(1):38-45.

LIU X,LIU Z L,JIAO W D,et al. ,2017. Impact of "ultra low emission" technology of coal-fired power on PM 2. 5 pollution in the Jing-Jin-Ji Region[J]. Frontiers in Energy,(13):1-5.

Ministry of Environment, Forest and Climate Change Government of India, 2015. S. O. 3305 (E) Environment Standards for Thermal power plants along with the corrigendum[S].

MYLLÄRI F, ASMI E, ANTTILA T, et al. , 2016. New particle formation in the fresh flue-gas plume from a coal-fired power plant: effect of flue-gas cleaning[J]. Atmospheric Chemistry & Physics, 16(11):7485-7496.

OIKAWA K, YONGSIRI C, TAKEDA K, et al. , 2003. Seawater flue gas desulfurization: Its technical implications and performance results[J]. Environmental Progress, 22(1):67-73.

PANDEY R A, MALHOTRA S, 1999. Desulfurization of gaseous fuels with recovery of elemental sulfur: an overview[J]. Critical Reviews in Environmental Control, 29(3):229-268.

PUDASAINEE D, KIM J H, YOON Y S, et al. , 2012. Oxidation, reemission and mass distribution of mercury in bituminous coal-fired power plants with SCR, CS-ESP and wet FGD[J]. Fuel, 93(1): 312-318.

ROCHELLE G T, 2009. Amine scrubbing for CO_2 capture[J]. Science, 325(5948):1652-1654.

SRIVASTAVA R K, JOZEWICZ W, 2001. Flue gas desulfurization: the state of the art[J]. Journal of the Air & WasteManagement Association, 51(12):1676-1688.

UNEP, 2013. Global Mercury Assessment 2013: Sources, emissions, releases, and environmental transport[R].

United Nations Statistics Division, 2013. Compilation of basic economic statistics[EB/OL]. https://unstats. un. org/unsd/economic_stat/Economic_Census/Compilation_of_Basic_Economic_Statistics. htm. 2018-07-31.

US Census Bureau, 2014. Population estimates[EB/OL]. http://www. census. gov/topics/population. html. 2018-07-31.

US EPA, 1996. Method 5I, Determination of low level particulate matter emissions from Stationary Sources[S]. Washington: US EPA.

US EPA, 2007a. Method 30A, Determination of total vapor phase mercury emissions from stationary sources[S]. Washington: US EPA.

US EPA, 2007b. Method 30B, Determination of total vapor phase mercury emissions from coal-fired combustion sources using carbon sorbent traps[S]. Washington: US EPA.

US EPA, 2011. Electric Utility Steam Generating Units(Boilers): New Source Performance Standards [EB/OL]. https://www. epa. gov/stationary-sources-air-pollution/electric-utility-steam-generating-units-boilers-new-source#additional-resources. 2018-07-31.

US EPA, 2012a. EPA-HQ-OAR- 2011-0044 National emission standards for hazardous air pollutants from coal and oil-fired electric utility steam generating units and standards of performance for fossil-fuel-fired electric utility, industrial-commercial-institutional, and small industrial-commercial-institutional steam generating units[S].

US EPA,2012b. Stationary Gas and Combustion Turbines: New Source Performance Standards(NSPS) [EB/OL]. https://www. epa. gov/stationary-sources-air-pollution/stationary-gas-and-combustion-turbines-new-source-performance#rule-history. 2018-07-31.

WANG S X,ZHANG L,WANG F Y,et al. ,2014. A review of atmospheric mercury emissions,pollution and control in China[J]. Frontiers of Environmental Science & Engineering,8(5):631-649.

WANG S X,ZHANG L,LI G H,et al. ,2010. Mercury emission and speciation ofcoal-fired power plants in China[J]. Atmospheric Chemistry & Physics,10(3):1183-1192.

WANG S M,ZHANG Y S,GU Y Z,et al. ,2016. Using modified fly ash for mercury emissions control for coal-fired power plant applications in China[J]. Fuel,181(1):1230-1237.

WHO,2005. Air quality guidelines for particulate matter, ozone, nitrogen dioxide and sulfur dioxide (Global update 2005)[EB/OL]. https://www. who. int/airpollution/publications/aqg2005/en/. 2018-07-31.

WILLIAMS J, 2014. America's best coal plants[EB/OL]. http://www. power-eng. com/articles/print/volume-118/issue-7/features/america-s-best-coal-plants. html. 2018-07-31.

ZHAO S L,DUAN Y F,YAO T,et al. ,2017. Study on the mercury emission and transformation in an ultra-low emission coal-fired power plant[J]. Fuel,199:653-661.

ZHENG G J,DUAN F K,MA Y L,et al. ,2016. Episode-Based Evolution Pattern Analysis of Haze Pollution: Method Development and Results from Beijing, China [J]. Environmental Science & Technology,50(9):4632-4641.

跋

　　自然是生命之母，人与自然是生命共同体。在工业文明发展的几百年间，人类对化石能源的大规模开发利用，推动了人类社会的文明进步，但是工业文明常常在解决一个问题的同时又带来新的问题，比如燃煤大气污染物排放会带来生态环境问题。作为能源工作者，面对新时代生态文明建设的重要课题，我们要落实习近平总书记提出的"四个革命、一个合作"能源安全新战略，在推动煤炭清洁高效利用的征程上有思路，更要为之找出路，而这条路，注定是一条革命之路、创新之路，充满挑战之路，也是一条探索之路、攻坚之路，通向美好生活之路。

　　我1986年到水利电力部华北电业管理局发电处担任节能工程师，在三十多年的工作经历中，始终致力于研究和推进"省煤节电"及煤电减排工作。十八大以来，作为神华集团国华电力公司的第一责任人，为进一步树立人与自然、社会和谐共生、绿色发展的生态文明理念，一方面，我将"珍惜粮食、省煤节电、保护环境、勤俭持家"作为企业这个"大家庭"的"家风"来建设和传承。另一方面，我坚持创新引领，亲率团队开展清洁煤电大气污染物近零排放的技术研究与工程实践。在我们提出清洁煤电大气污染物近零排放标准之初，社会上对技术路线是否可行、投入成本是否合理、减排效果是否显著等方面有很多质疑。面对压力和挑战，我们不去创新、不去革命，在煤电减排上步子小一点、节奏慢一点，无疑是"安全的""稳妥的"，但为了践行节约资源和保护环境的基本国策、解决"人民群众的心肺之患"、实现"人民对美好生活的向往"，我又有着强烈的责任感、紧迫感和使命感。在领导和同事们的鞭策和支持下，以及科研合作伙伴的鼓励下，我们主动革命、主动环保，以时不我待、只争朝夕的精神，开展了清洁煤电近零排放的技术研究与实践。

实践过程中，面对煤电近零排放这项没有先例可循的全新挑战，我深知自己要为人师表、率先垂范、虚怀若谷，与同志们一道克难攻坚。为了抓好煤电近零排放的顶层设计和工程实践，我主持召开的专题办公会和现场办公会就有120多次，提出了煤电近零排放的原则性技术路线，与神华集团国华电力公司、国华电力研究院、国内优秀的科研院所和设备厂家反复研究论证原则性技术路线的可行性，并认真组织、系统推进煤电近零排放工程的创新实践。为了解决煤电近零排放的成本控制问题，我提出了"节能环保做加法、系统冗余做减法"的理念，不断优化设计方案并大胆使用具有自主知识产权的国产化装备。通过与相关各方的共同努力，我们最终于2014年6月25日实现全国首台近零排放新建燃煤机组在神华国华浙江舟山电厂投产。实践证明，清洁煤电近零排放的技术路线是可行的、经济性是合理的、环境效益是显著的，为中国乃至世界的煤炭清洁高效利用找到了切实可行的路径，起到了示范和引领作用。

我在学习和工作中，始终将"勤能补拙"作为基本遵循，回顾近十年来，几乎每一个周六、周日都在办公室潜心研究企业管理和工程技术问题，尤其是持续深入地研究煤电清洁高效、近零排放的技术难题，这成为我工作的一部分，也逐渐成为我的一种习惯。在这期间，我研读了《大气污染控制工程》《技术垄断》《系统之美》《建筑的意境》《工程哲学》等书籍，尤其是深读了党的十八大报告和十九大报告，让自己在创新上有目标、研究上有方法、实践上有定力，在不知不觉间沉浸在了学术研究的殿堂里、创新实践的攻关中。在这期间，我几乎没有一个周末能够完整地陪伴在家人身边，但是我的爱人逯敏和女儿王育焓给了我理解和支持，让我能够全身心地投入到煤电清洁化技术这项具有革命性、创新性、时代性的研究和实践中，如果没有她们的大力支持和默默付出，完成这项工作是不可想象的。在这期间，我的女儿王育焓从初三，考上了高中，步入了大学，她热爱集体、尊重师长，通过勤奋学习实现了人生之中的重要成长。

在这期间，神华集团的清洁煤电近零排放技术，也从最初的"煤电清洁化之梦"，到神华国华浙江舟山电厂、河北三河电厂、山东寿光电厂、江西九江电厂成功实践的"星星之火"，再到全国推广的"燎原之势"，我们对煤电清洁化也实现了从认识到实践、到再认识再实践的循环往复、不断升华。

清洁煤电近零排放是一项艰巨的、复杂的系统工程，在此，我要感谢所有对清洁煤电近零排放技术研究和创新实践给予了支持、作出了贡献的单位和个人，尤其要感谢神华集团和国华电力公司为清洁煤电近零排放提供了平台，感谢这个伟大的时代为我们服务百姓、报效祖国提供了历史性的舞台。在本书编写过程中，得到了中国工程院院士、华北电力大学原校长刘吉臻教授的悉心指导，得到了中国工程院院士、清华大学郝吉明教授的大力支持，得到了国家能源集团、国华电力公司和集团所属各发电厂的大力支持，也得到了科学出版社的王运同志在本书编排、校对等出版工作中给予的热情帮助，在此深表感谢。

大道之行，天下为公。我们坚持独立自主、自力更生、服务百姓、保护环境，推动煤电从"达标排放"到"近零排放"，实现了由"功利境界"到"道德境界"的跨越和升华。未来，助力实现"人民对美好生活的向往"，我们更要遵循"天人合一""道法自然"的理念，深入践行"提高污染排放标准""还自然以宁静、和谐、美丽"的要求，推动清洁煤电在"近零排放"的基础上进一步向"1123"生态环保排放的目标努力，实现由"道德境界"向"哲学境界"的再跨越、再升华！

王树民

2018 年 12 月于北京鼓楼办公区

"十三五"国家重点出版物出版规划项目
大气污染控制技术与策略丛书

书名	作者	定价/元	ISBN
大气二次有机气溶胶污染特征及模拟研究	郝吉明等	98	978-7-03-043079-3
突发性大气污染监测预报及应急预案	安俊岭等	68	978-7-03-043684-9
烟气催化脱硝关键技术研发及应用	李俊华等	150	978-7-03-044175-1
长三角区域霾污染特征、来源及调控策略	王书肖等	128	978-7-03-047466-7
大气化学动力学	葛茂发等	128	978-7-03-047628-9
中国大气 $PM_{2.5}$ 污染防治策略与技术途径	郝吉明等	180	978-7-03-048460-4
典型化工有机废气催化净化基础与应用	张润铎等	98	978-7-03-049886-1
挥发性有机污染物排放控制过程、材料与技术	郝郑平等	98	978-7-03-050066-3
工业挥发性有机物的排放与控制	叶代启等	108	978-7-03-054481-0
京津冀大气复合污染防治：联发联控战略及路线图	郝吉明等	180	978-7-03-054884-9
钢铁行业大气污染控制技术与策略	朱廷钰等	138	978-7-03-057297-4
工业烟气多污染物深度治理技术及工程应用	李俊华等	198	978-7-03-061989-1
京津冀细颗粒物相互输送及对空气质量的影响	王书肖等	138	978-7-03-062092-7
清洁煤电近零排放技术与应用	王树民	118	978-7-03-060104-9